U0348077

烟叶 | 生产技术与管理创新

吴洪田　张忠锋　徐立国　等　著

中国农业科学技术出版社

图书在版编目（CIP）数据

烟叶生产技术与管理创新 / 吴洪田等著. --北京：中国农业科学技术出版社，2022.9

ISBN 978-7-5116-5935-4

Ⅰ.①烟…　Ⅱ.①吴…　Ⅲ.①烟叶－生产管理－研究－山东　Ⅳ.①F426.89

中国版本图书馆CIP数据核字（2022）第 175277 号

责任编辑　李冠桥
责任校对　王　彦
责任印制　姜义伟　王思文

出 版 者　中国农业科学技术出版社
　　　　　北京市中关村南大街 12 号　　邮编：100081
电　　话　（010）82109705（编辑室）　　（010）82109702（发行部）
　　　　　（010）82109709（读者服务部）
网　　址　https：// castp.caas.cn
经 销 者　各地新华书店
印 刷 者　北京地大彩印有限公司
开　　本　185 mm × 260 mm　1/16
印　　张　16.5
字　　数　331 千字
版　　次　2022 年 9 月第 1 版　　2022 年 9 月第 1 次印刷
定　　价　198.00 元

《烟叶生产技术与管理创新》

著者名单

吴洪田	张忠锋	徐立国	杨武杰	丛亮滋	苏建东	石 屹
巩红卫	刘太良	王暖春	高文胜	王凤龙	孙福山	冯全福
张 玉	张玉芹	任广伟	李玉高	孟庆洪	尹东升	魏述彬
赵丕磊	任明波	张志勇	崔志军	陈秀斋	赵 昆	孔德才
宋纪真	肖春燕	马兴华	吴开成	黄择祥	孟凡超	张艳艳
刘贯山	徐秀红	杜咏梅	孙延国	刘 旦	刘海伟	闫慧峰
吴新儒	王松峰	孟 霖	王秀芳	冯 超	耿锐梅	侯小东
任 杰	张 杨	王 永	刘中庆	王雪宇	郭全伟	古明光
臧传江	薛 博	张 勇	刘 洋	范增博	杨少杰	邢庆宏
程学青	梅兴霞	谭效磊	王文杰	赵新峰	韩 硕	田洪彰
公爱琴	徐 蕊	周 龙	高 昕	李宜健	刘 阳	戴华伟
宋 然						

前　言

Foreword

党的十八大以来，以习近平同志为核心的党中央坚持把解决好"三农"问题作为全党工作的重中之重，把脱贫攻坚作为全面建成小康社会的标志性工程，启动实施乡村振兴战略，加快推进农业农村现代化建设，农业农村发展取得历史性成就、发生历史性变革。烟叶是烟草行业的基础，是促进烟区农业农村发展的重要产业。"十三五"以来，全国烟叶生产坚持服务脱贫攻坚和乡村振兴大局、服务行业转型升级和高质量发展大局，深化供给侧结构性改革，统筹推进控规模、去库存、调布局、优结构、转方式、促增收等重点任务，着力稳固产业发展基础，加快建设现代化烟草农业经济体系，促进供需协调平衡、供给优质高效、产业融合发展，为行业经济运行、卷烟品牌发展和地方经济建设做出了积极贡献。

山东是农业大省，也是经济文化强省。2018年，山东省委、省政府启动实施新旧动能转换重大工程，以新技术、新产业、新业态、新模式为核心，促进产业智慧化、智慧产业化、跨界融合化、品牌高端化，推动全省创新发展、持续发展、领先发展。组织实施《山东省乡村振兴战略规划（2018—2022年）》，大力推进产业振兴、人才振兴、文化振兴、生态振兴、组织振兴，打造乡村振兴齐鲁样板。山东省委、省政府高度重视烟草产业发展，成立山东省现代农业产业技术体系烟草创新团队，将烟草产业作为八大特色产业之一，纳入《山东省"十四五"乡村产业发展规划》。在工业化、信息化、城镇化、农业现代化深入发展，生态文明建设加紧落实的大背景下，山东烟叶发展既存在良好机遇，也面临新任务、新要求，需要加快转方式、调结构，走出一条适应时代要求、具有山东特色的发展路径。

"十三五"以来，山东省烟草专卖局（公司）认真贯彻落实国家烟草专卖局和山东省委、省政府决策部署，自觉服务"三农"工作大局和行业发展全局，坚持均质化、绿色化、特色化、现代化的烟叶发展方向，深入实施"烟叶抓特色与定位"战略，妥善处理好稳与控、质与量、守正与创新、当前与长远的关系，勇于突破传统思维和固有模式，强化党建引领、管理赋能、创新支撑，持续推动观念、队伍、模式、做法转型升级，着力解决烟叶发展中的瓶颈问题，着力打基础、补短板、强弱项、促提升，着力抓融合、促转型、显特色，一年一步，步步为营，山东全省烟叶工作取得长足进步、发生巨大变化，烟叶种植规模和市场规模持续稳步增长，烟农效益、烟叶有效供给能力、市场竞争力显著提高，开创了烟叶产业持续稳定发展的新局面。

构建以"中棵烟"培育为核心的技术体系。组织实施"山东烟叶特色定位应用研究"等重大专项，坚持"中棵烟"发展方向，夯实品种、轮作两个基础，全面推行提前集中移栽、减氮增密、水肥一体"三项技术"，破解特色品种、大垄高垄、水造法井窖移栽、全测全配、全生育期按需供水、新型烘烤设备等制约瓶颈，在山东全省实施高可用性上部烟叶生产，形成了较为完善的生产技术体系。全面推行标准化生产，推广采烤分收一体化，创新"一刷三拍"收购管控模式和智能收购线，完善烟叶流通和质量追溯体系，栽培模式、烘烤模式、收购模式发生深刻变化，实现了由抓技术向"管理+技术"转变。坚持共建基地、共创品牌、共同发展，推进工商研深度融合，成立山东烟草工商研融合创新园，建立工商研一体化高端原料先行示范区，推行"整市+整县+整站"全收全调模式，促进高端原料定制化生产，协同推进山东烟叶研究利用。生产整体水平、烟叶质量、供给效率持续提升，"沂蒙丘陵生态区-蜜甜焦香型"风格特色逐步彰显，较好满足了卷烟品牌配方需求，实现了工业满意、烟农满意。

探索经济较发达地区烟叶高质量发展的新路子。围绕解决"在哪种烟、谁来种烟"问题，自觉在"三农"大局中找准烟叶发展方位，优化生产布局，加强基本烟田规划与保护，推进建管用一体化，保障了优质烟区、核心烟田稳定；发展植烟村党支部领办合作社，建立土地、劳动力、资金"三个银行"，加强新型种植主体和高素质烟农培育，夯实烟叶发展基础，适应农业农村发展形势，在烟叶"由稳转增"中争取了主动。坚持现代农业发展方向，加快农机农艺融合与全程全面机械化，大力推行社会化托管服务，推进绿色发展，探索智慧烟叶，深刻转型生产方式，推进烟草农业现代化。推动烟叶产业与大农业深度融合，培育烟粮双优基地和特色产业带，加强烟区产业综合体建设，"烟叶+N"现代产业体系初步形成，促进了烟农增收和烟区乡村振兴。

开展烟叶基层管理创新的新实践。坚持"烟叶管理标准化、标准管理流程化、流程管理问题化、问题管理精益化"，建立以基层党建、生产经营、基础管理为重点的烟草农业综合标准体系。把党的建设融合贯穿烟叶工作全过程，以高质量党建引领烟叶高质量发展。全面推进规范管理标准化烟站建设，打造"党建引领有力、标准体系健全、制度流程规范、创新活力迸发、服务烟农到位、运行管理高效"的标准化烟站。推行"统一思想、问题导向、全面创新、狠抓落实"的烟叶工作基本方法，建立现场会推进、对标帮扶、"四不两直"督导等工作机制，构建省、市、县、站四级烟叶生产经营廉洁风险防治体系，整体工作效能和规范管理水平显著提升。完善烟叶全面创新机制，实行项目"揭榜挂帅"、处级干部领题、专班攻关、岗位创新，设立全省烟叶创新成果共享平台，形成了全员创新、时时创新、处处创新的生动局面。烟叶基层基础不断夯实，队伍活力充分激发，内生发展动力持续增强，为烟叶高质量发展提供了有力保障。

山东省烟草专卖局（公司）、中国农业科学院烟草研究所、山东省农业农村厅、山东中烟工业有限责任公司组织相关专家和业务骨干，为总结经验，推进工作，对"十三五"以来的烟叶工作进行系统梳理，撰写《烟叶生产技术与管理创新》一书。

本书分为特色烟叶生产、烟草农业现代化、基层管理与创新3篇，共14章42节，内容涉及山东烟叶特色定位、"中棵烟"培育、高可用性上部烟叶开发、组织方式、生产方式、服务方式、供给模式转型、产业融合、标准化烟站建设、烟叶基层党建、工作推进机制、全员全面创新等内容，涵盖了"十三五"以来山东烟叶生产技术与管理创新的主要工作实践。引用资料以近些年正式文献为主，力求科学性、真实性和严谨性。

本书内容全面、丰富，资料翔实，可供关注我国现代烟草农业科研、教学、管理、技术推广和烟叶生产的人员阅读参考。

本书撰写过程中，山东省农业技术推广中心、中国烟草总公司郑州烟草研究院、有关卷烟工业企业、中国烟草总公司青州中等专业学校给予了大力支持，相关学科领域专家提供了具体指导，谨此深致谢忱。

受撰写人员水平所限，加之时间仓促，疏漏和不足之处在所难免，敬请各级领导和广大读者批评指正。

著　者

2022年5月

目 录
Contents

第一篇　特色烟叶生产

第二篇　烟草农业现代化

第三篇　基层管理与创新

第一篇

特色烟叶生产

第一章　烟叶特色定位

　　烟叶特色是产区生态、品种和技术的综合体现，是本区域烟叶质量区别于其他产区的重要标志，是产区烟叶质量的标签。特色定位遵循"生态决定特色、品种彰显特色、技术保障特色"的原则，基于对产区生态条件、烟叶外观质量、内在质量和评吸质量的综合评价，基于烟叶在卷烟品牌中的地位、作用和贡献度，确定烟叶生产的目标定位和方向。

第一节　山东烟区生态条件

　　生态条件的差异不仅影响烟草的形态特征和农艺性状，而且还直接影响着烟叶的化学成分和品质。生态条件是决定烟叶风格特色及质量高低的重要因素，是特色烤烟形成的基础。充分认识烟叶质量与生态环境的关系，对烤烟产区的合理区划和布局，对特色优质烟叶生产的可持续发展有着重要意义。

一、气候条件

　　按张宝坤的候平均气温稳定降低到10 ℃以下作为冬季开始；稳定上升到22 ℃以上作为夏季开始；候平均气温从10 ℃以下稳定上升到10 ℃以上时作为春季开始；从22 ℃以上稳定下降到22 ℃以下时作为秋季开始。其中夏季是最适宜烟草生长发育与成熟的季节。

（一）气温

　　山东全年日平均气温12.1～13.4 ℃，基本遵循由西南向东北递减的分布规律。山东春季平均气温的东西向温度梯度最大，是全年中地域温差最大的季节，东西温差最大可达3.5 ℃以上。夏季东西地域温差仅为2 ℃左右。秋冬两季山东平均气温则转变为纬向分布，自南向北温度逐渐降低。7月是山东内陆地区气温最高的月份，而山东半岛的东部和南部沿海受海洋气候的影响，8月的气温才达到全年最高。8月山东全省各地的平均气温在21.5~27.5 ℃。山东秋季南部平均气温为15 ℃，北部为14 ℃，是全年中地域温差最小（1 ℃）的季节。

（二）降水

山东降水集中，雨热同季，年平均降水量一般在550~950 mm，降水日数65~90 d，由东南向西北递减。鲁东南的大部分地区和山东半岛的东南部为700~800 mm，降水日数80~90 d；鲁中山区、鲁西南及山东半岛的大部分地区降水量一般在600~700 mm，降水日数70~80 d；鲁西北和山东半岛北部降水较少，一般都在600 mm以下，降水日数65~70 d。山东烟区全年各月份降水量基本呈正态分布，降水季节分布很不均衡，全年降水量有60%~70%集中于夏季。5月之前降水少，6月开始降水量增加，7月达到高峰，8月降水较大，然后逐月下降。

（三）日照

山东年平均日照时数在2 000~2 800 h，从南往北增多，大致呈西南—东北走向。鲁南地区最少，不足2 200 h，鲁北、山东半岛西北部最多，超过2 600 h。春季平均日照时数最多，夏季较春季均明显减少，冬季最少。日照时数与降水变化趋势相反，在5月、6月期间日照时数大于降水较多的7月和8月。四季日照时数的季节变化趋势与年类似，多为山东半岛东部和北部减小最不明显，鲁西南、鲁西、鲁中山区及鲁北沿海等地减少较明显。

二、立地条件

（一）地形地貌

山东烟区主要分布于鲁中南山地丘陵区、鲁东丘陵区2个一级地貌，地形地貌以低山丘陵为主，间以广阔的平原，海拔高度在100~400 m。泰鲁沂山地，东西走向，分水岭脊海拔1 000 m左右；徂徕、沂蒙低山丘陵，走向不规则，除徂徕山海拔1 027 m外，其他低山丘陵海拔多在800 m以下；蒙山山地，西北东南走向，海拔900~1 000 m；尼山丘陵分布零散，海拔在500 m以下，有宽阔的山间平原和谷地；鲁东丘陵，起伏和缓，三面环海，海拔700 m以上有崂山、昆嵛山、艾山等。

（二）成土母质

成土母质是土壤形成的物质基础，母质因素在土壤形成上具有极重要的作用，它直接影响土壤的矿物组成和土壤颗粒组成，并在很大程度上支配着土壤的物理、化学性质以及土壤生产力的高低。山东烟区成土母质主要包括黄土性物质，石灰岩、花岗岩、紫色岩等风化残积坡积物、洪积和冲积物。发育于黄土性母质和石灰岩母质的土壤中富含碳酸钙，呈碱性，发育于其他母岩上的土壤一般呈中性、弱酸性。

（三）土壤类型

山东植烟土壤类型以棕壤和褐土两个土类为主，其中棕壤类土包括普通棕壤、白浆化棕壤、潮棕壤、棕壤性土、酸性粗骨土和部分中性粗骨土等，褐土类土包括普通褐土、石灰性褐土、淋溶褐土、潮褐土、褐土性土、钙质粗骨土和部分中性粗骨土等。此外，烟区也有少量潮土和砂姜黑土。棕壤、褐土母质多为黄土性物质，一般分布在低山丘陵区，潮土和砂姜黑土母质一般为黄泛冲积物和河湖相沉积物，一般分布在冲积平原和低洼地区。在鲁中南山地丘陵区，棕壤常与褐土成复区分布；在鲁东丘陵区，棕壤大面积集中分布。

棕壤一般呈酸性至微酸性，盐基不饱和至饱和，不含游离碳酸钙；褐土呈中性至碱性，盐基过饱和，多数含游离碳酸钙，假菌丝体发达。发育良好的棕壤剖面，不仅有黏粒的移动，而且有铁锰的淋溶淀积；褐土虽有黏粒的移动，但不如棕壤明显，且无铁锰淋溶淀积特征。

三、生态适宜性评价

优质烟叶生产需要满足应有的生态条件，最适宜类型的生态条件为：无霜期>120 d，≥10 ℃的活动积温>2 600 ℃，日平均气温≥20 ℃持续日数不能少于70 d；降水较为充足，且雨量分布均匀，旺长期前月降水量以80～100 mm，旺长期月降水量100～200 mm，成熟期月平均降水量以100 mm左右为宜；光照充足，大田生长期日照时数500 h以上，其中成熟期日照时数280 h以上；0～60 cm土壤氯含量<30 mg/kg，土壤pH值为5.5～6.5；地形地貌为中低山、低山、丘陵。

山东是我国最早种植烤烟的省份，地处暖温带半湿润、湿润季风气候区，光热资源较为丰富，土壤环境适宜，是全国优质烟叶主产区之一。全年日平均气温12.1～13.4 ℃，无霜期182～266 d，日平均温度≥10 ℃的活动积温为4 089～4 932 ℃，日平均气温≥20 ℃的持续日数达100～120 d。年降水量595～884 mm，可满足烟草生长的需要，且雨热同期。全年日照时数2 257～2 560 h，年日照百分率50%～60%。地形地貌以低山、丘陵为主，植烟土壤主要为褐土、棕壤，0～60 cm土壤氯含量<35 mg/kg，土壤pH值为5.5～7.5；其中鲁中南山地烟区为最适宜区，沭河东部、鲁东丘陵区为适宜区。

第二节 山东烟叶质量状况

"十三五"以来，山东烟叶工作坚持市场导向、问题导向和目标导向，坚定"中棵烟"发展方向，立足工业企业满意、烟农满意，持续推动观念、做法、模式转型升级，培育山东烟叶质量特色新优势。转变生产观念，把烟叶发展真正建立在工业需求的基础上，注重加强科学调控，促进供需协调平衡，做实烟叶市场，生产观念从重产量向重质量转变，主动适应烟叶生产发展的需要。

一、外观特征

依据《烤烟》（GB 2635—1992）和《中国烟叶质量白皮书（2017—2021年）》进行烟叶样品的外观评价鉴定，山东下部烟叶颜色橘黄纯正，成熟度高，叶片结构疏松，身份总体中等，有油分，中等色度，外观质量总体达到较优等级。中部烟叶颜色纯正，成熟度高，叶片结构疏松，身份中等，有油分，中等色度，外观质量总体达到较优以上等级。上部烟叶橘黄，成熟度高，叶片结构尚疏松，身份中等，有油分，色度强，外观质量总体达到较优等级（表1-1）。

表1-1 山东2017—2021年烟叶外观质量

指标	部位	2017年	2018年	2019年	2020年	2021年
颜色（10）	下部	8.3	8.2	8.1	8.4	8.2
	中部	8.3	8.4	8.2	8.3	8.4
	上部	8.3	8.3	8.1	8.3	8.3
成熟度（10）	下部	8.2	8.3	8.1	8.2	8.1
	中部	8.4	8.4	8.1	8.2	8.4
	上部	8.3	8.2	8.2	8.2	8.3
叶片结构（10）	下部	8.2	8.2	8.1	8.1	8.0
	中部	8.3	8.3	7.9	8.3	8.3
	上部	6.9	6.3	6.4	6.5	5.9
身份（10）	下部	6.3	6.7	6.5	6.9	6.3
	中部	7.9	8.5	7.7	8.0	8.2
	上部	7.6	6.6	7.0	7.3	6.6

（续表）

指标	部位	2017年	2018年	2019年	2020年	2021年
油分（10）	下部	4.8	5.5	4.7	5.5	5.1
	中部	5.9	6.6	6.2	6.5	6.7
	上部	6.6	6.4	6.5	6.6	6.5
色度（10）	下部	5.3	5.6	5.2	5.3	5.4
	中部	5.7	6.2	5.7	5.7	5.8
	上部	6.1	6.3	6.3	6.3	6.4
外观总分（100）	下部	74.1	75.7	73.5	76.0	73.8
	中部	78.2	80.2	76.7	78.4	79.8
	上部	76.7	74.3	74.1	75.5	74.0

注：表中带有括号的数值表示分值，后同。

二、物理特性

山东下部烟叶厚度、叶面密度、单叶质量、伸长率、含梗率适宜，平衡含水率和拉力总体适宜，填充值略高。中部叶厚度、叶面密度、单叶质量、拉力、伸长率、含梗率适宜，平衡含水率、填充值总体适宜。上部叶叶面密度、单叶质量、伸长率、含梗率适宜，厚度、平衡含水率、拉力、填充值总体适宜，部分略高（表1-2）。

表1-2　山东2017—2021年烟叶物理特性

指标	部位	2017年	2018年	2019年	2020年	2021年	5年均值
厚度（mm）	下部	0.111	0.109	0.117	0.128	0.128	0.119
	中部	0.142	0.145	0.148	0.161	0.156	0.150
	上部	0.185	0.173	0.168	0.176	0.198	0.180
叶面密度（g/m²）	下部	61.74	62.43	66.82	67.17	65.44	64.72
	中部	75.12	75.62	73.99	75.76	79.73	76.04
	上部	87.04	88.33	82.52	84.21	93.78	87.18
单叶质量（g）	下部	9.82	9.10	9.54	10.95	11.26	10.13
	中部	13.54	12.03	13.18	13.32	13.37	13.09
	上部	16.04	13.16	14.21	14.64	15.44	14.70

（续表）

指标	部位	2017年	2018年	2019年	2020年	2021年	5年均值
平衡含水率 （%）	下部	14.43	13.11	12.34	12.86	12.94	13.14
	中部	14.66	13.40	12.58	13.19	13.05	13.38
	上部	14.06	12.64	12.13	12.54	12.47	12.77
拉力 （N）	下部	1.96	1.26	1.72	1.47	1.46	1.57
	中部	2.14	1.40	1.83	1.71	1.52	1.72
	上部	2.59	1.74	2.05	1.97	1.68	2.01
伸长率 （%）	下部	17.10	16.49	15.44	16.52	15.90	16.29
	中部	16.44	16.45	15.51	14.91	15.81	15.82
	上部	17.36	16.00	14.12	15.43	16.08	15.80
填充值 （cm³/g）	下部	4.37	3.93	4.17	4.81	4.33	4.32
	中部	4.06	3.82	3.97	4.73	4.19	4.15
	上部	3.97	3.69	3.67	4.33	3.87	3.91
含梗率 （%）	下部	30.54	28.80	29.80	30.26	29.41	29.76
	中部	28.65	27.46	29.19	28.09	27.50	28.18
	上部	27.31	25.50	28.27	26.66	24.80	26.51

三、化学成分

山东下部叶总氮、氯、氮碱比、钾氯比、两糖比适宜，总植物碱、还原糖、总糖、淀粉总体适宜，钾略低，糖碱比略高。中部叶总植物碱、总氮、氯、氮碱比、钾氯比、两糖比适宜，还原糖、总糖、淀粉、糖碱比总体适宜，钾略低。上部叶整体上总植物碱、还原糖、总糖、氯、钾氯比、两糖比适宜，总氮、淀粉、糖碱比总体适宜，钾、氮碱比略低（表1-3）。

表1-3　山东2017—2021年烟叶化学成分

指标	部位	2017年	2018年	2019年	2020年	2021年
总植物碱 （%）	下部	1.91	2.01	2.19	1.56	1.86
	中部	2.25	2.38	2.48	2.01	2.14
	上部	2.80	2.82	2.77	2.60	2.54

（续表）

指标	部位	2017年	2018年	2019年	2020年	2021年
总氮 （%）	下部	1.74	1.72	1.56	1.55	1.82
	中部	1.80	1.73	1.66	1.77	1.89
	上部	2.11	1.97	1.86	1.97	2.17
还原糖 （%）	下部	27.57	25.25	23.86	26.65	29.64
	中部	27.07	24.39	24.35	24.06	29.89
	上部	24.05	21.91	22.66	21.14	25.62
总糖 （%）	下部	31.23	26.59	28.06	30.88	31.47
	中部	31.04	26.15	29.08	27.33	31.49
	上部	26.84	23.34	27.06	24.55	27.00
钾 （%）	下部	1.60	1.59	1.73	1.33	1.84
	中部	1.65	1.49	1.76	1.35	1.72
	上部	1.52	1.46	1.52	1.31	1.61
氯 （%）	下部	0.24	0.28	0.37	0.18	0.22
	中部	0.25	0.38	0.27	0.28	0.25
	上部	0.31	0.46	0.39	0.38	0.32
淀粉 （%）	下部	4.91	4.84	4.19	3.39	3.49
	中部	5.36	4.38	4.54	3.08	4.20
	上部	3.79	3.85	4.70	2.85	3.28
氮碱比	下部	0.93	0.87	0.73	1.06	1.00
	中部	0.81	0.74	0.68	0.93	0.90
	上部	0.75	0.71	0.68	0.77	0.88
糖碱比	下部	14.70	12.81	11.16	18.71	16.35
	中部	12.21	10.57	9.93	13.23	14.32
	上部	8.60	8.05	8.19	8.24	10.37
钾氯比	下部	7.21	5.93	6.62	8.94	9.69
	中部	7.91	4.72	7.06	7.15	8.45
	上部	6.22	3.45	4.69	5.72	6.03
两糖比	下部	0.88	0.95	0.85	0.86	0.94
	中部	0.88	0.93	0.84	0.88	0.95
	上部	0.90	0.94	0.84	0.86	0.95

四、评吸质量

按照《烟草及烟草制品 感官评价方法》（YC/T 138—1998），对2017—2021年山东烟叶质量进行评价，结果表明，山东烟叶样品感官质量总体呈现稳步向好的态势。烟叶感官质量主要表现为香气质尚好，香气量尚足，烟气尚透发，烟气浓度、劲头中等，烟气尚细腻、尚柔和、尚圆润，稍有杂气、刺激性和干燥感，余味尚净尚舒适（表1-4）。

表1-4 山东2017—2021年烤烟烟叶感官质量

指标	部位	2017年	2018年	2019年	2020年	2021年
香气质（9）	下部	6.0	5.8	5.9	5.8	6.0
	中部	6.1	6.0	6.1	5.9	6.1
	上部	5.8	5.8	5.9	5.8	6.0
香气量（9）	下部	5.8	5.7	5.7	5.8	5.8
	中部	6.2	6.0	6.0	6.1	6.2
	上部	6.2	6.1	6.1	6.0	6.3
浓度（9）	下部	5.9	5.8	5.9	5.9	5.9
	中部	6.3	6.2	6.1	6.1	6.3
	上部	6.5	6.5	6.3	6.4	6.5
杂气（9）	下部	5.8	5.7	5.7	5.8	5.9
	中部	5.9	5.9	5.9	5.8	6.0
	上部	5.6	5.6	5.8	5.7	5.8
刺激性（9）	下部	5.9	5.8	5.8	5.9	6.0
	中部	5.9	5.9	5.9	5.9	6.0
	上部	5.7	5.7	5.8	5.8	5.9
余味（9）	下部	5.8	5.8	5.7	5.9	6.0
	中部	5.9	6.0	6.0	5.8	6.0
	上部	5.8	5.6	5.8	5.8	5.9
感官质量总分	下部	65.1	64.2	64.2	64.8	65.9
	中部	67.3	66.6	66.6	65.9	68.0
	上部	65.4	64.8	65.8	64.7	67.1

第三节　山东烟叶风格特征

烟叶的特色是某种烟叶区别于其他烟叶的质量特征，除了烟叶质量定位，还有风格特征的定位。烟叶的风格通常是指烟叶燃吸时重复出现的、相对稳定的、能感知和认同的区别于其他烟叶的燃吸烟气吸食品质的个性特征。风格多样、香型各异、特色明显的优质烟叶原料，是中式卷烟产品升级创新、增强市场竞争力的基础，而烟叶风格特色的形成，又与独特的区域生态环境密不可分。

一、香韵特征

山东浓香低害烟叶研究与开发项目评价结果揭示，山东烟叶干草香香韵突出，正甜香香韵明显，部分地区稍有焦香香韵；烟叶特征化学物质Amadori化合物中1-脱氢-1-L-脯氨酸-D-果糖（Fru-Pro）含量和香气物质泛酸内酯含量较低，其他处于全国中间水平。山东烟叶特色定位应用研究重大专项明确山东烟叶质量安全性好，"蜜甜焦香型"风格突出，以焦香、木香、蜜甜香、醇甜香为主体香韵，香韵丰富，甜香突出，烟气状态好，余味较好，口感舒适。

潍坊烟叶以干草香、焦香、木香为主体，辅以蜜甜香、焦甜香、烘焙香等，焦香突出，木香较明显；临沂烟叶以干草香、焦香、蜜甜香、木香为主，辅以焦甜香、烘焙香、醇甜香等，焦香突出，蜜甜香、木香较明显；日照烟叶以干草香、焦香、木香、蜜甜香为主体，辅以醇甜香、烘焙香等，焦香突出，木香、蜜甜香较明显。

二、风格特征

据中国烟草总公司发布的《全国烤烟烟叶香型风格区划》，山东烟区属于沂蒙丘陵生态区–蜜甜焦香型（Ⅶ区），化学与风格特征如下。

1. 化学特征

糖类物质略低：总糖（23%~32%），还原糖（21%~29%），Amadori略低。含氮物质较高：总氮（1.5%~2.1%）、总植物碱（2.1%~3.0%），氨基酸中等。氯含量中等，为0.1%~0.7%。钾含量略低，为1.2%~2.4%。多酚物质：莨菪亭较高，芸香苷低。香气物质：总体含量中等，茄酮、香叶基丙酮较高。

2. 风格特征

以干草香、焦香、蜜甜香、木香为主体，辅以焦甜香、醇甜香、烘焙香、辛香、酸香等香韵，其特征为焦香突出，蜜甜香明显，木香较明显，香韵较丰富，微有枯焦气、木质气、青杂气和生青气，烟气浓度、劲头中等，且香气状态、浓度和劲头间较平衡。

三、工业可用性

上海、浙江、山东等卷烟工业企业评价表明，山东烟叶甜香明显，醇甜、蜜甜、焦甜香韵较丰富，焦香突出，蜜甜焦香风格特色进一步彰显；烟气浓度提高，刺激性降低，部分上部烟烟气状态较好，烟气特性、口感特性明显改善；部分样品杂气种类减少、程度降低，上部烟叶焦香减少，枯焦气减弱，烟叶工业可用性强。山东烟叶主要用于上海、浙江、江苏、湖北、福建、山东等卷烟企业重点卷烟品牌配方，近年来，高端原料保障能力持续提升。

四、发展方向与定位

对标卷烟工业企业烟叶原料需求，以满足中华、利群、泰山等品牌的一二类卷烟配方需求为目标，稳定生产区域，固化生产技术。在风格特征方面，稳固蜜甜焦香风格特征，坚持突出干草香、蜜甜香主体香韵，彰显度达到3.5以上，增强蜜甜感，甜感明显。在感官评吸质量方面，继续提高香气质、香气量，减少青杂气。在化学成分方面，持续增糖降碱提钾，总糖含量为25%～35%，两糖差为3%～5%；总氮含量1.5%～1.9%，总植物碱含量2.0%～2.7%、钾含量1.7%～2.4%、氯离子含量0.3%～0.7%、总硫含量0.4%～0.6%。

第二章 烟草特色品种

品种是烟叶生产的基础，是影响烟叶产质量的重要因素，优良品种是形成烟叶特色的重要条件，是彰显烟叶特色的遗传基础。烟草新品种选育从农家品种评选、国外品种引进开始，经历了从系统选育、杂交育种，到分子标记辅助选择、基因编辑、分子模块设计，最终烟草新品种选育进入了分子育种时代。烟草基因组计划开启了烟草全基因组模块育种时代，标志着烟草分子育种从之前单一性状的定向改良迈向多性状组装和聚合改良的重大革命。

第一节 烟草生物育种技术

生物育种技术是指利用遗传学、分子生物学、现代生物工程技术等方法原理培育生物新品种的过程。生物育种技术发展已经历3个主要阶段：原始驯化选育，主要是通过人工选择，优中选优，将野生种驯化为栽培种并进一步选育为优良品种与种质；常规育种，包括系统育种、杂交育种、杂种优势利用、诱变育种等传统育种方法；分子育种，是将分子生物学技术手段应用于育种中，通常包括分子标记辅助育种、转基因育种和分子模块育种。当前，大数据分析、人工智能已用于性状调控网络的快速挖掘与表型的精准预测，品种选育将越来越可控、精准和高效。

一、烟草常规育种

常规育种技术主要包括杂交育种、系统育种、杂种优势利用和引种。

（ ）烟草杂交育种

杂交育种是通过父母本杂交并进一步筛选符合育种目标要求的杂交后代，采用系谱法经过株系鉴定、品种比较、区域试验等试验程序，从而获得具有父母本优良性状的新品种。杂交育种是选育烟草新品种最主要且有效的方法之一，中烟100、中烟101、中烟103等均是通过杂交育种选育而成。

（二）烟草系统育种

系统育种是直接利用自然变异进行品种选育的方法，即在现有的品种群体内，根据育种目标，选择优良的自然变异单株，一个单株的后代形成一个系统，通过比较和鉴定，选优去劣，以培育成新品种。系统育种是在原有优良品种的基础上选择优良的变异株，对原有品种存在的缺点进行改良，具有简便易行、收效快和不断改进品种的特点。金星6007、革新1号、鲁烟1号均为系统选育而成。

（三）烟草杂种优势利用

杂种优势是指两个遗传性不同的亲本杂交所产生的杂种一代在生长势、抗逆性、产量和品质等方面优于双亲的现象。由于烟草繁殖系数高，用种量少，花器大，结构简单，容易进行人工授粉杂交，花期长且花粉生活力维持时间长，烟草在杂种优势利用方面表现良好。近些年来，杂交种的选育得到许多育种工作者的重视，先后育成了一批烤烟杂交种，如中烟203、中烟205、中川208等，均通过全国烟草品种审定。

（四）烟草引种

引种也是烟草育种工作中的重要组成部分。引种是指从外地区或外国引进作物新品种，经过适应性试验，从中筛选出优良品种，直接应用于生产。引种虽然不能创造新品种，但却能快速有效解决生产中迫切需要优良新品种的难题。由于烟草起源地并不在我国，最初我国各种烟草类型的种植与发展都是从引种开始的。20世纪80年代以来，我国先后引进NC82、NC89、K326等一批优质、抗病品种，21世纪初引进了NC55、NC102等一批优质抗病新品种。

二、烟草突变体育种

突变是指基因组某些位点发生了化学性质的变化，是产生可遗传变异的重要途径，也是生物进化的源泉和作物品种改良的基础。对自发突变的不断选择与积累，成功驯化了目前绝大多数农作物，但自发突变的频率太低，短时间内无法产生大量的遗传变异，因而不利于现代遗传育种的发展。随着科学技术不断进步，物理诱变、化学诱变和生物诱变逐渐成为人工诱导突变的主要方法，并在短时间内在主要农作物中创制了大量的突变体材料，有力地促进了作物品种改良和功能基因研究的发展。

（一）烟草突变体的创制方法

植物突变体创制的主流方法基本分为物理诱变、化学诱变和生物诱变。物理诱变主要是利用X射线、γ射线、紫外线等对植物材料进行辐射处理以诱发突变。化学诱变是指利用化学诱变剂处理植物材料以诱发突变，化学诱变剂常用烷化剂，如甲基磺酸乙酯（EMS）。生物诱变是利用一段可移动的DNA序列（T-DNA、转座子、逆转座子）插入到基因组中，从而产生带有这段DNA序列标签的突变体，又称插入标签突变体，基于CRISPR/Cas的基因编辑可以特异识别目标位点，对其单链或双链进行准确切割后，由细胞内源性修复机制完成对目标基因的敲除或替换。

（二）烟草突变体的筛选鉴定与利用

采用EMS化学诱变方法，以优化的半致死剂量对4个栽培烟草品种和2个野生种进行人工诱变，共创制化学诱变烟草突变种质118 742份；利用激活标签插入诱变方法，创制红花大金元突变种质94 481份；进一步筛选获得高代突变种质57 916份。累计创制突变种质271 139份，创建了烟草饱和突变体库。

从79个香气突变体出发，通过"人工闻香—电子鼻检测—代谢物GC-MS鉴定—烟叶感官评吸"有机结合的烟草香气突变体筛选鉴定技术，采用分子生物学结合转录组学和代谢组学分析手段进行验证，并以感官质量和工业可用性评价作为第一选育标准，从香气突变体中遴选获得了13个综合农艺性状优良、香气风格特色突出香韵系列烤烟新品系，并育成烟草新品种中烟特香301。

三、烟草分子育种

利用基因组技术如分子标记技术及基因编辑等建立高效育种程序，能够提高育种效率，缩短育种年限，实现精准分子育种。随着烟草基因组学计划的实施，分子标记选择辅助育种技术、分子模块设计育种技术、全基因组选择技术、基因编辑技术不断地应用到烟草现代育种研究中，为精准高效定向改良烟草品种提供强大的技术支撑。

（一）烟草分子标记辅助育种技术

以抗烟草赤星病品种净叶黄与感病品种NC82构建F_2代分离群体，一个抗赤星病抗性基因被定位在标记J4与J9之间，其中与J9的遗传距离为4 cM。通过开发烟草赤星病抗性标记，将分子标记辅助选择和诱导烟草早花技术结合，定向改良了中烟300和红花大金元的赤星病抗性。

利用叶绿素突变材料与K326和红花大金元构建基因定位群体，利用单核苷酸多态性（SNP）分子标记将突变基因进行了定位。该突变基因导致烟草叶绿素含量减半，茄尼醇含量减半，表现为集中成熟，易烘烤，烟气苯并芘含量降低。通过开发分子标记，以K326为轮回亲本，利用标记辅助筛选进行定向改良，获得易烘烤低苯并芘定向改良新品系。

将高抗蚜虫烟草材料与K326和红花大金元构建基因定位群体，利用SNP分子标记将突变基因定位为*P450*基因。该突变基因的缺失导致烟草西柏三烯一醇不能正常转化为西柏三烯二醇，表现为高含量西柏三烯一醇，具有高抗蚜虫特性。通过开发抗蚜虫分子标记，以K326和红花大金元为轮回亲本，利用标记辅助筛选进行定向改良，获得高抗蚜虫定向改良新品系。

（二）烟草分子模块育种技术

构建多套烟草分子模块材料库，并在不同环境条件下开展了全基因组模块库表型评价和筛选工作。如以K326为底盘品种，烤烟品种OX2028和香料烟品种Samsun为供体亲本的烟草分子模块材料库；以烤烟种质Y3为底盘品种，烤烟品种K326为供体亲本的染色体片段代换系群体。

（三）烟草基因编辑技术

基因编辑是指利用基因组定点DNA酶切活性与胞内修复活性在目标位点引入特定突变的技术。烟草基因组计划建立了CRISPR/Cas9技术平台，创制红花大金元和K326基因编辑突变体库，完成了核心基因和重要基因sgRNA文库构建，载体覆盖度接近100%，正确率达到83%以上。获得覆盖460个核心基因的编辑素材T_0代种子，高通量测序检测总体阳性率约为85%。

（四）烟草全基因组选择育种技术

全基因组选择是一种利用覆盖全基因组的高密度标记进行选择育种的新方法，全基因组选择可以部分替代复杂的表型测定，提高选择效率；可以在早期进行预测和选择，进而缩短育种年限和周期；该策略对低遗传力性状和难以测量的性状，遗传改良效果更好。

第二节　烟草品种试验示范网络

烤烟良种区域试验是烤烟新品种选育和生产推广的重要中间环节。优良的新品种必须通过良种区域试验才能在生产中推广，同时生产上遇到的问题也主要通过品种的改良和更新换代进行解决。建立了较为稳定完善的烤烟品种试验网络和品种评价体系，为山东烟草品种试验工作奠定了坚实的基础。

一、烟草品种试验示范体系

（一）烟草品种三级试验示范网络

构建以试验站为中心、县区为主体、区域实施的三级品种试验示范推广网络。在诸城、临朐、费县、沂水、莒县建立小区试验点，在诸城、沂水、莒县建立生产试验点。试验站开展新品种的比较、展示及相关配套技术研究，区域开展品种示范试种及推广。通过三级品种试验示范推广网络，对试验材料进行适应性、抗病性、经济效能、质量特点和工业利用价值等鉴定，并对优良新品种进行配套技术研究，为品种审定、推广、择优合理布局利用提供科学依据。

（二）烟草品种科学试验示范程序

参试品种（系）一般进行2~3年小区试验，通过多年多点小区品种对比试验，对新品种（系）的适应性、稳定性、主要经济效能、抗病抗逆性和初烤烟的品质特点进行初步鉴定评价；对连续2年表现优良的品种（系）在适宜产区内进行较大面积的生产试验，同时进行品种栽培、调制等配套技术研究。生产试验表现好的品种（系）提交全国烤烟良种区域试验。

（三）烟草品种试验示范科学评价体系

通过对植物学性状、农艺性状、经济性状、质量评价体系、病害鉴定等的评价，建立山东特色品种评价体系。形成了以卷烟企业为主导，产区、研究单位共同参加的新品种工业利用评价联动机制，工业企业在种植、采烤、取样、质量评价等环节，参与新品种的田间现场及烤后烟叶质量评价。

二、工商研一体化高端原料先行示范区

工商研三方共同推进山东高端原料先行示范区建设。先行示范区以"生态决定特色、品种彰显特色、技术保障特色、品牌发挥特色"为建设思路，以优质特色品种为核心，以品种配套栽培技术研发和卷烟叶组配方技术升级为"两翼"，通过创新资源整合和高效利用，整体推进从品种到卷烟、从技术到产品、从实验室到生产线的全链条创新，构建从优良品种到优质原料再到创新产品的科研传导模式和成果推广模式。中烟特香301、中川208等优良品种种植比例稳定在80%左右。

三、烟草品种试验示范情况

（一）为品种审定提供了重要科学依据

自山东烤烟品种试验开展以来，共完成了90多个烤烟新品种（系）的小区试验，对

参试品种（系）的适应性、抗病性、经济效能、质量特点和工业利用价值等进行了初步鉴定。对小区试验中表现优良的30多个烤烟新品种（系）进行了生产试验和配套技术研究。

参加山东省烤烟品种试验的鲁烟1号、鲁烟2号、中烟204和中烟205 4个品种已通过山东省烟草品种审评委员会省级审定；推荐13个优良烤烟新品系进入全国烤烟品种区域试验，分别是CF212、0408、CF218、CF219、CF220、CF221、CF222、CF223、CF224、CF225、CF226、CF227和CF228。

通过山东省烤烟品种试验区域试验和生产试验，并通过全国烟草品种审定委员会审定的烤烟品种有中烟100、中烟101、中烟201、中烟102、中烟103、中烟104、中烟202、中烟203（CF212）、中烟206、中烟207（CF227）、中川208（CF228）、辽烟19号（0408）、中烟300（Y48）和中烟特香301等。

（二）承接全国烤烟品种区域试验

山东潍坊、费县和莒县试验点是历年全国烤烟品种试验东北区和黄淮区区域试验和生产试验重要试验点。自2006年以来，潍坊、费县和莒县试验点共完成了100多个烤烟新品种（系）的区域试验，对参试品种（系）的适应性、抗病性、经济效能、质量特点和工业利用价值等进行了初步鉴定，对区域试验中表现优良的40多个烤烟新品种（系）进行了生产试验和配套技术研究，为全国烤烟品种试验、品种审定及示范推广提供了重要支撑。

第三节　烟区品种管理

种子是烟叶生产的基础，是提高烟叶质量、彰显烟叶风格特色的内因。烟区生产技术、管理措施和工业使用，都要围绕品种进行优化、发挥作用。种子质量很大程度上决定了烟叶产业的发展水平。种植优良品种，优化品种结构，是彰显一个产区烟叶质量和风格特色，提高优质烟叶原料供给水平，推动烟叶高质量发展的重要任务。

一、强化烟草品种管控

（一）烟草品种供应管理

健全种子采购使用管理制度。依据《烟草种子管理办法》，制定《山东省烟草品种管理实施细则》，配套制定《烤烟种子采购使用规程》企业标准，确定山东省内烟草种植品种采购供应工作由山东省烟草专卖局（公司）（以下简称"省公司"）烟叶管理部门统一组织，实行统一采购、定点配送、专人接收保管、精准发放，规范种子采购、配送、交接、使用和剩余种子处理使用等工作和流程，明确省、市、县三级烟草公司和烟站职责，确保责任到岗、到环节，构建系统闭环的种子供应管理机制。

落实烟草种植品种合同管理。县级烟草专卖局（公司）（以下简称"县公司"或"分公司"）与承担育苗任务的烟农专业合作社或专业育苗组织签订委托育苗协议，明确育苗种子来源、品种、株数以及品种管理责任等内容。与烟农签订供苗协议，明确烟苗品种、数量、价格、扶持政策、供苗时间等内容。把种植品种纳入与烟农签订的烟叶种植收购合同内容，约定烟苗供应单位、种植品种、地块位置、种植面积（株数）及每个品种交售数量等内容，加强实际种植品种核查，确保合同与实际相符，维护合同严肃性，为生产技术落实、品种精准供给和规范管理夯实基础。

（二）品种来源管控

清理工业符合性较差的品种。清理不符合工业需求、非烟草推荐的品种，是树立烟叶市场信誉、保障烟叶持续健康发展的重要措施。建立了山东全省联动、毗邻烟区联合的工作机制，逐级落实承诺制、责任制，打赢了育苗、移栽、收购环节品种清理管控三大攻坚战，彻底解决了烟农种植非烟草推荐品种问题。

坚持疏堵结合。在满足工业需求的基础上，产区和烟农根据意愿选择种植NC55、NC102、中烟100等适应性较强、种植效益较好的优良品种，完善技术措施，实现烟农收入持续增长，保护烟农种烟积极性。严格落实品种合同管理，加强合同品种与实际种植品种核查，维护合同严肃性。

联合执法。联合农业执法部门对乡村农田、商品化育苗基地进行全面排查清理。落实站长责任制，明确站长为品种管控第一责任人，将品种管控列入对烟站考核"一票否决"项。经过努力，产区各级烟草公司和广大烟农对优良品种的认识更加深刻，实现了全面清理非烟草推荐品种的目标，建立了品种管控的长效机制。

二、推广优良品种

（一）制定品种推广规划

为优化山东全省烟草品种布局，进一步提高烟叶质量、彰显风格特色，增强优质原料保障能力和市场竞争力，推动山东烟叶高质量发展，根据市场需求和烟叶生产实际，制定了《山东省烟草品种布局规划（2021—2023年）》。利用3年时间，完成主栽品种有序替代、优化升级。全省中烟特香301、中川208、中烟101种植面积合计占比达到50%以上，筛选优势后备品种3个以上，形成推广一批、示范一批、储备一批的品种良好布局。

（二）优化烟草品种布局

稳步推广中烟特香301、中川208、NC55、NC102等质量特色明显、综合性状和工业认可度高的新品种，试种特18、特5、特3、朱砂烟、高蔗糖酯K326、低苯并芘K326、中烟300、抗病毒病中烟100等新品种（系），实现品种有序替代、优化升级。

优化品种布局，潍坊、临沂、日照产区主栽、辅栽、试种品种各不超过2个；淄博、青岛、莱芜产区主栽、辅栽、试种品种各不超过1个。确保主栽品种达到60%以上，辅栽品种30%左右，试种品种10%以内。每个县种植品种不超过3个，每个烟站种植品种不超过2个，实行"一村一品""一户一品"。

（三）烟草良种良法配套

坚持工业需求、区域生态、优良品种、配套技术协调统一，因地制宜、分类指导，合理确定种植区域，调整优化生产技术措施，最大限度地挖掘品种提质增效潜力。完善品种技术推广机制，实行品种+技术"套餐式供应"、标准化管理，强化培训指导，提高技术到位率和生产管理水平。结合品种特性调整生产农艺、机械，优化采烤管理模式，构建培训、技术、标准、机械、采烤、收购等系统化的新品种推广机制。

（四）推进烟草特色品种应用

加强特色品种工业验证与配方使用，2019—2020年，以山东产区为研发依托的5个特征香韵品系全部通过田间鉴评，中烟特香301于2020年通过全国品种审定，品种从选育到推广的周期从传统育种的10年左右缩减到5年以内。

实行订单生产、定向供应，推动特色品种推广应用，中烟特香301等品种面积从2019年的250亩（1亩约为667 m²）增长至2022年的5万亩，达到山东全省烤烟种植面积的15.6%，已经成为山东烟区主栽品种之一。

第四节　主栽品种特性

一、中烟100

烤烟品种中烟100以优质、多抗、丰产为主要育种目标，选用兼抗赤星病、黑胫病等多种烟草主要病害、耐低温的自育新品系9201为母本，以易感赤星病、对低温反应敏感的优质烤烟品种NC82为回交亲本,经杂交、回交聚合目标性状后,采用系谱法选育而成烤烟纯系品种。

(一)主要特征特性

1. 生物学性状

移栽至中心花开放期59~63 d,大田生育期120 d左右;打顶后株高平均116.0 cm,可采叶数19~22片,腰叶长平均61.0 cm、宽平均30.0 cm,节距平均4.9 cm,茎围平均9.5 cm。

株式筒形,叶形椭圆,叶序3/8,叶色浅绿,叶面稍皱,叶尖钝尖,叶缘较平,无叶柄,主脉粗细和茎叶角度中等,花序集中,花冠粉红色,蒴果卵圆形(图2-1,图2-2)。

图2-1 中烟100单株　　　　　　　　　图2-2 中烟100叶片

抗黑胫病、赤星病,耐气候斑点病,感青枯病,中感烟草普通花叶病毒病(TMV),中抗烟草黄瓜花叶病毒病(CMV)。

2. 经济性状

2018—2021年,中烟100烟叶平均产量2 527.35 kg/hm²,均价27.69元/kg,产值69 982.32元/hm²,上等烟比例69.50%。

3. 品质性状

烤后原烟浅橘黄色,颜色均匀,光泽强,结构疏松,油分有至多,身份中等,上中等烟比例高。主要化学成分含量适宜、比例协调,香气质较好,香气量尚足。

(二)栽培调制技术要点

该品种对施肥量适应范围较广,喜肥水,适合中等肥力以上的烟田种植,中上等肥力地块一般施纯氮75～90 kg/hm²，氮、磷、钾肥配比1∶1∶（2～3），栽植密度16 500～19 500株/hm²。视田间长相和营养状况于现蕾或中心花开放时打顶，留叶数19～22片。成熟时叶片由下至上分层落黄明显，落黄快且整齐，耐熟性中等，下部叶适熟、中部叶成熟、上部叶充分成熟后采收。易烘烤，耐烤性较好，烘烤特性好。避开根茎病害高发地块和白粉虱易发区域，要避免在黏重黑土地块种植；对病毒病的自我修复能力较强，但感普通花叶病，易感马铃薯Y病毒病，要注意病毒病的综合防治。

二、中烟101

烤烟品种中烟101是以优质特色烤烟品种红花大金元为母本，优质抗病品种Speight G-80为父本，经杂交重组和系谱法定向选育而成的烤烟纯系品种。目标是在优质特色品种的遗传背景下，通过定向改良达到提高育成品种对主要病害的抗耐性和适应性。

（一）主要特征特性

1. 生物学性状

移栽至中心花开放期60 d左右，大田生育期120 d左右；打顶后株高平均107.0 cm，可采叶数19片左右，腰叶长平均61.5 cm、宽平均28.7 cm，节距平均5.0 cm，茎围平均9.0 cm。

株式筒形，叶形长椭圆，叶色深绿，叶面略皱，叶尖渐尖，叶缘波浪状，无叶柄，主脉粗细和茎叶角度中等，花序较松散，花冠粉红色，蒴果卵圆形（图2-3，图2-4）。

图2-3　中烟101单株　　　　　　　　图2-4　中烟101叶片

与对照品种NC89或K326比较，田间生长势较强，节距较大，株高较高，有效叶数、叶色与NC89相当，较K326叶色绿，有效叶数少1～2片。

抗黑胫病、赤星病，感青枯病，中抗TMV、CMV和烟草马铃薯Y病毒病（PVY）。

2. 经济性状

2018—2021年，中烟101烟叶平均产量2 275.05 kg/hm²，均价26.50元/kg，产值60 288.83元/hm²，上等烟比例69.90%。

3. 品质性状

烤后原烟浅橘黄色，较NC89略浅，颜色均匀，光泽强，结构疏松，油分稍多，身份中等。原烟主要化学成分含量适宜、比例协调。原烟香气质较好，香气量较足，余味较舒适，主要吸食指标不低于NC89和K326。

（二）栽培调制技术要点

该品种需肥性中等，与NC89相当，适宜在中等肥力及以下地块种植，肥力过高的地块不宜种植。该品种不耐肥，施氮量与NC55相当，中等肥力地块一般施纯氮67.5～82.5 kg/hm²，氮、磷、钾肥配比以1：（1～2）：3为宜，重施基肥，及早追肥。栽植密度16 500～19 800株/hm²。视田间长相和营养状况适时打顶，一般第一中心花开放期打顶，长势过旺时适当延迟打顶时间。下部叶适熟、中部以上叶成熟采收。该品种成熟落黄慢、耐成熟，下部叶要注意适当早采，中上部要提高田间成熟度采收。田间成熟度不够，易导致烘烤难度加大。烘烤技术按"三段式"烘烤工艺，较易烘烤，烘烤时应保证烟叶变黄与脱水干燥程度协调，一般要求烟叶变至五六成黄时达到叶片发软，变黄至八九成时达到主脉变软，45～48 ℃时达到黄片黄筋小卷筒，54～55 ℃时烟叶大卷筒，干筋温度最高不超过68 ℃。耐病毒病是该品种的优势，可安排在易感病毒病地块，后期要注意赤星病的预防。

三、中烟203

烤烟品种中烟203是以优质丰产烤烟品种中烟98的雄性不育同型系MS中烟98为母本，优质高抗普通花叶病烤烟品系D5103为父本，杂交组合选育而成的烤烟雄性不育杂交种（组合），通过杂种优势聚合了双亲品质、TMV等病毒病抗性和易烤性等优点，弥补了双亲在生长势、抗逆性等方面存在的缺点。

（一）主要特征特性

1. 生物学性状

移栽至中心花开放期62 d左右，大田生育期115 d左右；打顶后株高平均121.9 cm，可采叶数21片左右，腰叶长平均68.2 cm、宽平均31.7 cm，节距平均5.5 cm，茎围平均9.9 cm。

株式筒形，着生叶数24片左右，叶形长椭圆，叶面稍皱，叶色绿，叶尖渐尖，主脉较细，茎叶角度中等，花枝较松散，花冠粉红色，蒴果卵圆形（图2-5，图2-6）。

图2-5　中烟203单株

图2-6　中烟203叶片

抗黑胫病，中抗青枯病，感根结线虫病、CMV、PVY，中感赤星病，对TMV免疫。

2. 经济性状

2018—2021年，中烟203烟叶平均产量2 355.0 kg/hm²，均价25.27元/kg，产值59 510.85元/hm²，上等烟比例67.64%。

3. 品质性状

原烟颜色较NC89稍浅，色度中等，油分较多，成熟度较好，总体外观质量优于NC89。原烟钾离子、还原糖和总糖含量均明显高于NC89，烟碱含量低于NC89，总氮含量与NC89相当，化学成分协调性要好于NC89。原烟香气质较好，香气量较足，杂气、刺激性小，余味尚舒适，总体感官质量档次与NC89相当。

（二）栽培调制技术要点

该品种喜中等肥力，可施纯氮75～90 kg/hm²，氮、磷、钾肥配比1∶（1～2）∶3，栽植密度16 500～18 000株/hm²。视田间长相和营养状况于现蕾或中心花开放时打顶，留叶数21片左右。成熟期叶片自下而上分层落黄明显，耐成熟，要在下部叶适熟、中部叶成熟、上部叶充分成熟时采收。烘烤时宜采用低温变黄，一般要求变黄期温度36～42 ℃，变黄时间50～60 h，定色期温度43～55 ℃，持续30～40 h，干筋期温度不超过68 ℃，其他按"三段式"烘烤工艺，易烘烤。

四、中川208

烤烟品种中川208是根据卷烟工业和烟叶生产对烟叶质量性状、经济性状的需求，以优质、适应性强、抗TMV为主要育种目标，在保证烟叶质量的前提下，兼顾抗病性、经济性状等重要指标，以优质稳产、适应性较强的烤烟品种中烟103的雄性不育同型系MS中烟103为母本，优质、抗病的烤烟品系T136为父本，选育而成的烤烟雄性不育杂交种。

（一）主要特征特性

1. 生物学性状

移栽至中心花开放65 d左右，大田生长期平均125 d左右。根据多年平均结果，中川208平均打顶株高125.0 cm左右，可采叶数20.0片左右，腰叶长73.0 cm左右、宽34.0 cm左右，节距6.5 cm左右，茎围10.0 cm左右；与K326相比，中川208株高较高，茎围略粗，腰叶略短，略宽。

株式塔形，田间生长势强，主要植物学性状表现整齐一致。着生叶数24片左右，叶形长椭圆，叶面稍皱，叶色绿，叶尖渐尖，主脉中等，茎叶角度中等，节距中等，花枝较集中，花冠粉红色，蒴果卵圆形（图2-7，图2-8）。

图2-7　中川208单株　　　　　　　　图2-8　中川208叶片

对TMV免疫，中感至中抗黑胫病、根结线虫病，感至中抗CMV和PVY，感至中感青枯病、赤星病。

2. 经济性状

2018—2021年，中川208烟叶平均产量2 454.98 kg/hm^2，均价28.81元/kg，产值70 728.03元/hm^2，上等烟比例71.48%。

3. 品质性状

综合郑州烟草研究院对全国区试样品质量评价结果及农业农村部烟草质量检验监督测试中心原烟样品质量评价结果，中川208原烟外观质量优于K326及云烟87；烟叶钾含量较高，各化学成分含量均在适宜范围之内，内在化学成分协调性较好；感官质量优于云烟87，相当于K326。

（二）栽培调制技术要点

该品种田间生长势较强，适宜在中等肥力及以下地块种植。尤其适宜于丘陵砂壤土，要避开高肥力地块。对氮肥较敏感，过大不易烘烤，过小影响烟株的开片。因此，适量施氮是种植要点，并注意适量增施钾肥。成熟期叶片自下而上分层落黄明显，较耐成熟；该品种叶片含水量略大，烘烤时变黄速度略慢，需根据实际情况适当延长变黄时间，注意排湿。注意青枯病和PVY的预防。

五、鲁烟1号

烤烟品种鲁烟1号是以优质、适产、抗病、适应性强为选育目标，从K326自然群体中获得的性状优良变异株。该品种保持了原品种K326优良品质，兼具病毒病抗性。

（一）主要特征特性

1. 生物学性状

大田生育期115 d左右，打顶株高平均116 cm，可采叶数24.0片左右，腰叶长68.2 cm，宽26.4 cm，节距4.2 cm，茎围9.7 cm。田间生长整齐一致，长势较强，分层落黄好。

株式筒形，遗传性状稳定，着叶均匀，茎叶角度中等，叶色绿，叶面略皱，叶尖渐尖，花序集中，花色粉红色（图2-9，图2-10）。

图2-9　鲁烟1号单株

图2-10　鲁烟1号叶片

对TMV抗性为免疫，抗黑胫病，田间调查抗PVY。人工诱发感赤星病和CMV。

2. 经济性状

2018—2021年，鲁烟1号烟叶平均产量2 326.09 kg/hm²，均价25.46元/kg，产值59 222.25元/hm²，上等烟比例67.07%。

3. 品质性状

烤后原烟成熟度好，颜色多为橘黄色，身份适中，结构疏松，主要化学成分协调性较好，原烟外观质量和感官质量优于对照品种NC89。

（二）栽培调制技术要点

该品种耐肥性中等，中等肥力地块一般施纯氮60～75 kg/hm²，对钾元素表现敏感，钾肥用量不足时旺长期易出现生理性缺钾，氮、磷、钾配比1∶2∶（2～3）。栽植密度16 500～18 000株/hm²，留叶数19～21片。在赤星病重病区注意提前采取药剂预防措施。易烘烤，按三段式烘烤工艺烘烤。

六、NC55

烤烟品种NC55由山东烟草研究院、云南中烟工业有限责任公司从美国金叶种子公司（Goldleaf Seed Company）引进。

（一）主要特征特性

1. 生物学性状

该品种为烤烟雄性不育一代杂交种，大田生育期120 d左右。打顶后株高平均101.7 cm，有效叶数23片左右，腰叶长64.3 cm，宽29.3 cm，节距4.9 cm，茎围10.6 cm，田间生长整齐一致，生长势较强。

株式塔形，叶形长椭圆，主脉粗细适中，茎叶角度较小，叶色绿，叶尖渐尖，叶缘波浪状，叶面较皱，花序集中，花冠粉红色（图2-11，图2-12）。

中抗黑胫病、青枯病，抗烟草蚀纹病毒病（TEV）和PVY，感TMV、赤星病、气候性斑点病。

2. 经济性状

2018—2021年，NC55烟叶平均产量2 336.08 kg/hm²，均价26.68元/kg，产值62 326.61元/hm²，上等烟比例69.27%。

3. 品质性状

烤后原烟颜色以金黄色为主，成熟度较好，身份稍薄至中等，叶片结构疏松，整体外观质量较好。主要化学成分含量基本适宜，总体较协调。原烟香气透发性好，香气量较足，综合感官质量较好。

图2-11　NC55单株　　　　　　　　　图2-12　NC55叶片

（二）栽培调制技术要点

该品种在山东烟区表现较好，适宜水肥条件较好的丘陵砂壤土和褐土地块种植，无水源条件、肥力过高的地块不宜种植。亩施纯氮较中烟100减少0.5～1 kg，旺长后期容易出现缺钾症状，需要适当增施钾肥；中等肥力烟田施纯氮量以67.5～82.5 kg/hm²为宜，N：P_2O_5：K_2O为1：1：3，基肥、追肥比例以6：4为宜。平原地区5月5日左右移栽，丘陵地区5月10日左右移栽，种植密度以16 500～18 000株/hm²为宜。大田期要保证适宜的水分供应，浇足浇透旺长水，否则易出现叶数偏少、上部叶开片不好、比例偏高问题。长势正常的情况下，应于盛花期打顶，打顶过早易导致矮化。根据烟株长势、地力等因素合理留叶，一般留叶数20～22片，该品种田间分层落黄较好，较易烘烤，掌握好成熟采收，注意对普通花叶病和赤星病的综合防治。

七、NC102

烤烟品种NC102由云南中烟工业有限责任公司、云南省烟草农业科学研究院从美国金叶种子公司引进。

（一）主要特征特性

1. 生物学性状

该品种为烤烟雄性不育一代杂交种，大田生育期115～120 d。打顶后株高平均107.5 cm，有效叶数22片左右，腰叶长68.6 cm，宽27.3 cm，节距4.0 cm，茎围9.5 cm。

田间生长整齐一致，生长势强。

株式塔形，叶形长椭圆，茎叶角度中等，叶色绿，叶尖渐尖，叶缘波浪状，叶面较皱，主脉粗细适中，花序集中，花冠粉红色（图2-13，图2-14）。

图2-13　NC102单株

图2-14　NC102群体

抗黑胫病、TMV和PVY，低抗青枯病，中感赤星病和南方根结线虫病，综合抗病性好于对照品种K326。

2. 经济性状

2018—2021年，NC102烟叶平均产量2 266.50 kg/hm^2，均价26.87元/kg，产值60 900.86元/hm^2，上等烟比例69.36%。

3. 品质性状

烤后原烟多为金黄至深黄色，成熟度好，叶片结构疏松，身份适中，整体外观质量与对照品种K326相当。主要化学成分含量基本适宜，协调性与K326相当。香气质好，香气量足，综合感官质量优于对照品种K326。

（二）栽培调制技术要点

该品种适应性较广，耐肥性较好，N：P$_2$O$_5$：K$_2$O以1：（1～2）：3为宜，种植密度以16 500～18 000株/hm^{2}为宜，留叶数20～22片，现蕾期打顶，在对钾肥需求敏感的现蕾期，可喷施2～3次高效钾肥。NC102田间分层落黄好，耐熟性好。下部叶适熟早收，中部叶成熟采收，上部叶4～6片叶充分成熟一次性采收。该品种易烘烤，变黄与脱水速度较协调，容易变黄和定色，烤后烟叶黄烟率高。一般变黄期干球温度32～42 ℃，干湿差2～3 ℃；定色期干球温度43～55 ℃，湿球温度不超过40 ℃；干筋期干球温度56～66 ℃，湿球温度不超过42 ℃。上部烟叶各阶段可适当延长烘烤时间。对黑胫病、普通花叶病和马铃薯Y病毒病的抗性相对较好，但对青枯病和赤星病的抗性较差。培育无病壮苗，加强移栽后中前期的病毒病综合防治是重点，同时做好中后期对赤星病的防治工作。

八、中烟300

烤烟品种中烟300以定向改良主栽烤烟品种K326的病毒病抗性为育种目标，以K326为母本、3个抗病毒病烟草种质为父本，经过杂交、复交，连续多代回交，利用与病毒病抗性紧密连锁的分子标记辅助选择改良育成的抗病毒病改良K326烤烟品种，是烟草基因组计划重大专项培育成果之一。

（一）主要特征特性

1. 生物学性状

大田生育期117 d左右，打顶株高平均109.2 cm，有效叶数20.1片，腰叶长72.3 cm，宽28.3 cm，茎围9.7 cm，节距5.6 cm。

中烟300性状遗传稳定。株式塔形，叶形长椭圆，叶面稍皱，叶色绿，主脉粗细中等，茎叶角度中等。田间生长整齐，长势强，主要植物学和农艺性状与对照K326基本一致（图2-15，图2-16）。

图2-15　中烟300单株　　　　　　　图2-16　中烟300叶片

对TMV免疫，抗CMV和PVY，中抗黑胫病，中感赤星病，综合抗性优于对照品种K326。

2. 经济性状

2020—2021年，中烟300烟叶平均产量2 467.50 kg/hm²，均价26.15元/kg，产值64 525.13元/hm²，上等烟比例67.40%。

3.品质性状

烤后原烟颜色多为金黄，成熟度好，结构疏松，整体原烟外观质量优于对照品种K326。主要化学成分含量与对照品种K326相近，协调性好。香型风格与K326一致，凸显程度相当，总体感官质量优于对照品种K326。

（二）栽培调制技术要点

该品种适宜于我国K326主栽区种植，尤其在病毒病高发烟区，具有较好的防病效果。适宜在肥力中等偏下的丘陵砂壤土和褐土地块种植。该品种需氮量低于中烟100和NC55，应适当稳氮增钾。采收时应把握成熟度，下部叶适熟早采，中部叶成熟采收，上部叶充分成熟采收，参照"三段式"烘烤工艺进行烘烤，注意烟叶黄干协调。对TMV免疫，抗CMV和PVY，注意根茎类病害和赤星病的防治。

该品种的施肥、采烤技术与K326基本相一致，可参照执行。

九、中烟特香301

中烟特香301是中国农业科学院烟草研究所、中国烟草总公司山东省公司、湖南中烟工业有限责任公司为适应烟草生产对优质、适产、抗病性烤烟品种的需求，以及卷烟工业对烟叶高香气和特征香韵风格的需要，从EMS（甲基磺酸乙酯）诱变中烟100创制的大量突变体中，通过人工闻香并结合气相色谱质谱联用仪（GC-MS）的挥发性香气成分检测鉴定出的一份具有玫瑰香韵（怡人香）的高香气突变材料，采用系谱法选育而成的烤烟品种，是烟草基因组计划实施以来第一个品质定向改良的特色香气烤烟新品种。

（一）主要特征特性

1.生物学性状

移栽至中心花开放65～70 d，大田生育期130 d左右。2016—2019年山东、河南和云南等地小区和生产试验结果表明，该品种打顶株高平均113.0 cm，可采叶片数19.4片左右，茎围10.8 cm，节距5.5 cm，腰叶长74.7 cm，宽28.9 cm。

株式塔形，叶形长椭圆，叶面略皱，叶片厚度中等，叶色绿，茎叶角度中等，主脉粗细中等至较粗，节距中等，花序较集中，花冠粉红色，蒴果卵圆形（图2-17，图2-18）。

与对照品种中烟100比较，中烟特香301株高稍矮，可采叶数略少，茎围稍粗，节距略短，叶片较长、略窄。

抗赤星病，中抗黑胫病和TMV，中感PVY和CMV，感青枯病。

图2-17　中烟特香301单株

图2-18　中烟特香301叶片

2. 经济性状

2020—2021年，中烟特香301烟叶平均产量2 379.00 kg/hm²，均价28.40元/kg，产值67 563.60元/hm²，上等烟比例69.8%。

3. 品质性状

中烟特香301烤后原烟柠檬黄至橘黄，颜色均匀，成熟度较好，叶片结构疏松，身份中等，油分有至多，色度中，整体外观质量与中烟100相当。主要化学成分还原糖、总糖和钾含量较高，总植物碱和氮含量略低；各主要化学成分含量在适宜范围之内，整体协调性较好。工业评价中烟特香301和中烟100香型风格基本一致，凸显程度较高，其花香香韵、青香香韵明显，果香香韵略有增加，整体质量优于中烟100。经国家烟草质量监督检验中心检测，与对照相比，中烟特香301主流烟气总粒相物、焦油、烟碱含量，以及7种有害成分（CO、氰化氢、N-亚硝胺、氨、苯并[a]芘、苯酚和巴豆醛）含量普遍降低，以苯并[a]芘、苯酚含量降低最为显著。

（二）栽培调制技术要点

该品种在黄淮区，需氮量与中烟100相当，N∶P₂O₅∶K₂O为1∶（1～2）∶3，种植密度以15 000～16 500株/hm²为宜，单株留叶数18～22片，中心花开放时打顶。烟叶成熟特征明显，采用"三段式"烘烤工艺，易烘烤。叶片含水量稍大，宜采用低温变黄，适当延长定色时间。注意青枯病、PVY、CMV等病害的防治。

第三章 "中棵烟"培育

为更好地满足优质原料保障需求，聚焦烟叶稳产保供、结构优化、转型升级，确立"主攻中棵烟、实现均质化"主攻目标，紧紧围绕"中棵烟"培育工作重点，不断夯实轮作和品种两个基础，巩固完善以"提前集中移栽、减氮增密、水肥一体"3项技术为核心的"中棵烟"培育关键技术体系，最大限度地彰显烟叶风格特色，持续提高优质原料保障能力，推动烟叶高质量发展。

第一节 培育壮苗

育苗是烟叶生产的起始环节，苗壮、苗足、苗齐、适时是烟叶生产优质高效的重要保障。近年来在育苗方式上不断创新，升级了漂浮育苗技术，因地制宜创新了悬空水培育苗和沙土滴润育苗技术，结合实际建立健全了相关技术规范和工作流程，进一步提高了烟区壮苗培育水平，实现了烟叶生产育苗环节的"减工降本、提质增效"。

一、漂浮育苗技术

烤烟漂浮育苗技术是指将烟草种子通过直播的方式播种在育苗盘上的基质中，并将育苗盘放置在营养液中使其漂浮，在人工创造的条件下，提供烟苗生长所需的光、温、水、氧气、营养物质等，使烟苗正常生长发育。漂浮育苗能够为烟苗提供更适宜的生长环境，促进烟苗更好地生长发育，苗期短、质量高，降低病虫害发生概率，提高整齐度和壮苗率，同时可减少育苗用地，提高土地利用率，增加整体经济收益。

（一）漂浮育苗关键技术创新

1. 光温调控技术

针对山东烟区3月气温、水温低，不利于烟苗前期生长发育的实际，采用池底铺设毛毡、热泵等保温加热装置，对苗池水进行加热增温，控制池水温度保持在合理区间，促进烟苗前期的快速健壮生长。苗池上搭建二层小拱棚，覆盖厚度为0.04～0.06 mm的薄膜，在早晚气温降低时在苗盘上覆盖二层膜，提高温湿度，防止滴水损伤烟苗。

棚内安装内遮阴网，高度≥1.7 m，子叶展开后揭去，减少绿藻数量，避免直射强光对烟苗发芽势的抑制作用，解决育苗基质水分蒸发造成基质表层盐渍化和芽干等问题。大棚内安装智能温度与湿度远程监控预警系统，运用信息化设备和手段，全程做好温度与湿度监控，提高管控精准度，营造良好生长环境。

2. 精准施肥技术

建立"漂浮育苗施肥检索表"，明确施肥方案，实现精准施肥。每次施肥前测量苗床水位，若水位低于5 cm则注水至8～10 cm，根据水位高低对照确定施肥量，施肥时采取"10点"施肥法，确保同一个苗池内的施肥均匀度。配套开发苗池循环增氧系统，提高营养液中溶氧浓度，提高水温，方便施肥，促进烟苗根系发育，提高根系活力。通过施用新型专用育苗肥料，控制盘下无效根的生长，促进盘内有效根的倍增，提高烟苗根系发育水平。

3. 注水锻苗技术

烟苗封盘后，将育苗池内水位调高，调至育苗盘与过道水平，进行两次剪叶，直至锻苗之前，苗池始终保持与过道水平的最高水位，成苗后育苗池水位保持在5 cm，移栽前7～10 d锻苗。有效降低苗池对烟苗的郁闭作用，增大横向生长空间，有效防止烟苗徒长，烟苗整齐度更高，工作效率提高25%以上。

（二）漂浮育苗技术规范

1. 成苗标准

烟苗封盘，叶色绿，茎高4～6 cm，真叶5～6片，生长健壮均匀，茎秆柔韧性好，根系发达，无病虫害，单盘成苗率85%以上。

2. 水分管理

封盘前，苗池水深度保持在8～10 cm，采用注水漂盘锻苗的，烟苗封盘后，将育苗池内水位调高，调至育苗盘与过道水平；采用控水锻苗的，成苗后育苗池水位保持在5 cm，移栽前7～10 d锻苗。

3. 营养管理

第一次施肥时间为烟苗出齐后，施肥浓度为150 mg/kg；第二次施肥为烟苗封盘期，施肥浓度为100 mg/kg；第三次施肥根据生长势、苗情和移栽期决定是否进行，施肥浓度≤80 mg/kg。

4.温度与湿度管理

播种到出苗期，以增温保湿为主，温度控制在20~28 ℃，提高出苗率。出苗后至小十字期，以保温排湿为主，棚内温度控制在25~28 ℃，出苗率达到80%以上后去除遮阴网，防止"高脚苗"。小十字期至大十字期，以保温为主。在烟苗大十字期以后，以控温降湿为主。

5.剪叶

第一次剪叶时间为烟苗封盘后，茎高达到2~3 cm时进行，剪叶时适当轻剪，剪至叶平面距离生长点3 cm，提高烟苗整齐度；第二次剪叶时间为烟苗茎高达到5~6 cm时进行，剪叶时适当重剪，剪至叶平面距离生长点2 cm，促进烟苗根系和茎秆发育。

6.病虫害防治

避蚜防病，全程覆盖40目以上防虫网；剪叶操作时叶面喷施防病毒药剂；移栽前15 d可将根茎类病害药物施入苗池防病；移栽前2 d喷施防蚜虫、防根茎病害药物；出棚前使用病毒检测试纸检测烟苗是否带毒，严禁带毒烟苗出棚。

二、悬空水培育苗

悬空水培育苗即将播种后的苗盘摆置于悬空苗床之上，利用自动喷淋系统完成烟种裂解、水分管理和营养供给等水肥精准管理，使用水帘风机、燃气保温等措施进行温度与湿度精准控制。悬空水培育苗可实现水分、养分全过程精准管理，成苗大小、成苗时间可精准控制，烟苗茎秆更加粗壮，根系更加发达，烟苗成苗率高，烟苗之间独立生长，根系在盘穴内不相互接触，病害传播概率低。

（一）技术原理

1.根系培育

育苗盘钵体摆置于悬空苗床之上，烟苗根系从底部透气孔长出时，遇到干燥空气就会暂停生长，没有伸出面盘的不定根不断增加，充满整个钵体，培育发达烟苗根系。

2.营养供给

由自动喷淋系统和多功能配比泵配合，完成水分和养分供给，根据不同阶段烟苗对水分和养分的需求，实现精准供给，采取叶面喷淋方式，养分吸收更好，肥料利用率更高。

漂浮育苗与悬空水培育苗对比情况见表3-1和表3-2。

表3-1　不同育苗方式成苗期主要农艺指标

处理	株高（cm）	茎围（cm）	一级侧根数量（条）	二级侧根数量（条）	根系体积（mL）
漂浮育苗	5.51	1.34	86.9	157.6	0.74
悬空水培育苗	5.65	1.47	99.1	183.2	0.93

表3-2　不同育苗方式出苗、成苗情况及移栽成活率

处理	出苗天数（d）	出苗率（%）	成苗天数（d）	成苗率（%）	移栽成活率（%）
漂浮育苗	14	95.9	59	92.3	98.3
悬空水培育苗	9	97.6	51	98.5	99.5

3. 环境控制

利用风机水帘降温系统和燃气供暖保温系统，实现苗棚温度精准管理，确保烟苗始终处在最适宜的温度范围内生长。锻苗期断肥控水，控制烟苗大小，防止过苗。

（二）设施配套

1. 悬空苗床

使用手轮式悬空移动育苗床，由边框、支架和床网三部分构成，材质为铝合金或镀锌钢，规格参数为长1 100 cm、宽168 cm，苗床距离地面高度50 cm，通过旋转手轮可使苗床左右移动30 cm，棚内利用面积80%左右。

2. 自动喷淋系统

由运行轨道和调速性喷灌机组成，主要参数为：运行速度4～16.5 m/min，喷杆长度12 m，工作行程100 m，喷嘴高度500～600 mm，输入电源220 V，进水压力3～5 kgf/cm²。

3. 风机水帘降温系统

由风机、水帘、进水管、回水管、水泵等组成。风机尺寸1 100 mm×1 100 mm，功率为750 W，按照150 m²/台配置；水帘纸厚度为15 cm，进水口直径20 mm，出水口直径50 mm。

4. 多功能配比泵

使用水驱动配比稀释泵（加药器、配肥器），与自动喷淋系统共同完成追肥和药剂防治。配比范围（1∶5）～（1∶4 000）（0.025%～20%）。

（三）技术要点

1. 摆盘播种

播种后将烟盘逐盘摆放在悬空苗床上，做到"一水平、两对齐"，"一水平"即所有苗盘必须在悬空苗床上水平摆放，"两对齐"即苗盘之间的边缘对齐，边缘苗盘与苗床周边对齐摆放。摆盘结束后，当天使用自动喷淋系统喷水，确保烟种充分裂解，裂解时喷淋装置慢速往返运行一次性连续给水，确保盘内基质达到最大持水量。摆盘时注意轻拿轻放，防止盘内基质和烟种移位或洒落。

2. 水分管理

播种至出苗期前，使用自动喷淋系统每天喷水两次，每次喷淋要求盘内基质全部湿透，基质水分保持在最大持水量的80%~90%。出苗后至锻苗前，基质水分控制在最大持水量的60%~70%内。锻苗至成苗，以控水为主，基质水分控制在最大持水量的30%以内，通过控水断肥控制烟苗纵向生长，防过苗。

3. 养分管理

使用水溶性育苗专用肥（氮、磷、钾含量分别为20%、10%、20%），采用自动喷淋装置进行叶面喷施。第一次施肥在出齐苗时使用，使用浓度为稀释1 200倍液；第二次施肥在烟苗达到小十字期时，使用浓度为稀释1 000倍液；第三次施肥在烟苗达到大十字期时，使用浓度为稀释800倍液。

使用自动喷淋系统进行水分、养分管理时，应确保所有喷头喷洒均匀一致。要视天气、温度及生长阶段确定喷水次数和水量，防止湿度过大或过小影响烟苗正常生长。

4. 温度与湿度管理

烟苗生长最适宜的温度为25~28 ℃。在锻苗之前，每天17：00左右及时关闭通风棚膜，并覆盖保温被保温，保证夜间棚内温度不低于20 ℃；当温度低于10 ℃时，可使用燃气保温供暖系统进行温度补偿；每天8：00左右掀起棚顶保温被；当棚内温度高于30 ℃时，及时采取加大通风、开启风机水帘系统等降温措施，确保烟苗始终处于最适宜的生长温度。

5. 定苗操作

在70%左右烟苗进入大十字期时，进行匀苗操作，将烟苗按照大、中、小分成三类分别植于各苗盘中，其中大、中、小苗分别占70%、20%、10%左右，避免大苗遮盖小苗，提高苗盘内烟苗生长均匀度和成苗率，操作前对烟苗喷施一遍病毒抑制剂，过程中每操作10株烟苗对移苗工具喷洒菌毒清溶液进行消毒处理。

6.卫生操作

把好消毒和卫生关口，定苗、剪叶等按卫生操作相关要求落实好消毒措施。

三、沙土滴润育苗

沙土滴润育苗即把基质装到育苗盘孔穴中，播种后育苗盘放在沙土上，利用滴灌设备供应水分，保持基质湿润以满足种子萌发和烟苗生长。沙土滴润育苗母床铺沙土，育苗成本低，管理方便，烟苗根系发达，有利于烟苗移栽后早生快发，抗病性强。

（一）技术原理

按照"前湿后干""干湿交替"原则，使用滴灌系统完成烟苗水分管理，更加符合不同时期烟苗水分需求规律。前期营养以施入沙土中的基肥供应，后期视长势情况使用滴灌系统进行肥料补充，改变以往基质温度直接受营养液温度影响，改善育苗基质温度状况，提高出苗率，促进烟苗根系发育，提高烟苗质量。

（二）育苗设施及材料

1.基质

沙土滴润育苗基质的基本原料由草炭土、珍珠岩和蛭石组成，配比（体积）为6∶3∶1。

2.育苗盘

采用聚苯乙烯原料制成，育苗盘为100～130个孔穴，苗盘长、宽、高分别为54 cm、28 cm、3 cm。

3.母床、沙土、二膜、二层拱棚

在母床上直接将育苗盘放置在铺有二层膜的沙土地面上，播种后，盖二次拱棚，不用熏蒸母床。

4.铺设滴灌管

母床压实压平，铺上二层膜和细沙，然后铺设滴灌管，接上压力罐、抽水泵即可，解决出苗、烟苗生长所需水分问题。

5.营养液

沙土滴润育苗营养液由滴灌系统追施更方便。

（三）技术要点

1. 滴灌

由蓄水池、水泵、压力罐、输水管、主管、滴管组成滴灌系统。将棚内蓄水池打扫干净，消毒后灌满水备用；将水泵连接压力罐，再将压力罐连接滴灌系统完成供水系统连接；选择滴灌孔距30 cm或45 cm滴灌带，滴灌设施要消毒后安装使用。

2. 铺沙

滴灌管铺设在沙下面，沙子以5 cm厚度为宜。铺沙完毕后，先打水验证畦面是否平整，同一苗池内高度差控制在0.5 cm以内，沙畦面不在一个水平面上的用沙找平，防止播种后整个畦面水量不一致造成水分过大或过小，造成托盘需水不一致，出苗及烟苗大小不一致，青苔严重或落干现象出现。做好池沙消毒，将消毒剂根据浓度要求在蓄水池配制后用滴灌打入沙中消毒。

3. 装盘

装盘时要蹾实抹平，连续蹾盘2次，确保所装基质容重大小一致，吸水一致，出苗一致。运盘时保持水平，严禁倾斜，防止种子掉落。放盘时平放压实，盘与盘之间稍留1 cm空隙，防止苗盘悬空。

4. 施肥

沙内施足底肥，待沙子铺完后，按照一个标准棚（50 m×8 m）使用15 kg撒可富的标准将肥料均匀撒在沙畦面上，然后与沙拌匀整平；根据烟苗长势及叶色判定是否实施追肥，若烟苗呈现轻微发黄，长势较弱时及时追肥。营养液配制用液态肥（氮、磷、钾比例为20∶10∶10）或定制的商品育苗肥，直接稀释放在蓄水池中，通过滴灌施入，液态肥浓度掌握在0.05%。

5. 水分管理

出苗前，含水量掌握在用食指压穴内基质见清水为宜，若达不到标准，及时打开滴灌补水；出苗后至十字期前，以穴内基质湿润为宜；若苗盘基质上方出现褐红状物质，用雾化效果较好的喷雾器喷雾，及时喷淋冲洗；十字期后，以穴内基质较湿润为宜；锻苗期，以烟苗不萎蔫为宜。

6. 温度与湿度管理

做好除雾、通风、防高温工作。二层拱棚内严禁起雾，若有起雾立即通风；二层拱棚内温度控制在25～28 ℃，若温度高于30 ℃，及时揭开二层拱棚膜进行通风降温；出苗率达到80%后，揭掉白布，每天8∶00前和17∶00后进行二层拱棚膜的揭、盖。

第二节　植烟土壤保育

土壤是烟株赖以生存的基础，良好的土壤环境是保障烟叶质量、提升烟叶特色的重要条件。推进土壤保育，坚持土壤用养结合，着力消减土壤酸化等土壤障碍问题，提高土壤肥力，实现土壤营养健康管理，进而推动烟叶生产与烟田利用协调发展。

一、植烟土壤质量

分析了山东省23个植烟县（市）的土壤质量指标。其中植烟土壤pH值介于5.0 ~ 8.2，平均值为6.8，部分田块偏低。土壤有机质含量介于7.9 ~ 27.0 g/kg，平均含量为14.8 g/kg，65%的植烟土壤含量低于15.0 g/kg，总体处于适宜水平。土壤速效氮含量介于9.7 ~ 104.5 mg/kg，平均含量为64.1 mg/kg；土壤速效钾含量介于64.0 ~ 236.3 mg/kg，平均含量为152.1 mg/kg，含量适中；土壤速效磷含量介于8.6 ~ 88.6 mg/kg，平均含量为43.0 mg/kg，总体较高，部分地块偏高。

二、植烟土壤保育

（一）土壤酸化治理

1. 施用石灰

石灰施用量根据植烟土壤酸碱度确定，对于pH<6的个别区域或地块，每亩施用量为60 ~ 150 kg/亩，一般不超过200 kg/亩；pH>6.0，无须施用。考虑石灰土壤施用的后效效应，撒施间隔为3 ~ 5年。

2. 施用硅钙钾镁肥

硅钙钾镁肥是磷石膏、钾长石等在高温下煅烧而形成的碱性土壤调理剂，不仅能调酸改土，还能补充多种大、中、微量元素，可有效克服石灰等施用易造成土壤板结的不足，在多种作物上应用效果较好。2019年以来山东烟区对土壤pH<5.5的烟田全面推广施用硅钙钾镁肥。起垄之前均匀撒施，用量为100 ~ 150 kg/亩；起垄时作为基肥与其他肥料均匀混合使用，用量为50 ~ 70 kg/亩。硅钙钾镁肥有效提高了植烟土壤pH值，适量补足了钙、镁中量元素，显著提高了烟株大田期综合抗性。同时，硅钙钾镁肥提高了土壤有效磷和有效钾含量，但土壤碱解氮含量有下降趋势（表3-3）。

表3-3 硅钙钾镁肥对土壤理化性质的影响

施用量 （kg/亩）	碱解氮 （mg/kg）	有效磷 （mg/kg）	速效钾 （mg/kg）	有机质 （%）	pH值
0	54.66	28.00	168.65	0.33	5.04
100	52.34	30.72	188.62	0.47	5.14

3. 烟田地膜回收

推广使用0.01 mm厚度以上的配色地膜、降解膜和植物纤维膜，在烟田旺长期（雨季来临前）视土壤墒情划膜或揭膜；及时进行烟田废旧地膜、废旧药瓶和药袋等物质回收利用，其他残物清除集中处理。依托烟农专业合作社，因地制宜开展地膜回收，探索"烟农回收+合作社收集+地膜生产商回收加工"等方式，打通了地膜专业化回收、资源化利用通道，降低烟田"白色污染"，实现烟区废弃地膜资源无害化利用。

（二）植烟土壤地力提升

1. 土壤结构调整

在推广机耕深翻、旋耕碎垡的基础上，推广机械深松深翻，调节土壤三相比例，熟化耕作层下方土壤。机耕深翻在秋收结束后趁土壤湿润时进行，一般在烟田封冻前完成，深翻深度以根系密集范围为宜，山区丘陵在25 cm以上，平原在30 cm以上。烟田肥力较低时，可适当增加机耕深翻深度以达到地面平整、无漏耕和土块少的作用，进而疏松土层、培育土壤团粒结构和增强土壤保水保肥能力。截至2021年，山东全省全部烟田均已实现机械化深耕或深松，其中机械深耕比例达到40%，深松比例达到60%。

2. 增施有机肥

山东烟区以大豆有机肥和成品有机肥施用为主。大豆有机肥在使用前需提前发酵，每100 kg大豆粉碎后加入25～30 kg EM菌稀释液混合堆垛、塑料薄膜盖严、保温密封、每5 d左右翻堆1次。将发酵大豆和其他基肥搅拌均匀、起垄施用，每亩施用40 kg。商品有机肥以经ISO质量检测合格的产品为主，作为基肥一次性施入，每亩施用40 kg。

腐熟大豆有机肥明显改良了土壤主要化学性质，土壤有机质、氮、磷和钾等指标均有不同程度提升。增施腐熟大豆有机肥后，烤后烟叶杂色烟率和微带青烟率均有所下降，橘黄烟叶产出比例提高了3.63%，均价增加了0.63元/kg，亩产值提高了202.76元。增施腐熟大豆有机肥后，烟叶总糖和还原糖含量均有所提升，总烟碱含量下降，内在化学成分指标更加协调一致（表3-4，表3-5）。

表3-4 不同施肥方式对烟叶经济性状的影响

处理	杂色烟率 （%）	微带青烟率 （%）	橘黄烟率 （%）	均价 （元/kg）	亩产值 （元/亩）
常规施肥	2.53	3.69	93.78	30.22	4 100.85
增施腐熟大豆	2.25	2.36	95.39	30.85	4 303.58

表3-5 不同施肥方式对烟叶化学成分的影响

处理	总糖（%）	还原糖（%）	总植物碱（%）	总氮（%）	钾（%）	氯（%）
常规施肥	23.68	18.98	2.34	1.99	1.68	0.34
增施腐熟大豆	24.39	20.01	2.21	2.04	1.7	0.38

（三）植烟土壤健康管理

1. 推行轮作制度

（1）按照"两年一轮作"的耕作方式，推广了"烤烟—中药材""烤烟—花生""烤烟—甘薯"和"烤烟—小麦/玉米"等轮作模式。加强轮作作物种植管理，运用数字化、智能化手段，对前茬作物土、肥、药等要素严格管控，防止烤烟前作收获后土壤氮素、有害除草剂残留过多。2022年山东全省烟田轮作比例达到95.5%以上。"烤烟—冬小麦"种植模式下土壤理化性状见表3-6。

表3-6 烤烟—冬小麦种植模式下土壤理化性状

处理	穿透阻力 （kPa）	有机质 （g/kg）	全氮 （g/kg）	全磷 （g/kg）	全钾 （g/kg）	碱解氮 （mg/kg）	有效磷 （mg/kg）	速效钾 （mg/kg）
烟麦轮作	956.30	11.75	1.04	0.67	22.46	59.75	34.02	190.13
连作对照	993.65	10.73	1.02	0.65	21.29	61.17	34.49	185.02

（2）探索"一年两熟"种植模式。探索了"烤烟—油菜"一年两熟种植模式，选择早熟100、黄金9号等早熟油菜品种，9月下旬烟田采烤结束后播种油菜，翌年5月上中旬油菜籽收获后及时起垄移栽烤烟。2022年山东全省推广面积近1万亩，形成了《烤烟—油菜一年两季生态循环种植制度技术规程》，形成了油菜秸秆粉碎还田，菜籽油增收，菜籽饼作为烟田有机肥的循环利用种植模式。

"烤烟—油菜"一年两熟种植模式改良土壤效果明显，0～30 cm土壤耕层的平均穿透阻力为915.63 kPa，降低了78.02 kPa，降幅为7.85%，耕层结构改善比较明显；有机质含量较连作烟田提高了17.61%，全氮含量提高了12.75%，全钾含量提升了8.97%，对土壤理化性状有较为明显的改良效果（表3-7）。

表3-7 烤烟—油菜轮作下土壤理化性状

处理	穿透阻力（kPa）	有机质（g/kg）	全氮（g/kg）	全磷（g/kg）	全钾（g/kg）	碱解氮（mg/kg）	有效磷（mg/kg）	速效钾（mg/kg）
连作对照	993.65	10.73	1.02	0.65	21.29	61.17	34.49	185.02
烟油轮作	915.63	12.62	1.15	0.61	23.20	61.28	35.31	185.97

2. 推广绿肥还田

烟区主要绿肥类型有毛叶苕子、大麦、苜蓿、黑麦草、大青叶等。9月中旬烟田采收结束后开始播种，翻压时间一般在烟苗移栽前20 d左右。如果翻压时间较早，绿肥生长时期较短，仍十分稚嫩，会导致有机养分积累不足；如果翻压时间过晚，绿肥已开始老化，茎部和叶片中贮存的养分较少，在土壤中不容易被分解，无法释放出足够的养分。绿肥翻压后，土壤有机质和全氮含量显著增加，水解氮、有效磷和速效钾等含量明显提高（表3-8，表3-9）。

表3-8 种植不同绿肥后土壤理化性状

绿肥品种	pH值	有机质（g/kg）	碱解氮（mg/kg）	有效磷（mg/kg）	速效钾（mg/kg）	全氮（g/kg）	全磷（g/kg）	全钾（g/kg）
光叶紫花苕	6.2	25.7	127.1	44.8	326.5	1.55	0.64	31.3
冬牧70	6.3	25.8	163.0	39.9	231.2	1.57	0.61	31.3
黑麦草	6.5	25.9	169.0	35.5	139.0	1.52	0.62	31.5
豌豆	6.2	27.1	155.2	44.3	303.5	1.51	0.59	31.4
紫云英	6.2	26.8	174.0	78.5	361.1	1.55	0.69	32.1

表3-9 种植不同绿肥后土壤微生物数量

绿肥品种	细菌（10^5 CFU/g）	真菌（10^3 CFU/g）	放线菌（10^4 CFU/g）	硝化细菌（10^4 CFU/g）	反硝化细菌（10^4 CFU/g）
光叶紫花苕	99.7	33.9	327.4	45.2	282.3
冬牧70	154.0	25.9	249.6	85.6	171.5
黑麦草	76.5	26.1	274.2	113.1	107.9
豌豆	163.9	20.9	277.2	8.6	329.7
紫云英	56.8	33.3	280.5	150.8	107.2

3. 推广秸秆还田

秸秆还田可以促进土壤团粒结构形成，提高土壤通透性，增加土壤微生物数量，有效增加土壤养分和活性有机碳含量，降低0~20 cm和20~40 cm土壤容重以及土壤穿透阻力，提升土壤田间持水量，其中秸秆粉碎1 cm与5 cm效果较好，而1 cm处理能够显著提升土壤蔗糖酶与脲酶活性。

4. 推广微生物菌肥

因地制宜推广土壤改良剂、调节剂以及微生物菌肥以改良植烟土壤，主要有土著菌田间扩繁剂、ETS微生物有机肥和木质泥炭土壤调理剂等。微生物菌肥能够有效改善土壤物理特性，提高根际土壤微生物种类及有益微生物丰度，调节土壤酸碱平衡和中和酸化土壤。

微生物菌肥能有效提高单位面积内土壤真菌和细菌菌落数量，较传统化学肥料，真菌菌落数提高了78.03%，细菌菌落数提高了83.08%，有效增加了土壤生物活性和有机质含量、提高了土壤有效养分含量，能够满足烟株各个时期生长发育的需求，同时具有抑制土传病害的作用（表3-10）。

表3-10 施用微生物菌肥对土壤微生物菌落的影响

处理	真菌菌落数（个/皿）	细菌菌落数（个/皿）
传统肥料	173	272
微生物菌肥	308	498

第三节 提前集中移栽

确定合理的移栽期是优化大田生育期的主要措施，对于保证烤烟正常发育和提高烟叶质量具有重要意义。合理的移栽期就是把烤烟的生长发育过程安排在最适宜的光照、温度和水分条件下，为优质烟叶生产创造条件。

一、提前集中移栽的依据

2015年山东提出研究适当提前移栽，把烟叶的成熟期、采烤期放在光热条件最好的7—8月，切实改善烟叶质量，提高山东烟叶可用性。"提前集中移栽"即5月1日前完成移栽，同一片区移栽时间不超过5 d，同一地块移栽时间不超过3 d。

（一）优质烤烟生产温度条件

烤烟生长发育最低温度是13～14 ℃，适宜温度20～28 ℃，最高温度35 ℃。烟叶成熟期需要较高温度，日均气温24～25 ℃持续30 d且配合良好光照有利于优质烟生产，低于17 ℃会影响烟叶正常成熟。烤烟生长前期温度随移栽期推迟而升高，导致烟株生长发育加快而生育期缩短，但烤烟生长达到某一节点所需的有效积温一致。烟苗移栽时日平均气温需达到18 ℃以上，烟叶采收时日平均气温需达到20 ℃以上。

（二）提前集中移栽气候依据

近10年来4—5月气温较历史常年值有较明显提高，4月下旬平均气温达到18.0 ℃，已经满足优质烟苗移栽的温度下限需求；9月下旬时平均气温降至20 ℃以下，因此烟叶采收应在9月20日前结束。7月上旬至8月下旬50～60 d时间内，平均气温均在24.5 ℃以上，日照时数322.7～385.8 h，满足优质烤烟成熟期的光温要求（表3-11）。

表3-11　山东烟区2010—2019年气象数据统计

指标	时间	4月	5月	6月	7月	8月	9月
日均气温（℃）	上旬	11.8	18.9	23.2	25.9	26.9	22.3
	中旬	14.5	20.8	24.1	26.4	25.9	20.7
	下旬	18.0	21.9	24.3	27.6	24.5	19.8
月平均气温（℃）		14.8	20.5	23.9	26.6	25.8	20.9
降水量（mm）	上旬	7.0	17.9	17.9	53.4	59.5	29.9
	中旬	10.8	23.5	28.0	65.8	66.9	21.7
	下旬	11.1	14.7	35.7	62.5	42.2	12.1
月降水量总数（mm）		28.9	56.1	81.6	181.6	154.8	58.3
日照时数（h）	上旬	74.4	80.3	76.2	63.1	62.9	61.9
	中旬	75.0	83.5	77.1	58.0	60.4	63.8
	下旬	79.6	89.4	67.3	68.7	72.8	67.3
月总日照时数（h）		229.5	252.8	220.6	190.0	196.1	192.7

适当提前移栽至4月下旬，气温、光照条件完全能够满足优质烤烟生长发育需求，但需根据降水情况补充灌溉；由于移栽期改变对烟叶生长发育进程以及烟叶质量产生明显影响，因此同一地区烟苗移栽集中进行，提高了烟叶均质化水平。提前集中移栽延长了成熟时间，提高了上部叶可用性，降低了生产风险。

二、水造法井窖移栽

合理的移栽方式是保障"提前集中移栽"技术落地的关键措施。2017年对制作井窖的方法开始进行研究，研发出用水冲的方法制作井窖的移栽方式，井窖内相对稳定、适宜的温度和湿度条件，增加了烟苗前期抵御低温和干旱等逆境的能力，保障了"提前"移栽。

（一）水造法井窖移栽工具

1. 水造井窖移栽器

一种专门用于制作烤烟水造法井窖的机械设备，由动力装置、传输装置、井窖器三部分组成。通过动力装置（汽/柴油机、电泵等）给水流增加压力，水流通过传输装置（塑料蛇皮管等）传输到井窖器（包括操作手柄、连接杆、井窖锥、定距杆），由水流和井窖锥共同作用在烟垄上，形成井窖并同时将水灌满井窖。针对不同土壤类型，各地烟草公司对移栽器进行了创新改造，研发了适应黏性土壤的烤烟移栽笼头式水造井窖移栽器和适应砂性土壤的水造井窖移栽器。

水造井窖移栽器把造窖和浇水两个环节合并为水造井窖，简化了流程。增加注水功能。在井窖器锥体一周分布出水孔6个，用于注水和水冲成窖，圆柱体周围均匀分布小孔10个，用于冲刷粘黏土壤；增加株距标尺，在限位挡板上方安装可调节株距标尺，便于打窖时控制株距均匀（图3-1）。

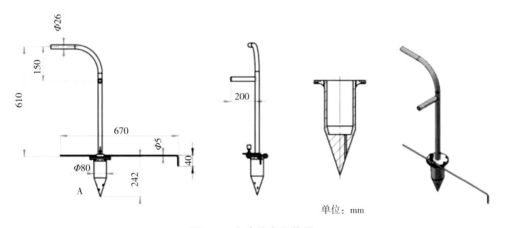

单位：mm

图3-1　水造井窖移栽器

普通井窖移栽器需要背负式动力设备，带动打窖器旋转进行打窖，水造井窖移栽器采用水流的冲力和井窖锥的塑型作用成窖，无需动力设备，减轻负重，降低了劳动强度。设备成本大幅度降低，设备制作材料主要是铁管、铁板等，制作简单，成本是普通井窖移栽器的1/10。

2. 仿生浇水封埯器

借鉴传统封埯人手的形状结构制作而成的水冲破壁封窖工具,包括破壁功能部件、主体支架部件两部分。破壁功能部件包括三对封埯齿,每个封埯齿中心有1个竖直出水孔,每秒出水0.5 kg左右。主体支架部件主要由支架主体、支架把手、支架支点、限位装置控制组成(图3-2)。

通过借鉴水造井窖移栽器作业原理,模拟人工封埯过程,研制了第三代仿生浇水封埯器,在浇足封埯水的同时,完成了破壁、封埯操作,优化了封埯作业工序。破壁、浇水、封埯3个工序一次性完成,解决了人工封埯破壁难、土壤与根系结合不紧密、浇水不足不均、效率低、工作量大等问题。

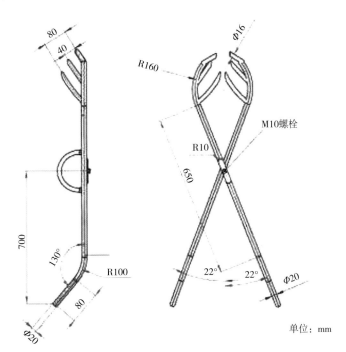

单位:mm

图3-2 仿生浇水封埯器

(二)水造法井窖移栽技术要点

1. 地膜覆盖

采用水造法膜上井窖移栽的,移栽前趁墒覆膜,避免因地块墒情不好、土壤水分不够,造成打窖时表土塌陷。采用水造法膜下井窖移栽的,边移栽边盖膜。覆盖地膜时要求地膜拉紧、不能划破,垄体两侧膜边压实,多风区域要每隔一段距离用土压膜。为防止损伤滴灌带,滴灌毛管铺设应偏离烟垄中线5~10 cm,浅沟内铺设,防止紧贴地膜损毁地膜。

2. 移栽前准备

移栽设备按照4人1套配置，4人组成一个移栽小组，1人打窖，1人调整水管，1人选苗，1人栽苗。电机、油料、蓄水设备及各类维修工具等移栽物资准备齐全；移栽水按照3 m³/亩以上标准备足水源，配备拉水车、简易水窖、水囊等储水设施，确保出水稳定、距离适宜，便于浇烟。如使用机井供水，需提前准备周转池以保证水温适宜、水质清洁、无污染、pH值为6.5 ~ 7.5。采用车辆拉水的，车辆及其储水设施与日栽烟进度相匹配，选择均匀一致、大小合适的烟苗，茎高4 ~ 6 cm，功能叶5 ~ 6片，剪叶1次，茎秆较粗壮、有韧性，大小一致，无病虫害。

3. 操作方法

将水造井窖移栽器前端慢慢垂直插入垄体正中，配合水流的冲力插到限位板，轻轻转动后待水溢出垄体时垂直拔出井窖制作器，动作要快，完成一个打窖动作后将井窖器快速挪往下一个打窖点。砂性较强地块在打穴过程中，要做到"插入快、缓慢摇、力度小"，首先插入土壤时，要动作迅速，减少表土塌陷的时间，其次要慢慢摇动井窖器头，延长成窖的时间，在此过程中力度要小，深度要略浅，防止因深度过大而破坏了窖壁。井窖直径8 cm，井窖深度15 cm左右（即水渗下后的实际深度），每个井窖浇水2.5 kg以上。

在水未完全渗下、水深1/3 ~ 1/2时将烟苗栽入窖内中心，以保持烟苗根系与土壤的严密结合。栽后烟苗生长点距离地膜5 ~ 7 cm。一人水造井窖，一人拖管带，拖管带时要轻拿轻拽，尽量让管带顺着垄底移动，禁止隔垄大力拖拽，避免管带"横扫"掩埋井窖。完成移栽的烟田达到"三见一无一中心"，即"见光、见叶、见芯、无缺苗、苗在穴中间"的移栽标准。

4. 栽后管理

栽后喷施防治地下害虫药剂，如果施用提苗肥，可配成水肥溶液，制作井窖时一并使用或栽后沿井壁浇淋，使用时注意浓度。栽后5 d内查苗补苗，将死苗、极其弱小的烟苗和受地下害虫侵害的烟苗拔除，补栽同一品种健壮烟苗；查苗补苗一般在16：00以后进行，烟苗成活率不低于95%。对于实施水造法膜下井窖移栽的，在移栽后10 d左右，烟苗叶片刚好顶膜时，根据井窖内气温和烟苗生长情况，在10：00前或16：00后，及时破膜露苗，使烟苗逐步适应外部环境。移栽后如遇外界气温高于30 ℃，在烟苗侧上方捅一直径1 cm左右小孔，利于井窖内降温降湿，避免伤苗。

5. 封埯前准备

封埯设备按照2人1套配置，一人操作封埯器，一人拿水管。电机、油料、蓄水设备及各类维修工具等封埯物资准备齐全。封埯水源出水稳定，距离适宜，便于封埯操作，水质清洁、无污染、pH值为6.5~7.5。采用车辆拉水的，车辆及其储水设施与日封埯进度相匹配。

6. 水冲破壁封窖

移栽后20~25 d，当烟苗生长点超出井窖口3~5 cm时水冲破壁封窖。使用仿生浇水封埯器，操作时，出水口开口20 cm，与烟垄垂直，以烟株为中心插入烟垄，根据烟垄墒情适当停顿，边提边收拢封埯器操作杆，整个过程5 s以上，每窖浇水可浇封埯水2.5 kg以上，且烟株两侧土壤与烟株结合紧密。封窖前需对烟田喷施病毒抑制剂加以保护。

7. 追肥

移栽后25~30 d，没有滴灌条件的烟田，结合水冲破壁封窖，将肥料溶于水一并施入。有滴灌的烟田可以利用滴灌设施浇水、追肥，时间3~4 h。

（三）水造法井窖移栽技术应用效果

水造法井窖移栽，简化移栽流程，省时省工，简单、便捷、安全，提高了移栽效率，保障了"集中"移栽的实现。烟苗在井窖内生长，窖内保温、保湿，改善烟苗大田早期生长环境，提高烟苗成活率，保障"提前"移栽的实现。2021年，山东全省共配套水造井窖移栽器11 577台，仿生浇水封埯器7 746台，全面推广水造法井窖移栽技术。

1. 提高移栽效率，保障"集中"移栽

将普通井窖移栽中造窖和浇水2个工序合并为水造井窖，简化了流程，提高了效率，移栽效率由原来的每人0.8亩/d提高到了2亩/d，缩短了移栽时间，保障了"集中"移栽的实现。同时减少了用工成本，移栽成本较常规膜上、小苗膜下降低82.5元/亩，每年能为烟农节省成本2 300余万元，促进了烟农增收（表3-12）。

表3-12　不同移栽方式移栽效率对比

类型	户均移栽面积（亩）	人均劳动效率（亩/人）	3 d集中移栽用工量（个）
常规膜上	43	0.8	18
小苗膜下	43	0.8	18
常规井窖	43	1.3	11
水造井窖	43	2	7

2. 井窖内恒温恒湿，保障"提前"移栽

井窖内气温和土壤温度较井窖外更稳定。井窖式膜下移栽井顶和井底温度相差大约12 ℃，井窖式膜上移栽相差大约8 ℃。井窖内空气相对湿度较井窖外波动小。井窖内相对稳定、适宜的温度和湿度条件，可以保证烟苗的正常生长发育（表3-13）。

表3-13　井窖内外环境条件

指标	窖内气温（℃）	窖外气温（℃）	窖内土壤温度（℃）	窖外土壤温度（℃）	窖内相对湿度（%）	窖外相对湿度（%）
变幅	21.1 ~ 30.5	11.7 ~ 32.1	20.1 ~ 30.1	11 ~ 31.5	64.28 ~ 100	15.7 ~ 67.7

3. 烟株根系活力强，促进烟株早发快长

井窖移栽，烟苗处于井窖中，水分蒸发小，井窖内的水、温条件相对平衡稳定，根系活力明显高于常规膜上移栽方式。井窖移栽能够实现深栽，井窖深度15 cm左右，根系发育与膜下烟近似，封埯后可形成二层根系，侧根发达。从根系发育来看，水造法井窖移栽一级侧根数、一级侧根干重、二级侧根数、二级侧根干重都高于其他移栽方式，表明该移栽方式根系扎根更深，养分吸收面积增加，利于烟株的生长（表3-14，表3-15）。

表3-14　不同移栽方式根系活力　　　　　　单位：μg/（g·h）

移栽方式	移栽后天数				
	7 d	14 d	21 d	28 d	35 d
常规膜上	2.77	3.84	4.74	5.76	6.93
小苗膜下	2.96	4.02	5.01	6.15	7.08
井窖移栽	2.89	4.14	4.98	5.91	7.33

表3-15　不同移栽方式根系情况

处理	一级侧根数（条）	一级侧根干重（g）	二级侧根数（条）	二级侧根干重（g）
常规膜上	148	64	2 587	8
小苗膜下	148	63	2 712	9

（续表）

处理	一级侧根数 （条）	一级侧根干重 （g）	二级侧根数 （条）	二级侧根干重 （g）
水造井窖	165	71	2 956	11

4.促进水肥耦合

从用水调查来看，水造法井窖移栽过程中移栽水、封埯水量大而且均匀，每穴浇水量均可达2.5 kg以上，浇水量较传统方式提升50%以上，基本可满足栽后25 d烟株的生长水分需求。统一配备320 W功率水泵，2.5 cm直径水管，井窖器出水匀速，浇水时长一致，每穴浇水量一致。充足且均匀的移栽水、封埯水，促进了以水调肥、水肥耦合，满足了烟株对水分和养分的需求。

第四节　烟草减氮增密

为解决移栽密度偏小、氮肥施用量偏高等问题，进一步彰显烟叶质量特色，更好满足卷烟工业需求，山东烟区全面推行减氮增密技术措施，落实全测全配，平衡施肥，改进起垄方式，实施合理密植，培育了烤烟的合理株型和群体结构，为实现烟田优质适产、培育优质特色"中棵烟"夯实了基础。

一、烟草减氮增密原理与依据

（一）烟草合理密植

1.种植密度对冠层光照分布特征的影响

烟草生物学产量中90%以上的物质来自光合产物，光照是烟叶产量和品质形成的重要因素。山东烟区纬度条件下，烟株行距平均控制在1.2 m能够保证烟株两侧接受充足光照，影响烟株光照分布的关键点在于株距大小。减小株距、增加种植密度，可以显著提高群体叶面积指数，但现蕾期时冠层尤其是下部叶位置透光率显著降低，不利于单株光合产物合成与积累；而到平顶期时，随着打顶以及下部不适用叶处理，30~60 cm株距不同密度处理的冠层透光率趋于一致，说明适当减小株距、增加密度，在某一阶段可能会影响下层叶片透光率，但整体能够接受充足光照，且能够大幅提高叶面积指数（图3-3，图3-4）。

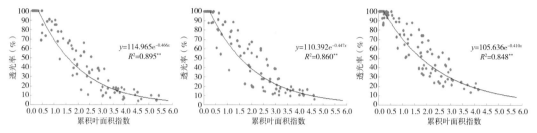

图3-3 不同密度处理现蕾期冠层光分布特征

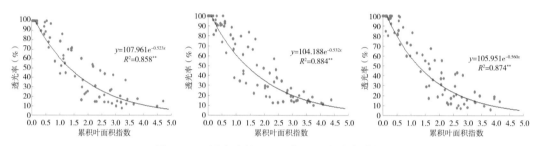

图3-4 不同密度处理平顶期冠层光分布特征

2.种植密度对烟叶化学成分的影响

种植密度对烟叶化学成分产生明显影响。随株距减小、密度增大，中部烟叶还原糖、总糖含量明显升高，总植物碱、总氮含量显著降低，糖碱比大幅升高，氮碱比降低，钾、氯、钾氯比变化不大。说明适当减小株距、增加密度，可以增糖降碱，提高烟叶化学成分协调性（表3-16）。

表3-16 不同种植密度下中部烟叶化学成分

株距 （cm）	还原糖 （%）	总糖 （%）	总植物碱 （%）	总氮 （%）	钾 （%）	氯 （%）	糖碱比	氮碱比	钾氯比
30	18.77	21.40	2.04	1.94	1.28	0.57	9.20	0.95	2.25
45	18.23	21.13	2.27	2.08	1.28	0.56	8.03	0.92	2.27
60	16.10	18.97	2.58	2.19	1.31	0.53	6.24	0.85	2.56

3.种植密度对烟叶产量的影响

种植密度对烤后烟叶经济性状产生明显影响。随株距减小、密度增大，烤后烟叶产量、产值、上等烟比例、中上等烟比例呈现先升高后降低规律，以株距45 cm为最高。因此，适当减小株距、增大密度，能够增加叶面积指数，增加烟叶产量，但株距不宜过小，否则会影响烟叶成熟特性造成产量下降。总体来看，以株距45 cm、每亩1 200株种植密度为宜（表3-17）。

表3-17　不同种植密度下烟叶经济性状

株距	产量（kg/亩）	产值（元/亩）	均价（元/亩）	上等烟比例（%）	中上等烟比例（%）
30 cm	147.82	4 492.85	30.39	50.09	92.31
45 cm	155.96	4 824.28	30.93	54.80	94.20
60 cm	139.13	4 297.45	30.88	51.20	93.25

（二）施氮量与种植密度的互作效应

1.施氮量与种植密度互作对烟叶质量的影响

施氮量对烟叶化学成分的影响大于种植密度。随施氮量增加，烟叶还原糖、总糖含量及糖碱比显著下降，而总植物碱、总氮含量显著升高；随密度减小，烟叶还原糖、总糖含量和糖碱比降低，总植物碱含量升高，但差异不显著。烟叶化学成分与物理特性存在显著相关关系，还原糖、总糖、糖碱比与叶长、叶宽、单叶重、含梗率均呈极显著负相关，总植物碱、总氮与叶长、叶宽、单叶重、含梗率均呈显著或极显著正相关（表3-18）。

表3-18　施氮量与密度互作对烟叶化学成分的影响

处理	还原糖（%）				总糖（%）				总植物碱（%）			
	30 cm	45 cm	60 cm	均值	30 cm	45 cm	60 cm	均值	30 cm	45 cm	60 cm	均值
0 kg	21.73	21.74	21.52	21.66	23.91	24.20	23.92	24.01	1.35	1.39	1.33	1.36
4 kg	19.97	19.25	18.48	19.23	22.10	21.33	20.60	21.34	1.69	1.68	1.94	1.77
8 kg	17.52	17.00	17.06	17.19	19.59	19.13	19.28	19.33	2.08	2.15	2.21	2.15
均值	19.74	19.33	19.02		21.87	21.55	21.27		1.71	1.74	1.83	

处理	总氮（%）				钾（%）				糖碱比			
	30 cm	45 cm	60 cm	均值	30 cm	45 cm	60 cm	均值	30 cm	45 cm	60 cm	均值
0 kg	1.40	1.37	1.39	1.39	1.16	1.19	1.15	1.17	16.21	15.71	16.29	16.07
4 kg	1.66	1.65	1.66	1.66	1.17	1.16	1.18	1.17	11.83	11.48	9.71	11.01
8 kg	1.86	1.84	1.81	1.84	1.18	1.18	1.18	1.18	8.45	7.90	7.84	8.06
均值	1.64	1.62	1.62		1.17	1.18	1.17		12.16	11.70	11.28	

2.移栽密度与施氮量互作对烟叶产量产值的影响

施氮量与种植密度对烤后烟叶经济性状产生明显影响。随施氮量增加，烟叶产量、产值呈现先增加后降低趋势；随株距减小、密度增大，烤后烟叶产量、产值呈现先升高后降低规律。总体来看，施氮量4 kg/亩、株距45 cm组合在产量、产值方面均高于其他组合。因此，减氮增密能够有效地提高烟农植烟收入（表3-19）。

表3-19　施氮量与密度互作对烟叶产量产值的影响

处理	产量（kg/亩）				产值（元/亩）			
	30 cm	45 cm	60 cm	均值	30 cm	45 cm	60 cm	均值
0 kg	130.25	134.78	123.87	129.63	3 173.24	3 725.38	3 379.61	3 426.08
4 kg	140.93	149.49	140.64	143.69	3 451.56	4 046.52	3 801.65	3 766.58
8 kg	129.74	142.25	130.51	134.17	3 386.18	3 907.57	3 627.57	3 640.44
均值	133.64	142.17	131.67		3 336.99	3 893.16	3 602.94	

3.适宜施氮量与种植密度优化

以有效烟叶产值为最终生产目标，对施氮量、种植密度进行一元二次效应分析，分别构建烟叶产值与施氮量和种植密度一元二次方程。对方程计算可得，烟叶产值最大时的施氮量为$x=-b/2a=4.92$（kg/亩），种植密度为$x=-b/2a=1\,259$（株/亩）。根据生产实际情况，山东烟区施氮量以4.5～5.5 kg/亩，种植密度每亩1 200株左右为宜（表3-20）。

表3-20　烟叶产值回归曲线

因素	方程	顶点值
施氮量	$Y=-14.58x^2+143.45x+3\,426.08$	4.92
密度	$Y=-0.002x^2+5.027x+459.123$	1 259

二、实行全测全配施肥

（一）全面土壤检测分析

制订烟田施肥"全测全配"实施方案，组织对所有地块土壤进行取样检测，每年检测土壤碱解氮、有效磷、速效钾、有机质、pH值、氯离子六项指标，每2～3年选择代表性地块检测交换性镁、有效硼和有效锌等中、微量元素，为氮肥等元素使用量提供理论依据。各烟站根据生产实际，结合测土配方结果，逐户制订施肥指导单，逐地块明确施肥配方和施肥方法，确保测土配方施肥落实到位。

（二）全面按需配肥

在烟站设立配肥区域，制订到户、到地块施肥明细表，采取套餐式肥料供应，按照"基肥+追肥"分次施肥要求，结合烟农植烟面积和起垄进度独立配肥、独立存放，混配好的基肥和追肥肥料分批次装入统一规格的"肥料包"，并在相应时间节点发放。组建合作社专业服务队和托管服务队，全面推行专业化施肥，大力推行施肥托管，彻底解决了烟农自行加量施肥、使用不明来源肥料等问题。建立施肥问题看板，把往年施肥偏多的烟田细化到市、县、烟站和农户，做成问题看板，在分管领导、部门负责人、烟站站长办公室的显要位置上墙提醒，推动减氮技术措施真正落实落地。

三、优化起垄方式实现密植

根据不同地形地貌和土壤类型，创新"高垄宽窄行""双行凹垄""双行平台"3种起垄新方式，研发3种新型烟田起垄施肥机，配套可调式烟株等距离打点器，有效实现减氮增密。

（一）高垄宽窄行密植

1. 高垄宽窄行起垄施肥机

优化旋耕刀片规格、制作"双锥型"造型器，设置垄距调节装置和定量漏肥装置。设置1.1 m的双行垄距宽度和漏肥量，旋耕刀片对土壤进行旋耕，造型器旋转制作出高垄，实现深翻、施肥、塑型、定距一次性作业，每台日作业量可达30～40亩，丘陵地块单行起垄机械，日作业量25～30亩（图3-5）。

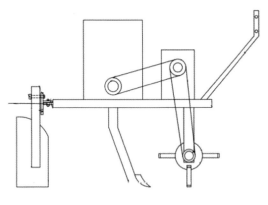

图3-5 高垄宽窄行起垄施肥机设计图及实物图

2.技术参数

宽行垄距130 cm，窄行垄距110 cm。平原地块垄高30 cm以上，垄顶宽30 ~ 35 cm，垄底宽75 ~ 85 cm。丘陵山区地块垄高25 cm以上，垄顶宽30 ~ 35 cm，垄底宽70 ~ 80 cm（图3-6）。

图3-6　高垄宽窄行示意图及田间实景图

（二）双行凹垄密植

1.双行凹垄起垄施肥塑型一体机

设备主要由变速箱、耙齿棍、钢板犁、悬挂架、保护罩、肥箱、下肥器、肥箱调节器等组成，改变钢板犁内犁的规格，完成"凹"窄行的制作，一次性完成旋耕、起垄、施肥、定型工作，快速形成双行凹垄，作业效率达到40 ~ 50亩/d。作业过程中两侧烟垄高度30 cm，中间附带短旋耕刀片，中间高度15 cm，实现"凹"形垄（图3-7）。

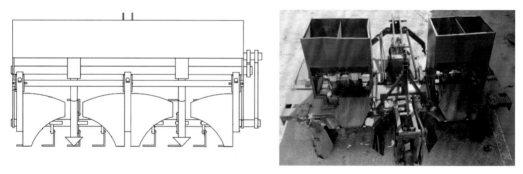

图3-7　双行凹垄起垄施肥塑型一体机设计图及实物图

2.技术参数

采用宽窄行方式，宽行垄距130 ~ 135 cm，窄行垄距110 cm；两垄较近、土壤较多，呈"凹"形，"凹"形深度15 ~ 17 cm；垄高与单行起垄要求一致。提倡对现有机械进行升级改造，增加开槽和滚压装置，在每行的垄顶开出深5~6 cm接水"凹"形，与窄行垄间的"凹"形一起，形成"两小一大"3个"凹"形（图3-8）。

图3-8 双行凹垄示意图及田间实景图

（三）双行平台密植

1. 双行平台起垄施肥定型一体机

创新研制了平台精准施肥装置、平台双行塑型装置、宽幅地膜覆盖装置，实现双行平台的一次性起垄、施肥、定型、覆膜作业。该装置包含机架、旋耕装置、起垄板、液压马达、锥形整垄器、弹性支架、变速箱、牵引架和肥箱。设备共有48把旋耕刀片、10把半圆刀片，0.3 m³肥箱2个，能够实现最大作业幅宽2.5 m，垄高30 cm以上，一次性施肥2行，生产效率50~60亩/d（图3-9）。

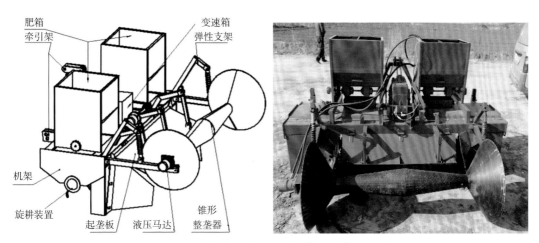

图3-9 双行平台起垄施肥定型一体机设计图及实物图

2. 技术参数

双行平台呈梯形，中间略凹，较两侧低5 cm，垄高30 cm，平台上宽130 cm，垄间距230 cm，沟底宽60 cm。施氮量较常规施肥减少0.5 kg/亩（图3-10）。

图3-10 双行平台示意图及田间实景图

四、技术应用效果

（一）实现合理密植增加烟叶产量

三种新型烟垄，增大垄体结构，宽窄行易于密植操作，并有一定的边行优势，为烟株生长提供充足的水、肥、光等必须要素。其中，高垄宽窄行实现移栽密度1 206～1 233株/亩，双行凹垄移栽密度1 206～1 287株/亩，双行平台1 206～1 287株/亩。相比传统常规种植密度，3种新型烟垄种植方式烟叶产量均显著增加（表3-21）。

表3-21 不同垄式移栽密度与烟叶产量

类型	垄距（cm）	株距（cm）	移栽密度（株/亩）	产量（kg/亩）
传统单垄	120	50	1 111	152
高垄单行	110+130	43～46	1 206～1 290	165
双行凹垄	100+130	45～48	1 206～1 287	162
双行平台	100+130	45～48	1 206～1 287	160

（二）肥料利用率明显提高

使用3种烟垄能够增加根系生长面积，有效提高根系吸收肥料的利用率，增加有机肥、微生物肥的使用效果，改善土壤内微生物菌落生长环境，提高土壤自我调节水平。与传统单垄相比，高垄宽窄行氮、磷、钾利用率分别提高18.1个、11.0个、7.4个百分点，双行凹垄氮、磷、钾利用率分别提高20.9个、12.3个、18.4个百分点，双行平台氮、磷、钾利用率分别提高20.0个、12.1个、17.5个百分点（表3-22）。

表3-22 不同垄式肥料利用率 单位：%

类型	氮肥利用率	磷肥利用率	钾肥利用率
传统单垄	31.5	18.3	40.8

（续表）

类型	氮肥利用率	磷肥利用率	钾肥利用率
高垄单行	49.6	29.3	48.2
双行凹垄	52.4	30.6	59.2
双行平台	51.5	30.4	58.3

（三）烟叶质量明显改善

山东全省全面推广减氮增密关键技术以来，烟叶质量得到了较明显改善，其中烟叶还原糖、总糖含量提升，烟碱含量降低，糖碱比、氮碱比升高，化学成分协调性提高。

第五节　全生育期按需供水

烤烟各生育阶段对水分的需求不同，满足烤烟各个生育期对水分的需求，是生产优质烟叶的必要措施之一。前期缺水造成烟株生长缓慢，开桁开片不充分；后期降水偏多，土壤肥效集中释放，易造成成熟期推迟，烟叶难以落黄。以破解水的制约为突破口，主动配合烟叶生长需水规律，全面推行全生育期按需供水是实现烟叶高质量发展的重要保障措施。

一、烟草需水规律与参数

（一）烟草需水特征

大田期烤烟的耗水具有伸根期少、旺长期多、成熟期又少的规律性。伸根期耗水量占全生育期耗水总量的4%～10%，需保证移栽时充足的定根水，保证烟苗成活，随着烟苗逐渐生长，耗水量逐渐增加，轻度干旱有利于促进根系生长。旺长期耗水量占全生育期耗水总量的53%～56%，此期烟株蒸腾量急剧增加，对水分的需要量最多，必须保持土壤含水量为最大田间持水量的70%～80%。成熟期耗水量占全生育期耗水总量的35%～38%，此期土壤水分状况对烟叶成熟和烟叶质量有显著的影响（表3-23）。

表3-23　山东烟区需水规律和灌溉模式

移栽后天数		0~10 d	20~30 d	30~40 d	40~50 d	50~60 d	60~70 d	70~80 d	90~120 d
生育时期		移栽	伸根期（40 d左右）		旺长期（30~35 d）			成熟期（60 d左右）	
主要农事操作		移栽	—	追肥、揭膜培土	—	—	打顶	清除脚叶	采收烘烤
烟田总耗水量		150 kg亩产量水平下，耗水量为300~500 m³，其中蒸腾耗水75~150 m³							
耗水特征	主要耗水方式		地表蒸发		蒸腾			蒸腾	
	总耗水量占比		4%~10%		53%~56%			35%~38%	
	耗水比率	0.7	0.75	0.95	0.85	0.75	0.7	0.48	
	其中，蒸腾耗水	0.05	0.1	0.6	0.55	0.5	0.5	0.3	
	其中，蒸发耗水	0.6	0.65	0.7	0.3	0.25	0.2	0.15	
烟株指标	需水特征				水分临界期和水分关键期				
	需水量		110 mm			150 mm		240 mm	
	直观判定标准		不出现萎蔫			轻度萎蔫可恢复		不出现萎蔫	
土壤指标	适宜田持		60%~70%			75%~85%		65%~75%	
	水分亏缺田持		50%			70%		60%	
	灌溉湿润土层		25 cm			50 cm		30 cm	
	直观判定标准		紧握成团			轻握成团		轻握成团	
生态特征	常年平均水分亏盈量		56 mm			62 mm		−134 mm	
	亏水概率		88.7%			79.5%		22.0%	

（二）适宜土壤含水量

烟田最适土壤含水量指标为：伸根期60%～70%，旺长期75%～85%，成熟期65%～75%。土壤水分亏缺指标为：伸根期低于50%，旺长期低于70%，成熟期低于60%。

（三）烟田水生态特征

烟株生长早期降水少，地面蒸发大，叶面蒸腾速率高，造成根际和烟株生理性缺水。伸根期常年平均水分亏盈量56 mm，亏水概率88.7%，旺长期常年平均水分亏盈量62 mm，亏水概率79.5%，成熟期常年平均水分亏盈量-134 mm，亏水概率22%。自然降水难以满足烟株正常生长需要，必须按需供水。

二、节水灌溉技术

（一）滴灌

滴灌是将具有一定压力的水，过滤后经管网和滴灌带，用滴孔以水滴的形式缓慢而均匀地滴入植物根部附近土壤的一种灌溉方法。滴灌系统中，灌溉水通过主管、干管、支管均匀地送到滴灌带上，以满足烤烟生长的需要。滴灌有固定式地面滴灌、半固定式地面滴灌、膜下滴灌和地下滴灌等不同方式。滴灌是水资源高效利用的灌溉方式，更是烟草生产中一项高效化、精准化的先进技术措施。

根据生产需要，烤烟滴灌可分别在移栽、小团棵、大团棵、旺长及成熟时期进行。灌溉指标如表3-24所示。烤烟滴灌的灌溉原则为移栽后3～4周，视土壤墒情、烟株发育需求，进行第一次滴灌；旺长期旬降水量不足40 mm或连续5 d无雨，须进行滴灌；成熟期旬降水量不足30 mm或持续干旱，须进行滴灌。

表3-24 滴灌灌溉指标与灌溉制度

生育期	干旱指标（%）	计划湿润层（cm）	滴灌次数（次）	灌水定额（kg/株）	灌水周期（d）
还苗期	≤50	20～25	0	—	—
伸根期	≤50	20～25	2	0.5～1	5～7
旺长期	≤70	40～50	4	1.5～2.0	3～5
成熟期	≤60	30～35	2	1.5～1.8	5～7

（二）微喷灌

微喷是在一定压力条件下（200 kPa左右），水分通过布置在烟行间的微喷带，从微喷带上侧的微孔呈雾状射出，水雾高度1.4~1.6 m，喷幅为3~4 m，每小时12~15 m³。微喷设备可由一根主管带3~5条微喷带，根据压力大小每条微喷带喷2~4行烤烟。特点：具有保持土壤物理性状、省水省工、减轻病虫害、均匀度高、改善田间小气候等特点。微喷比较适合在烤烟大团棵期、旺长期应用。大团棵期每亩浇水量9 m³以上，旺长期每亩浇水量24 m³以上，视烟株生长需要确定喷淋次数（表3-25）。

表3-25 微喷灌溉指标与灌溉制度

全生育期 按需供水	干旱指标 （%）	浇水量 （m³/亩）	微喷灌次数 （次）	灌水定额 （kg/株）	灌水周期 （d）
大团棵水	≤50	9	1	1~1.5	5~7
旺长水	≤70	24	2	1.5~2	3~5

（三）节水灌溉技术应用

2017年以来，节水灌溉技术每年在山东烟区推广18万亩左右，其中，不带肥滴灌和膜下微喷占全省推广面积的46.0%，带肥滴灌和膜下微喷占全省推广面积的29.7%，面积和比例逐年增加，逐步成为主要推广的节水灌溉技术方式。应用节水灌溉技术后，山东烟区节水节肥效果明显，实现水资源高效利用（表3-26）。

表3-26 2017—2022年全省节水灌溉面积统计 单位：万亩

年度	带肥滴灌、膜下微喷	不带肥滴灌、膜下微喷	其他简易模式 （膜上微喷）	小计
2017	2.71	10.84	4.6	18.15
2018	4.10	8.26	5.10	17.46
2019	4.10	8.33	5.10	17.53
2020	4.95	8.75	5.07	18.77
2021	6.07	7.43	4.07	17.57
2022	10.24	6.07	2.47	18.78

三、全生育期按需供水

全生育期按需供水，即按照烟叶生长发育规律，结合山东气候特点和降雨情况，根据烟株移栽、封垄、小团棵、大团棵、旺长、成熟六个生长阶段需水规律，配套相应设施设备和灌溉方式，浇足浇好六个生长阶段的"六水"，满足烟株生长需要，实现以水调肥、水肥耦合。

（一）合理规划烟田布局

发挥烤烟种植计划的导向作用，围绕水源规划烟田，将水源条件作为首要规划布局因素，将烟田向靠近水源、旱能浇、涝能排的种植区域和地块转移。积极争取地方党委、政府的重视和支持，在基本烟田范围内，围绕水源进行土地流转，做好烟田布局调整。对种植规模较大的植烟地块提前预留操作行，做到农机与农艺有机结合，便于烟田供水等农事操作。

（二）分类匹配供水模式

根据水源距边缘烟田地头的直线距离确定烟田分类。一类烟田指水源条件较好烟田，烟田距水源500 m以内且水量充足，可通过提灌站、管网、滴灌、微喷带直接供水到田间地头。二类烟田指水源条件一般烟田，烟田距水源500～1 000 m，可通过配备喷灌机、水泵、高扬程喷灌机等设施设备供水。三类烟田指水源条件相对较差烟田，烟田距水源1 000 m以上，可通过就近打井，配备移动发电机组、潜水泵等设施或采取简易水池、水窖、水囊、水袋等方式提前蓄水供水。

（三）供水模式

统筹考虑烟农认知程度及水源、地块、设施设备、浇水方式等因素，根据供水主体分为烟农自助供水、烟农合作互助小组互助供水和有偿订单供水三种组织模式。

烟农自助供水。以烟农单体为主，利用自有灌溉设施设备灌溉，通过滴灌、微喷带、简易水囊、水泵等供水设施设备，进行自助灌溉。主要应用于移栽环节或地块较为分散的烟田。

烟农合作互助小组互助供水。以植烟区域为单位，由烟农合作互助小组统一组织，签订机械、用工、用水互助协议，在烟田浇灌期间实行互助供水。主要应用于地块相对集中、水源较好的二类烟田。

第三方有偿订单供水。由烟农提交申请，烟农合作社或第三方供水机构按约定时间、标准、费用进行烟田供水。专业化服务按照"烟农申请—签订合同—灌溉作业—三方验收（烟农、合作社或第三方机构、烟站）—费用结算"管理流程开展供水服务。主要服务于植烟区域相对集中、水源基础设施配套齐全的一类烟田。

（四）供水方法及标准

以烟田、烟株水分检测数据为依据，科学确定供水标准，其中移栽水要达到3 m^3/亩以上。封垵水通过仿生浇水封垵器要达到3 m^3/亩以上。小团棵水，滴灌1次，浇水5 m^3/亩以上；穴浇1次，浇水达到4 m^3/亩以上。大团棵水，滴灌1次，浇水6 m^3/亩以上；穴浇1次，浇水5 m³以上；微喷浇灌1次，浇水9 m³/亩以上。旺长水，滴灌浇灌2次，每次浇水15 m³/亩以上；沟灌2次，每次浇水30 m³/亩以上；微喷2次，每次浇水24 m³/亩以上。成熟水，滴灌1次，浇水15 m³/亩以上；沟灌1次，浇水30 m³/亩以上。所有浇灌环节，都要遵循"按需浇水、因地制宜"的原则，及早开展烟田浇水，视情况可增加浇水次数和浇水量，不能等旱情出现再浇水。同时还要根据天气、烟田墒情做好烟田排水工作。

（五）便捷蓄水设施

围绕"水从哪里来"，最大限度挖掘水源潜力。对水源条件不充分的区域、地块，采取简易水池、水囊、软体水窖等方式提前蓄水，提高供水效率。软体水窖等便捷蓄水设施具有投资少、见效快、使用年限长、操作简单便捷、不占用土地等优点。

第六节　烟草水肥一体化技术

水肥一体化技术是将灌溉与施肥融为一体的现代农业技术，是发展绿色高质高效农业、转变农业发展方式的有效手段。山东烟区结合生产实际，进一步加大烟田水肥一体化推广力度，建立了水肥管理技术体系，完善了配套投入政策，推动水肥精准协同供应和高效管理。

一、水肥一体化技术原理

水肥一体化技术将农业灌溉和施肥结合在一起，将可溶性固定肥料或液体肥料，按照农田土壤肥力和农作物所需营养特点和规律，配兑成相应的肥液溶于灌溉水中，可均匀、定时、定量、浸润在农田农作物生长区域，满足作物生长所需水分和肥料的需求。与传统的灌溉和施肥措施相比，水肥一体化技术具有省水、省肥、省时，降低农业成本，降低病虫害发生概率，保证农作物品质和产量，减少环境污染，改善土壤微环境，提高微量元素使用效率等显著优点。因此，水肥一体化技术是健康栽培的有力保障。

二、水肥一体化设备

（一）水肥一体化设备系统的构成

完整的水肥一体化系统由水源工程（包括各类水源及提水、引水、蓄水工程等）、首部枢纽工程（包括各类施肥、过滤设备及压力、流量控制阀门等）、各级管网及灌水器等部分组成。水源条件为滴灌系统设计的首要因素，滴灌系统的设计不能超过水源的供给能力。水质必须符合灌溉水质的要求，其中氯离子含量<16 mg/L为宜。

滴灌属于有压灌溉，要求系统能够提供所需的压力，除利用天然水源与灌溉地块之间的地形高差建设自压灌溉系统外，均需设置泵站。泵站由水泵机组、泵房及进出水管路系统组成，一般利用离心泵机组或潜水电泵（面积较小地块采用单机单泵控制），水泵一般应采购动力可调式水泵。

（二）烟田水肥一体化设计

水肥一体化系统设计主要包括首部枢纽设计、田间管网设计。

水肥一体化系统的首部枢纽包括动力装置、施肥（药）装置、过滤设施和安全保护及量测控制设备。根据水源的不同设计相应的抽水供水动力，并根据水源水质选择过滤设备。动力装置包括电源、水泵等，在没有电源的烟田可采用由汽油（柴油）机组装的灌溉施肥一体机作为动力。施肥（药）装置是向系统的压力管道内注入水溶性肥料（农药）的设备。常用的有泵注式施肥装置、泵吸式施肥装置，以及比例施肥器。过滤设施是将灌溉水中固体成分过滤，避免杂物进入滴灌系统，堵塞灌水器。常用的过滤器有介质过滤器、离心式过滤器、网式过滤器、叠片式过滤器，以及自动反冲洗过滤器（表3-27）。

表3-27　过滤系统的选择

过滤器类型	井水	水库水	河水
介质过滤器	不用	可用	可用
离心式过滤器	可用	可用	可用
叠片式过滤器	可用	可用	可用
网式过滤器	可用	不用	不用
自动反冲洗过滤器	可用	可用	可用

水肥一体化系统的田间管网由不同直径和不同类型的管件构成，包括干（主）管、支管和毛管（滴灌带）三级管道，毛管是滴灌系统末级，其上带有灌水器。田间管网一般使用塑料管，主要有聚氯乙烯（PVC）、聚丙烯（PP）和聚乙烯（PE）管，在首部枢纽一般使用镀锌钢管和PVC管。干管一般采用农户平常浇地的现有管带，建议尺

寸为Φ75 mm，主管采用Φ75 mmPE输水软带，支管采用Φ63 mm输水软带，毛管采用Φ16 mm迷宫式塑料软带。

田间管网布局设计遵循因地制宜原则，综合考虑水源条件、地形、土壤保水性等因素。根据烟田面积、地形和水源条件不同，田间管网分布设计可分为"T"形分布（鱼骨式分布）设计和梳式分布设计。平原、丘陵地形，烟田面积大且水源条件好时，田间管网可采用"T"形分布（鱼骨式分布）设计；平原、丘陵地形，烟田面积小且水源条件差或山地烟田，田间管网可采用梳式分布设计。另外，山地条件设计时，支管应垂直于等高线，毛管应平行于等高线。还要充分考虑系统安全性、合理性，多设球阀、排水阀、减压阀等，防止局部管道压力过大导致管道破裂。

不同地形条件下田间管网分布有一定差异，但田间管网长度设计原则一致。一般按照支管单侧长度不超过50 m，总长度不超过100 m要求进行设计；同时，支管铺设时应留有余量（3%），以避免热胀冷缩造成毛管和管件脱落。毛管单侧极限长度为75～85 m，实际铺设50～60 m为宜。

土壤保水性决定滴灌带的选择，一般土壤保水性好的地块可选择滴头间距30 cm的滴灌带；土壤保水性差的地块可选择滴头间距20 cm左右的滴灌带。如按总铺设面积10亩（图3-11，图3-12），1号、2号、3号、4号地块处于地势高处，4号、5号地上低下高，左低右高；5号、6号地块位于地势较低处，6号地左低右高。

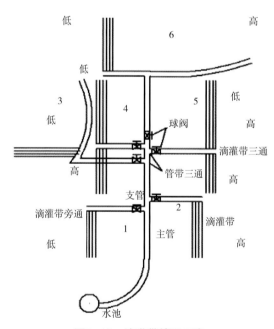

图3-11　滴灌带铺设示意

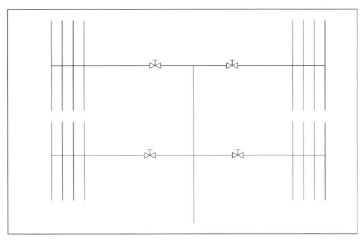

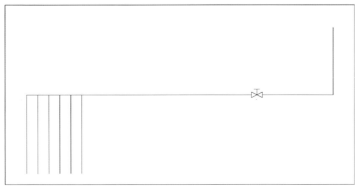

图3-12 滴灌带铺设"T"形分布和梳式分布

三、烟草水肥一体化专用肥料

适合烤烟滴灌水肥一体化的肥料有液体肥料、固体可溶性肥料、液体生物菌肥和发酵肥滤液等。尽量选择溶解度高、溶解速度较快、肥效好、稳定性好、兼容性强、腐蚀性小的烟草专用全水溶性肥料，调整养分含量比例，合理调配养分形态及其助剂，形成适合烟草不同生育期养分需求的配方。

（一）肥料种类

水溶性肥料产品分固体水溶肥和液体水溶肥两种，均包含平衡型和高钾型两种类型。

固体水溶肥组产品配方为平衡型 $N：P_2O_5：K_2O=20：20：20$，高钾型 $N：P_2O_5：K_2O=12：8：40$ 或 $N：P_2O_5：K_2O=10：5：38$。不同配方中只是氮、磷、钾含量进行调整，其他微量元素和增效因子等未改变。产品指标：大量元素 （$N+P_2O_5+K_2O$）$\geqslant 50\%$，微量元素 $0.2\sim3.0$ g/L，pH（1：250倍稀释）=5.0，剂型为粉

剂。产品规格：5 kg、10 kg、25 kg的袋（包）。使用方法，每亩用量5～10 kg，稀释倍数大于300倍，每隔7～10 d施用1次。避免与强酸、强碱农药混用；幼苗期或不良环境时，酌情增减用量；密封于干燥阴凉避光处，远离儿童；结块及颜色不均匀属正常情况，不影响肥效。

液体水溶肥组产品配方为平衡型，氮、磷、钾均为170 g/L；高钾型，氮、磷、钾分别为100 g/L、50 g/L、350 g/L。产品指标：大量元素（N+P$_2$O$_5$+K$_2$O）≥500 g/L，腐殖酸≥30 g/L，微量元素（螯合态），添加抗逆因子、松土因子、增效因子等。剂型为悬浮型高浓度液体肥。使用方法，每亩用量5～10 L，稀释倍数大于300倍，每隔7～10 d 1次。注意事项：本品出现沉降现象属于正常，不影响肥料效果，请摇匀后施用；不建议与钙、镁含量较高的肥料混合使用。与成分不明的其他产品混用前，建议进行混配试验，按照水、本品、其他产品的顺序进行混配，如产生大量沉淀不宜混用；存放于阴凉、干燥、通风和儿童接触不到的地方，避免阳光暴晒。

（二）施肥原则

少量多次，适应根系不间断吸收养分的特点，对烟株营养进行精准调控，减少肥料淋失，避免根区发生盐害。养分平衡，适应烟株主要依赖滴灌施肥供给养分的变化，保证养分供量适宜、比例合理。浓度适宜，肥液浓度可控制在0.1%～0.4%，电导率控制在1～5 ms/cm，土壤干燥时浓度可适当降低，土壤湿润时浓度可适当升高，但浓度较高时更要注意少量多次。时点恰当，避免在高温强光时段和雨天施肥，降低蒸腾，避免肥料淋失。

四、烟草灌溉施肥技术参数

根据烟区气候、田间肥力、烤烟品种等因素确定灌溉施肥制度。

（一）烟草灌溉制度

灌水量根据烤烟生育期的降水量及烟田土壤的水分情况确立，每年实际灌水量应根据当季降水量与常年平均降水量的差值作相应增减。烟田最适相对含水量指标在烟株伸根期、旺长期、成熟期分别为土壤最大持水量的60%、80%和70%。灌水量以达到主要根系分布范围为宜，需在当地不同质地土壤上进行不同滴速和灌溉时间下的灌溉深度试验来指导确定灌水时间和滴速。最终灌溉时间在1～5 h为宜，超出本范围通过调节灌溉压力或者灌溉面积来调整滴速（表3-28）。

表3-28 水肥一体化技术下的灌溉施肥指标

发育时期	移栽后	氮肥用量（kg/亩）	半干旱区/干旱区		湿润区	
			灌水量（m³/亩）	灌溉技术	灌水量（m³/亩）	灌溉技术
移栽当天	0周	提苗肥	提苗水	正常年份	提苗水	—
伸根期	2周	0.5	正常年份:6 干旱年份:9	A型土:15-45-15正常模式 B型土:15-60-15正常模式 干旱年份30-90-30慢速模式	1.5	10-15-10超快模式
	4周	A型土:1.0 B型土:0.5	9	30-90-30慢速模式	正常年份:3 丰水年份:1.5	正常年份:15-30-15正常模式 丰水年份:10-15-10超快模式
	5周	0.5	6	正常年份 A型土:15-45-15正常模式 B型土:15-60-15正常模式	1.5	10-15-10超快模式
旺长期	6周	1	正常年份:9 干旱年份:12	正常年份 A型土:15-120-15正常模式 B型土:15-150-15正常模式 干旱年份30-210-30慢速模式	正常年份:3 丰水年份:1.5	正常年份:15-30-15正常模式 丰水年份:10-15-10超快模式
	7周	1	9	A型土:15-120-15正常模式 B型土:15-150-15正常模式	正常年份:3 丰水年份:1.5	正常年份:15-30-15正常模式 丰水年份:10-15-10超快模式
	8周	0.5	6	30-90-15慢速模式	1.5	10-15-10超快模式
成熟期	10周	—	正常年份:— 干旱年份:15	30-90-30慢速模式	正常年份:— 干旱年份:15	30-90-30速模式
	11周	—	—	—	—	—
	12周	—	—	—	—	—
	13周	—	—	—	—	—

注：土壤根据质地分类，A型土为砂壤土、砂土等轻质土壤，B型土为黏土等中重质土壤，灌溉技术中的数字分别代表清水滴灌时间、肥水滴灌时间、清水滴灌时间（分钟）。

（二）烟草施肥制度

田间施氮、磷、钾具体总额及比例由田间肥力和烤烟品种决定。由于水肥一体化条件下水肥利用率大幅提高，计算滴灌施肥量时，肥料利用率可按照比常规施肥提高20%～30%折算。一般而言，若烤烟追肥阶段采用灌溉施肥，烤烟施肥水平应作调整，每亩宜减施纯氮1～1.5 kg。一般采取3种模式。

有机肥、50%氮肥为基肥，剩余肥料视烟株长势分别于移栽后28 d、35 d、42 d滴灌追施；移栽后28 d追施25%的氮肥，移栽后35 d追施25%的氮肥和50%的钾肥，移栽后42 d追施50%的钾肥。

有机肥为基肥，剩余肥料视烟株长势分别于移栽后28 d、35 d、42 d滴灌追施；移栽后28 d追施50%的氮肥，移栽后35 d追施50%的氮肥和50%的钾肥，移栽后42 d追施50%的钾肥。

部分水肥一体化模式。有机肥、部分烟草复合肥作基肥和提苗肥，基肥和提苗肥的氮用量约占总施氮量的50%。剩余50%的氮肥和全部钾肥用液体肥代替，视烟株长势，于移栽后30 d、40 d、50 d、60 d分别滴灌追施。移栽后30 d追施50%的氮肥，移栽后40 d追施50%的钾肥，移栽后50 d追施50%的钾肥。

五、烟草水肥一体化技术应用

（一）减工降本

水肥一体化完成配套设备布置和安装后，基本可以实现自动化灌溉，有效降低灌溉劳动强度，减少抗旱浇水人工及生产成本投入。与传统灌溉及施肥模式比较，水肥一体化亩均节省用水、用工成本80元左右（表3-29）。

表3-29 水肥一体化用水量及用工量

浇灌方式	灌溉用水量（m³/亩）			累积用水量（m³/亩）	用工量（个/亩）
	伸根期	旺长期	成熟期		
滴灌水肥一体化	10	15	9	34	—
传统模式	28	28	28	84	0.25

（二）减少氮肥用量

在潍坊产区进行了田间对比试验，以亩施5 kg纯氮、常规灌水方式为对照，设减施氮肥60%、40%、20%、0%和基施100%肥料5个处理，总氮、磷、钾比例为1∶1∶3，磷、钾肥基施，追肥结合滴灌通过压差施肥罐随滴灌施入，各处理灌水量保持一致，土壤含水量由土壤水分速测仪监测。滴灌减施20%氮肥能够达到常规灌溉施肥水平下的烟叶产量及品质，其农艺性状、光合生理、逆境生理、干物质积累、养分积累等方面的表现与常规生产的烟田表现无显著差异或略高于常规烟田（表3-30）。

表3-30 滴灌减施氮肥对烟叶化学成分的影响

处理	还原糖（%）	总糖（%）	烟碱（%）	氯（%）	钾（%）	全氮（%）	淀粉（%）	两糖差	糖碱比	钾氯比
-N60%	18.72	20.98	2.08	0.31	1.39	1.38	3.24	2.25	10.10	4.55
-N40%	21.26	23.01	2.43	0.28	1.61	1.75	3.52	1.74	9.47	6.09
-N20%	20.74	23.43	2.39	0.27	1.76	2.01	3.75	2.69	9.87	6.59
-N0%	16.29	19.30	2.74	0.33	1.72	2.20	3.85	3.02	7.10	6.00
基施100%	20.17	22.73	2.34	0.27	1.94	1.98	3.44	2.56	9.73	7.42

（三）提高水肥利用率

水肥一体化能够大幅提高灌溉水和肥料的利用率，有效减控灌溉水无效径流和肥料淋失，有助于推动烟叶生产向资源节约、环境友好型转变，是实现严格控制农业用水总量和化肥使用量零增长的重要保证。与传统灌溉模式比，使用水肥一体化的烟田，氮、磷、钾肥利用率均大幅提高，分别提高21.2个、11.4个和20.9个百分点，烟株生长整齐，生长势强（表3-31）。

表3-31 烟株生长及肥料利用情况

示范地点	处理方式	生长势	整齐度	氮肥利用率（%）	磷肥利用率（%）	钾肥利用率（%）
朝阳官庄	传统沟灌	较强	整齐	31.5	18.9	40.8
	滴灌水肥一体化	强	整齐	52.1	31.3	61
官庄垛庄	传统沟灌	较强	整齐	30.6	19.2	40.5
	滴灌水肥一体化	强	整齐	52.4	30.1	61.1

（四）提升产值效益

田间试验表明，传统模式烟田和使用滴灌水肥一体化烟田进行对比试验，分别进行农艺性状、经济效益和化学成分比较发现，使用滴灌水肥一体化烟田比传统模式烟田上等烟比例提高7.7%，产值提高616.49元/亩（表3-32）。

表3-32 农艺性状和经济性状对比

示范处理	株高（cm）	有效叶数（片）	产量（kg/亩）	均价（元/kg）	产值（元/亩）	上等烟比例（%）
常规对照	106.5	20.4	142.3	27.1	3 856.33	59.6
水肥一体化	110.5	21.5	150.6	29.7	4 472.82	67.3

第四章　高可用性上部烟叶开发

上部烟叶具有香气量足、烟气浓度高、满足感强等特点，在各部位烟叶中可用性提升空间最大，提高上部烟叶可用性成为解决烟叶供需结构性矛盾的重要突破口。山东烟区坚持把高可用性上部烟叶开发作为优化供给结构、满足工业需求、增加烟农收入、推动烟叶高质量发展的重要举措，着力突破上部烟叶可用性，提高山东烟叶市场信誉，打造山东烟叶品牌特色新名片，推动山东烟叶高质量发展。

第一节　高可用性上部烟叶开发实施

坚持工业需求导向，精准对接工业企业对山东烟区上部烟叶的需求定位，工商研协同一体化推进，以培育"中棵烟"田间长势长相为基础，以提高上部烟叶成熟度为核心，以实现上部烟叶的高质量和均质化为目标，进行"品种、田管、采收、烘烤、收购、复烤"全链条控制，重点解决"发育成熟度低、采收成熟度低、烘烤成熟度低"的瓶颈问题，突出山东烟区"管理+技术"优势，精准施策，打造高可用性上部烟叶开发"四熟"模式。

一、高可用上部烟开发实施背景

上部烟叶包括顶叶和上二棚叶，每株一般有6片左右，占单株烟叶干重的40%左右，对整株烟的产量和质量都起到重要的作用。近年来，为缓解烟叶供需结构性矛盾，行业深入推进供给侧结构性改革，持续大力开展烟叶结构优化，目前田间优化结构已基本实现能优尽优，中部上等烟产出也已逼近天花板，上部烟叶在各部位烟叶中可用性提升空间最大，提高上部烟叶可用性成为解决烟叶供需结构性矛盾的重要突破口。

随着卷烟降焦减害的深入实施和细支、中支、短支卷烟产品的快速发展，工业企业对高香气、高浓度、高质量上部烟叶的需求持续增加。加大高可用性上部烟叶开发力度，可进一步优化烟叶结构，提高烟叶质量，满足卷烟工业企业对高香气、高质量、高可用性上部烟叶的需求。

山东烟叶具有燃烧性好、香气足、耐贮存、配伍性强等特点，尤其是上部烟叶风格特色和工业可用性具有较强的发展潜力，抓好高可用性上部烟叶开发是实现山东烟叶高质量发展的重要突破口。但由于以往生产中存在的生长发育进程不合理、群体结构与个体株型不合理、抢采抢收、烘烤工艺掌握不到位等现象，导致部分产区上部烟叶存在"发育成熟度低、采收成熟度低、烘烤成熟度低"的问题。

二、高可用性上部烟开发实施过程

针对制约上部烟叶可用性的关键问题，立项研发，推动技术优化。启动实施《提高上部烟叶工业可用性的关键技术研究》项目，通过项目实施，明确上部烟叶成熟特征，提出表征上部叶成熟的关键内在指标，提高上部叶田间成熟度判定准确度；优化上部烟叶发育的光温资源匹配技术、氮肥供应技术和提高烟叶烘烤成熟度的烘烤技术。通过科技项目开发、试点带动，完善了技术，积累了经验，夯实了全面推进高可用性上部烟叶生产的基础。2021年，对高可用性上部烟叶生产技术和管理进行系统梳理总结，建立了山东高可用性上部烟叶生产"四熟"技术体系，在山东全省全面推进高可用性上部烟叶生产，进一步挖掘上部烟叶质量特色，优化烟叶结构，增加烟农收入，推进高可用性上部烟叶工业验证和配方使用，打造山东高可用性上部烟叶品牌形象。

工商研联合试点上部烟叶开发。启动实施《山东优质上部烟叶成熟特征研究与应用》项目，2020—2021年在潍坊临朐、临沂兰陵两个基地单元开展高可用性上部烟叶开发试点6.32万亩、调拨4.75万担（1担为50 kg）。试点产区上部烟叶化学成分指标更加协调适宜，烟碱含量明显降低，香气质高量足，工业可用性达到了"较强"档次，质量达到了"中偏上"档次，感官整体评价较高，工业适配性进一步提升，部分烟叶可以替代国外进口烟叶。

第二节　高可用性上部烟叶生产关键技术

根据上部烟叶发育特点、质量现状及山东烟区生产实际，创新实践山东"四熟"上部烟叶生产模式：种熟、养熟、采熟和烤熟。以提升上部烟叶成熟度为核心，以培育

"中棵烟"提高"种熟"水平，以后期水分调控巩固"养熟"素质，以上部烟叶一次性采收严格"采熟"标准，以"两延、一高、一低"提高"烤熟"品质。进一步改善叶片组织结构，协调内在化学成分，彰显上部烟叶质量优势。

一、种熟关键技术

优化品种结构，因地制宜选择中川208、中烟特香301等上部烟叶特色明显、耐熟性好的特色品种，做好良区良种良法配套，彰显品种特色。合理安排移栽期，提前集中移栽，原则上4月下旬开始移栽，5月1日前全面完成。把烟叶成熟期调整到山东光温水条件最适宜时期。

养分管理技术。增加有机肥比例，降低化肥比例，有机氮占总氮比例提高到30%~50%。按需施肥，基肥与追肥并重，适当降低基肥比例（70%降低到50%），增加追肥比例（30%提高到50%），通过水肥一体化技术增加追肥次数（由1次调整为2~3次），彻底改变过去重基肥、轻追肥的施肥观念。按需灌溉，根据烟株生长发育的需水规律按需灌溉，浇足移栽水和封埯水，每个环节每棵烟浇水量2.5 kg以上，小团棵、大团棵浇水量分别达到5 m³/亩、9 m³/亩，旺长期灌水量30~45 m³/亩。以水调肥，水肥耦合，开秸开片。

个体生长与群体结构协同调控技术。根据品种需肥特性和山东烟区生产实际，控氮增密，适当减少单位面积化学氮肥投入量，在保证氮肥需求的基础上，避免生长后期土壤供氮强度大导致的上部烟叶生长过度，碳氮代谢不能适时转化，烟叶贪青晚熟；通过株行距调整，提高种植密度，增加株间竞争，促进个体生长发育和均一性，提高群体质量。主栽烤烟品种参考氮肥用量4.5~5.5 kg/亩；行距120 cm，株距45 cm，种植密度1 200株/亩左右（表4-1至表4-3）。

表4-1 不同氮肥用量处理的烟叶化学成分

施氮量（kg/hm²）	烟碱（%）	总糖（%）	还原糖（%）	氮（%）	钾（%）	氯（%）	淀粉（%）	糖碱比	氮碱比	两糖比	钾氯比
0	1.84	27.28	21.42	1.58	1.49	0.67	7.66	11.64	0.86	0.79	2.22
45	1.98	26.9	20.18	1.83	1.37	0.55	6.49	10.19	0.92	0.75	2.49
90	2.32	23.38	17.71	2.22	1.48	0.63	4.96	7.63	0.96	0.76	2.35
135	3.15	20.99	14.58	2.32	1.4	0.68	4.55	4.63	0.74	0.69	2.06
180	3.95	18.28	14.41	2.48	2.11	1.26	2.62	3.65	0.63	0.79	1.67

表4-2　有机肥与化肥配施处理的烟叶化学成分

处理	烟碱(%)	总糖(%)	还原糖(%)	氮(%)	钾(%)	氯(%)	淀粉(%)	糖碱比	钾氯比
不施肥	1.91	26.87	20.46	1.63	1.49	0.65	7.62	10.71	2.29
施化肥	2.59	22.31	15.18	2.44	1.49	0.49	6.06	5.86	3.04
70%化肥+发酵饼肥（900 kg/hm²）	2.44	25.54	16.71	2.09	1.39	0.43	7.81	6.85	3.23
化肥50%+发酵饼肥（1 500 kg/hm²）	2.83	22.15	14.88	2.55	1.35	0.53	4.29	5.26	2.55
化肥30%+发酵饼肥（2 100 kg/hm²）	2.71	25.11	17.63	2.34	1.35	0.49	6.40	6.51	2.76

表4-3　有机肥与化肥配施处理的烤后烟叶外观质量

处理	颜色	成熟度	叶片结构	身份	油分	色度	柔韧性
纯化肥	橘黄	成熟	尚疏松	稍厚-	有	强	较柔软-
70%化肥+30%有机肥	橘黄	成熟	尚疏松	中等+	有+	强+	较柔软

二、养熟关键技术

根据采收前上部烟叶的营养状况，及时喷施叶面钾肥和浇好成熟水，促进上部烟叶开秸开片、充分成熟。上部叶采收前5 d喷施1次0.5%～1%的磷酸二氢钾溶液，并滴灌1次或沟灌1次，滴灌灌水量15 m³/亩，沟灌灌水量30～40 m³/亩，可改善烟叶组织结构（表4-4，表4-5）。

表4-4　成熟水上部烟叶外观质量

处理	颜色	成熟度	叶片结构	身份	油分	色度	柔韧性
不灌水	橘黄	成熟	尚疏松	稍厚-	有	强	较柔软-
灌水	橘黄	成熟	尚疏松	中等+	有+	强	较柔软

表4-5　成熟水上部烟叶化学成分

处理	烟碱(%)	总糖(%)	还原糖(%)	总氮(%)	总钾(%)	总氯(%)	淀粉(%)	糖碱比	氮碱比	两糖比	钾氯比
不灌水	3.36	26.05	22.34	2.32	1.23	0.66	4.11	6.65	0.69	0.86	1.86
灌水	2.96	26.45	22.41	2.44	1.19	0.51	3.91	7.57	0.82	0.85	2.33

三、采熟关键技术

适当推迟采收时间，促进物质转化。正常生长发育烟株，适当推迟采收可以提高烟叶质量，烟叶蜜甜香、焦香较为明显，烟气特性和口感特性较好。一般可推迟5 d，但采收时日平均温度不得低于20 ℃。

上部6片叶一次性采收，促进顶叶成熟。顶部可采收叶片叶面落黄达到九至十成，呈浅黄色，叶面皱缩，黄白色成熟斑明显，允许部分叶片有烟尖焦边现象。支脉全白，主脉2/3以上变白时采收。上二棚和顶叶同时采收、分别装运、分炉烘烤。叶片按部位单独绑杆，同杆同质，单独装炉或分层装炉，限量编烟，限位装烟，稀编密挂（表4-6至表4-8）。

表4-6 推迟采收后烟叶感官评吸质量

处理	等级	香气质（9）	香气量（9）	劲头（9）	余味（9）	杂气（9）	刺激性（9）
成熟采收	B2F	6.0	6.4	6.5	5.8	5.7	6.0
充分成熟采收	B2F	6.5	6.7	6.7	6.3	6.1	6.1

表4-7 上部叶不同采收模式下外观质量变化

处理	颜色（9）	成熟度（9）	叶片结构（9）	身份（9）	油分（9）	色度（9）	柔韧性（9）	总分
分次采收	橘黄-（7.0）	成熟-（8.0）	尚疏松-（6.5）	稍厚（6.5）	有（7.5）	强（7.0）	较柔软-（5.0）	47.5
带茎采收	橘黄（9.0）	成熟（9.0）	尚疏松+（7.5）	稍厚-（7.5）	有+（8.0）	强+（7.5）	较柔软+（6.5）	55.0
一次采收	橘黄（9.0）	成熟（9.0）	尚疏松（7.0）	中等+（7.5）	有（7.5）	强-（7.0）	较柔软（5.5）	52.5
推迟采收	橘黄（9.0）	成熟（9.0）	尚疏松+（7.5）	中等+（8.0）	有+（8.0）	强（7.5）	较柔软+（6.0）	55.0

表4-8 上部叶不同采收模式下化学成分变化

处理	烟碱（%）	总糖（%）	还原糖（%）	总氮（%）	总钾（%）	总氯（%）	淀粉（%）	两糖比	糖碱比	氮碱比
分次采收	3.42	28.94	24.70	2.04	0.69	0.70	6.41	0.85	7.22	0.60
带茎采收	3.55	24.00	19.90	2.48	0.80	0.78	4.61	0.83	5.61	0.70
一次采收	4.14	21.86	18.58	2.71	0.55	0.77	3.60	0.85	4.49	0.65
推迟采收	3.66	24.40	21.58	2.50	0.87	0.73	4.27	0.88	5.90	0.68

四、烤熟关键技术

落实稀编密挂，控制每夹（杆）烟叶数量，每夹夹烟量13~14 kg，每杆编烟量11~12 kg。推广限位挂烟，提高装烟密度，三层的密集烤房每座装烟不低于330夹或360杆，四层的密集烤房每座装烟不低于440夹或480杆，确保装烟密、满、匀。采用"8点式"精准烘烤工艺，适当延长42~45 ℃烘烤时间，确保烤黄；提高45~47 ℃时的湿球温度，确保烤软；延长50~54 ℃烘烤时间，确保烤香；调低干筋期风速，减少香气和油分散失。

五、高可用性上部烟技术集成应用

在山东全省全面推广高可用性上部烟叶生产技术，烟田群体发育协调，田间烟叶整体呈现"中棵烟"长势长相，上部烟叶普遍开片好，田间成熟度和烤后成熟度高，外观质量明显改善，烤后大多为橘黄色，身份基本达到"中等"的要求，叶片结构更加疏松，油润感显著增强，工业满意度明显提升。与2020年相比，2021年全省收购上部上等烟比例提高2.86个百分点，上部烟叶收购均价提高1.94元/kg,烟农上部烟叶售烟收入亩均增加165.44元，种烟总收入增加3 923万元（表4-9）。

表4-9　上部6片烟叶密集烘烤工艺（挂杆，气流下降式）

干球温度（℃）	湿球温度（℃）	稳温时间（h）	升温时间（h）	升温时间段（℃）	目标任务	说明	风速
36	36	6					
38	前38后37	20	4	36~38	叶片开始变软，变黄六至七成	每2 h升1 ℃	低速
40	前39后38	32	4	38~40	上棚变黄九成、主脉变软	每2 h升1 ℃	低速
42	前38后37	26	4	40~42	下棚变黄九成、主脉变软 上棚勾尖卷边	每2 h升1 ℃	前低速后高速
45	37~38	14	6	42~44	中棚勾尖卷边	每2 h升1 ℃	高速
47	37~38	14	6	45~47	下棚勾尖卷边	每2 h升1 ℃	高速
50	38	12	6	47~50	中棚接近大卷筒	每2 h升1 ℃	高速
54	39	14	4	50~54	下棚大卷筒	每小时升1 ℃	低速
68	41	12	10	54~68	全炉烟筋全干	每小时升1~2 ℃	低速
合计		150	44				

注：烟夹烘烤各温度段湿度可根据实际情况，降低0.5~1 ℃。

第三节　基于泰山品牌需求的高可用性上部烟叶开发与利用

一、基于泰山品牌需求的高可用性烟叶开发

2020年山东烟草工商联合，在潍坊临朐、临沂兰陵两个基地单元开展高可用性上部烟叶开发试点3.17万亩，两个基地单元调拨2.56万担。2021年高可用性上部烟叶开发试点3.15万亩，两个基地单元调拨2.19万担。

二、高可用性上部烟叶单收单调

确定标样。把成熟度作为上部烟叶定级的核心要素，把油分足和结构疏松作为成熟度的评价标准。工商双方共同制作高可用性上部烟叶收购样品，收购前对收购人员、专业分级队员进行培训，平衡眼光。

对样收购。实行专人预检、专台分级、专人收购、专项考核，切实把高可用性上部烟叶挑出来、收进来，做到优质优价、高熟高效。

分类存调。对于工商双方共同认定、质量特色突出、适用于一、二类卷烟原料的高可用性上部烟叶，单独成包、单独存放、单独标识、集中调运。市、县两级公司成立专项巡查小组，对上部烟叶收购调拨进行监督检查，确保质量达标。

三、高可用性上部烟加工

控制好烟叶分选环节投料精度、等级纯度、等级合格率、过程造碎等，保障烤后产品质量稳定性。

真空回潮和热风润叶环节温度与湿度精准调控。实施柔打细分，降大片、提中片、控碎片，优化片形结构，提高烟叶综合质量的稳定性（表4-10，表4-11）。

柔性加工工艺。重点控制复烤机干燥区温度，通过实施参数精准化控制，彰显烟叶风格特色，提高烟叶香气。在复烤工序，通过落实低强度、柔性加工工艺，以节点增温转变成过程增温保其本色，以临界复烤转变成低温复烤保其本香（表4-12）。

表4-10　真空回潮后烟叶质量指标

烟叶等级	回潮后包芯温度（℃）	回潮后含水率（%）	回透率（%）
上等烟	55～60	16～18	≥98
中等烟	65～70	16～18	≥98
下等烟	68～75	16～18	≥98

表4-11　润叶后烟叶质量指标

指标	上等烟		中等烟		下等烟	
	一润	二润	一润	二润	一润	二润
温度（℃）	55~60	58~65	55~63	60~68	58~65	60~70
水分（%）	16~18	18~20	18~20	19~21	17~19	19~21

表4-12　叶片复烤工艺质量指标

指标名称	干燥区	冷却区			机尾					
		水分（%）			水分（%）			温度（℃）		杂物
	最高温度℃	含水率	左右极差	含水率	左中右极差	标准偏差	变异系数	50~55		一类杂物小于8个/10箱，二、三类杂物小于35个/10箱
要求	70~75	8~10	≤1.0	11.5~13.0	≤1.0	<0.3	<2.5			

表4-13　上部烟叶感官评吸质量评价表

梯度	香气特性					烟气特性				灰色	质量档次
	香型	香气质	香气量	透发性	杂气	浓度	劲头	刺激性	余味		
复烤前均值	6.0	6.0	6.0	6.0	6.0	5.5	5.5	6.0	6.0	4.0	6.0
复烤后均值	5.6	6.3	6.3	6.2	5.9	5.7	5.4	6	6	4	6.4

四、高可用性上部烟叶工业利用

选择生产规模较大、市场反应较好的泰山（白将），在开展原烟配方模块、平行应用验证的基础上，设计较原叶组用量增加20%、30%、50%　3个梯度，开展了扩大比例使用验证。经过验证，较原配方用量增加山东上部烟叶30%使用比例，适当调整叶组配方使用等级，能够保持与泰山（白将）在销产品基本一致。另外，山东中烟以高比例山东上部烟叶为主要原料，开发了"瀍五"卷烟新品，也得到了市场的充分认可和专家的高度评价（表4-14至表4-17）。

表4-14　山东高可用性上部烟叶样品感官评吸质量

取样点	处理	关键品质因素				一般品质因素			
		香气质(9)	香气量(9)	杂气(9)	余味(9)	香型(9)	劲头(9)	浓度(9)	刺激性(9)
诸城程戈庄	正常成熟	5.9	6.1	5.8	6	6	6.2	6.4	5.8
	高度成熟	6.1	6	6.2	6.1	6	6.2	6.4	5.9
临朐寺头	正常成熟	6.1	6.4	5.9	6.1	6	6.6	6.8	6
	高度成熟	6.2	6.3	6.2	6.1	6	6.4	6.7	6.1

（续表）

取样点	处理	关键品质因素				一般品质因素			
		香气质(9)	香气量(9)	杂气(9)	余味(9)	香型(9)	劲头(9)	浓度(9)	刺激性(9)
兰陵车辋	正常成熟	6	6.2	6	6.1	6	6.2	6.4	5.8
兰陵车辋	高度成熟	6.1	6	6.2	6.1	6	6.2	6.4	5.9
沂水富官庄	正常成熟	6.2	6.6	6.2	6	6	6.7	6.8	6.1
沂水富官庄	高度成熟	6.2	6.4	6.3	6.1	6	6.5	6.8	6.3

表4-15 山东高可用性上部烟叶模块化学成分

样品	氯（%）	钾（%）	烟碱（%）	总糖（%）	糖碱比
2018年山东省TBO（B2F）	0.68	1.40	3.08	23.35	7.58
山东上部高可用性模块	0.48	1.57	2.85	21.87	7.68

表4-16 山东高可用性上部烟叶配方模块感官评吸质量

模块	关键品质因素				一般品质因素					
	香气质	香气量	杂气	余味	香型	劲头	浓度	刺激性	燃烧性	灰色
2018年山东省TBO	6.5	6.3	6.3	6	6	6.6	6.6	6.3	4	4
	干草香、蜜甜香、坚果香、辛香、焦香，烟气较细腻、较蓬松、较柔和，有木质气、生青气，口腔微有灰尘感，喉部略刺辣									
高成熟度配方模块	6.8	6.5	6.4	6.5	6	6.4	6.5	6.2	4	4
	干草香、焦甜香、蜜甜香、坚果香、焦香、辛香、木香，烟气细腻、蓬松、较柔和，稍有木质气、枯焦气、生青气，喉部有刺激									

表4-17 扩大山东高可用性上部烟叶使用比例试验感官评吸质量

牌号	样品	光泽	香气	协调性	杂气	刺激性	余味	合计
泰山（白将）	正常样	4.50	28.14	5.00	10.29	17.07	21.57	86.57
	增加20%	4.50	28.14	5.00	10.43	17.00	21.64	86.71
	增加30%	4.50	28.36	5.00	10.50	17.00	21.79	87.14
	增加50%	4.50	27.64	5.00	10.21	16.93	21.14	85.43

第五章 烟草绿色生产

近年来，山东烟区重点围绕绿色防控、清洁生产和新能源烘烤，以节能、降耗、减污为目标，从管理和技术等多个层面积极推进烟草绿色生产。

第一节 烟草绿色防控

根据烟草行业对绿色防控工作的总体部署，建立了山东烟区绿色防控技术体系和推广模式，辐射带动大农业，提高了病虫害联防联控水平，实现了以化学防治为主向绿色防控为主的转变，保障了烟叶生产安全、烟叶质量安全、烟区生态安全。

一、烟草绿色防控运行机制

（一）组建技术创新队伍

加强绿色防控专家团队建设，依托中国农业科学院烟草研究所、山东农业大学和山东省农业科学院，以产区中青年绿色防控专家为骨干，打造烟草绿色防控战略人才队伍、科技创新队伍和推广管理队伍，建设绿色防控"省—市—县—站"四级人才梯队培养体系。建立绿色防控人才培养使用机制，配足配好各级专业技术人员，突破关键技术，加强推广应用，确保落地见效。围绕主要病虫害绿色防控技术升级，组织人才培训和现场观摩。

（二）健全标准体系

研究制定了《"四虫三病"绿色防控技术规程》《烟草田间农药安全合理使用技术规程》等5项省级企业标准，严格执行《烟草病虫害预测预报工作规范》（YC/T 435—2012）、《烟草害虫预测预报调查规程》等16项烟草行业标准。形成了山东烟区主要病虫害绿色防控技术体系，为落实化学农药减量、提升烟叶质量安全提供支撑。

（三）强化宣传培训

充分利用电视、报纸、微信等媒体以及现场会、明白纸、宣传标语等方式，广泛宣传烟草绿色防控理念和主要做法，营造良好的舆论氛围，增强烟农绿色防控的信心和行动自觉。建立山东省烟叶生产快速服务平台和"山东烟草绿色防控工作"微信群、QQ群，构建了纵向传导、横向互动分享的技术服务和宣传网络平台；制作《烟草绿色防控科普手册》向烟农发放。通过专家讲授、现场实操与技能比武等形式，按照烟叶生产时间节点，做好"研发、推广、实施"三支队伍的层层培训，确保熟练掌握绿色防控和科学用药技术。通过举办培训班、现场观摩和入户指导等多种形式，加强对技术员和烟农的培训，打通技术落实"最后一公里"。

（四）完善政策配套

加强绿色防控技术研发和推广应用的投入力度，制定相应的管理和考核办法。山东省将生物农药、性诱捕器、天敌昆虫的繁放等绿色防控技术推广列入烟叶生产产前投入范围，推动绿色防控措施有效落地。各产区公司制定绿色防控组织管理、考核奖励、经费投入等政策措施，推动创新成果转化，技术措施落地实施。

（五）强化农药安全管控

山东烟区紧紧围绕"烟叶质量安全"这一核心，学习借鉴全国农业综合标准化优秀示范区的"潍坊安丘模式"，持续提升烟叶质量安全监管水平，从管理层面和技术层面"双管齐下"，着力构建政府支持、烟草主导、烟站主力、烟农合作社和社会化服务组织参与，涵盖农药市场监管、采购供应、施药监督、检测追溯等环节的烟草农药管控体系，形成了烟叶生产全链条的农药使用监管控制闭环。

二、烟草病虫害信息化预报测报

准确、及时的病虫害预测预报是实施绿色防控的基础，加强植保数字化和信息化建设，构建以测报数据采集自动化和数据分析智能化为主要特征的数字测报技术，建立智能化的测报预警技术体系，提高测报预警的准确性和实效性。

（一）开发烟草病虫害智能识别技术

为实现病虫害田间快速诊断，山东烟区利用深度卷积神经网络算法等深度学习技术，实现了从大规模数据中对病虫图像目标特征的自动、高效、准确提取，并通过病虫图像数据库的不断完善实现了识别模型的持续优化和迭代升级，目前已构建完成了16种烟草主要病害、35种烟田主要害虫、12种天敌的智能识别模型，模型识别准确率可达

90%以上。开发了烟草病虫害智能识别微信小程序和病虫害智能识别App，病虫害识别诊断方便快捷，实现烟草病虫害"1 s"快速诊断。

（二）构建烟草病虫害精准预测模型

为提高病害监测的高效性和准确性，应用光谱技术，基于支持向量机算法构建了烟草TMV和PVY病害种类判别模型，模型总体分类精度为85.71%，实现了基于光谱数据的烟草TMV和PVY病害种类精准判别。筛选了影响烟草PVY和TMV病害严重度的敏感光谱波段，应用支持向量机算法、K最近邻分类算法和随机森林算法构建了烟草PVY、TMV病害严重度判别模型，模型总体分类精度分别为83.84%以上。针对烟蚜，采用马尔科夫链、逐步回归、人工神经网络等方法，分别建立了中期和长期预测模型，预测精度达80%以上，可实现对烟蚜发生程度和发生期的中长期预测。

（三）建立烟草病虫害智能监测预警平台

测报数据的连续性、客观性、完整性是实现病虫害智能监控的关键，随着物联网的发展，智能装备成为病虫害测报数据采集的主要方式。2020年以来，山东临沂、潍坊等主要烟区快速推进田间物联网建设，目前综合气象站、土壤墒情监控仪、视频监控系统、害虫灯诱监控系统、害虫性诱监控系统等智能装备已在部分区域覆盖，实现了对区域烟田环境和烟草害虫的实时在线监控。

针对烟草青枯病应用SaaS（软件即服务）技术架构，搭建了山东烟区青枯病智能监控预警平台。平台主要包括数据感知层、传输层、数据层、业务层、应用层和展示层6个部分，设计开发了监控预警一张图、监测点管理、智能监控和智能预警4个功能子模块，其中监控预警一张图子模块是技术集成、数据集成和业务集成的集中展现应用，基于GIS技术全方位展现病虫害监测点建设、业务工作管理、病虫害发生分布、时空动态及预警信息等数据信息，为生产管理与决策提供支撑。监测点管理子模块主要实现了病虫害监测圃、智能监控装备、测报人员、测报数据等管理维护功能。智能监控子模块主要实现对土壤数据、环境监控数据、病虫害监控数据的集成分析和实时动态分析功能。智能预警子模块主要基于病虫害预警模型实现对病虫害的实时预警功能和病虫害AI情报的自动生成发布等功能，指导病虫害防治工作。

三、烟草绿色防控关键技术

（一）烟草天敌昆虫规模化繁育及应用

针对主要害虫种类，实现了多种天敌昆虫的规模化繁育和应用。积极探索烟蚜茧蜂寄主本地化，利用小麦、油菜、茼蒿、小白菜等寄主植物繁殖蚜虫，提高了蚜虫寄主培育的多样性，形成了一套适合山东烟区的烟蚜茧蜂规模化饲养技术。现已全面覆盖山东所有植烟区，并在麦田、果园开展蚜茧蜂防治蚜虫技术应用和大面积推广，取得了良好的社会及生态效益。编制了《山东烟区烟蚜茧蜂防治蚜虫规模化繁放技术规程》《山东烟区果园烟蚜茧蜂释放技术规程》《山东烟区麦田烟蚜茧蜂释放技术规程》。

以烟草为寄主植物，烟粉虱为中间寄主，建立了丽蚜小蜂五室繁蜂法，即清洁烟苗培育室、烟粉虱繁育室、烟粉虱发育室、丽蚜小蜂接种室、粉虱丽蚜小蜂分离室。在诸城温室大棚中通过"中烟100—烟粉虱—丽蚜小蜂"的循环模式进行繁蜂，丽蚜小蜂寄生率78.9%，温室大棚内出蜂率88.5%，烟田内出蜂率85.6%。丽蚜小蜂对烟粉虱的防治效果可达65.5%。

在诸城建设赤眼蜂规模化繁育基地，年繁育赤眼蜂能力达1亿头左右，可满足10万亩烟田棉铃虫、烟青虫等鳞翅目害虫的生物防治需求。制订了以米蛾卵为寄主的赤眼蜂规模化繁放流程，主要包括米蛾卵的准备，赤眼蜂扩繁品系的采集、筛选与保存，赤眼蜂的扩繁、冷藏与运输，以及田间释放技术与效果评价5个环节。确立了赤眼蜂的最佳释放时间、放蜂量和放蜂方法，赤眼蜂示范推广区平均防治效果达到75%以上，亩均减少农药施用2次，防治烟青虫/棉铃虫化学农药施用量减少50%以上。

开展蠋蝽人工饲养技术替代猎物和高密度协同饲养技术本地化研究。采用蔬菜叶、玉米叶饲养黏虫，并结合本地实际采用黄粉虫代替黏虫作为蠋蝽猎食对象，不仅有效降低了蠋蝽猎物饲养成本，也提高了蠋蝽的循环饲养效率。针对蠋蝽培养多代以后出现种群退化现象，通过采集自然界种群交配和引进其他烟区种群进行复壮，种群退化有明显改善；创新采用不同龄期循环式蠋蝽田间释放技术，探索出最佳释放时期，综合改善了防治效果及繁育成本，进一步摸清了蠋蝽的防控效果及繁控能力。构建了蠋蝽本地化的应用模式，蠋蝽防治烟青虫/棉铃虫平均防效达72.57%，示范区化学农药减施比例为57.78%（表5-1）。

表5-1　天敌昆虫释放标准

天敌种类	释放方式	靶标害虫	释放时期	释放标准	注意事项
烟蚜茧蜂	僵蚜或成蜂	烟蚜	5月底至6月初	按照《烟蚜茧蜂防治烟蚜技术规程》（YC/T 437—2012）要求执行	①选择无雨天气释放，释放前后7 d内不得施用农药。②不得同时使用黄板
赤眼蜂	成蜂	烟青虫/棉铃虫	6月中下旬	蜂卡安放于中部烟叶叶基部，每株放置1卡，释放量为5~10卡/亩，每张卵卡4 000~5 000头。均匀分布于烟田中，释放2次，每次间隔7 d	①选择无雨天气释放，释放前后7 d内不得施用农药。②不得同时使用黄板

（续表）

天敌种类	释放方式	靶标害虫	释放时期	释放标准	注意事项
蠋蝽	若虫或成虫	烟青虫/棉铃虫	6月初至7月初	根据田间烟青虫/棉铃虫成虫的虫口基数，释放量为20～50头/亩	选择无雨天气释放，释放前后7 d内不得施用农药
丽蚜小蜂	成蜂	烟粉虱	6月初至7月初	①在6月初，烟粉虱单株虫量达到0.5～1头进行第一次放蜂。释放量为1 000～2 000头/亩。②在6月中下旬，烟粉虱单株虫量达到2～5头进行第二次放蜂。释放量为3 000～5 000头/亩	①选择无雨天气释放，释放前后7 d内不得施用农药。②不得同时使用黄板

（二）烟草害虫理化诱控技术及应用

理化诱控技术是指应用信息素、杀虫灯、引诱剂等方法防治害虫的技术，具有环境安全、无残留、害虫不易产生抗性等优点，是害虫绿色防控的主要技术之一。

植食性昆虫的种群繁衍和生存在很大程度上取决于能否寻找到合适的寄主植物，在此过程中植物挥发性物质起到了关键作用，是植物与植物间、昆虫与植物间进行信息交流的"语言"，为通过引诱剂控制农作物害虫提供了新思路。针对棉铃虫和烟青虫分别发明了引诱剂，其中烟青虫引诱成分包含顺-3-己烯-1-醇、反-2-己烯-1-醇、1-己醇、壬醛、反式-β-石竹烯、顺-3-己烯乙酸酯和顺-3-己烯己醇酯中的4种或4种以上成分，与单一引诱成分相比，可以显著增强引诱效果；棉铃虫引诱剂成分包括苯甲醛、水杨醛、正庚醛、正辛醇、苯乙醇和乙酸苯甲酯，组合使用可以显著提高对棉铃虫的引诱效果。田间试验表明，食诱剂可显著降低百株虫量。

诱捕器类型对害虫性诱效果有显著的影响，山东烟区比较了笼罩、水盆、盘式黏胶诱捕器对烟田棉铃虫的诱捕效果，3种诱捕器的诱蛾量变化趋势基本一致，其中笼罩诱捕器的诱蛾量最大，显著高于另外两种诱捕器，且诱捕效果比较稳定。笼罩诱捕器在山东烟田已实现全覆盖推广应用。

昆虫的趋光反应是其在长期进化过程中形成的一种生物学行为，许多昆虫具有辨别不同波长的能力，而且对各种光波的敏感程度也有很大的差别。以棉铃虫为例筛选鳞翅目害虫的敏感单一波长，发现385 nm的LED灯的诱集效果最好，可应用于田间鳞翅目害虫的防治和预测预报。

综合上述理化诱控的新技术和新产品，构建了棉铃虫、烟青虫绿色防控技术规程并在多个烟区进行示范推广，综合防治效果达80%以上，示范区防治烟青虫和棉铃虫的化学农药减施50%左右。

（三）病害生防菌剂创制及应用

以烟草赤星病、黑胫病、青枯病和野火角斑病等病原菌为靶标，筛选获得一批对病原菌具有显著拮抗作用的生防菌。其中贝莱斯芽孢杆菌（*Bacillus velezensis*）G1、解淀粉芽孢杆菌（*Bacillus amyloliquefaciens*）GY10和枯草芽孢杆菌（*Bacillus subtilis*）GY12菌悬液处理可以促进烟草种子的萌发、烟株的生长，并且对烟草疫霉菌、赤星病菌、靶斑病菌和炭疽病菌等具有显著的抑制作用。

暹罗芽孢杆菌（*Bacillus amyloliquefaciens*）LZ88是一株分离自健康烟草根际的生防芽孢杆菌，LZ88对赤星病菌菌丝抑制率达81.96%，温室盆栽防治效果达80.98%。菌株LZ88的生防机制主要是通过提高烟草植株的系统抗性，诱导烟草防御相关酶（SOD、POD、PPO等）的高效表达，分泌非挥发性的抑菌物质（如Iturin A和Macrolactin）和挥发性的有机酸及酮类物质（如3-甲基-丁酸和2-甲基-丁酸等），来抑制病原菌的生长。

解淀粉芽孢杆菌（*Bacillus amyloliquefaciens*）CAS02是一株对烟草青枯病菌、野火角斑病菌等多种植物病原细菌具有显著拮抗作用的生防芽孢杆菌。菌株CAS02表现出促进生长的相关特征，包括铁载体产生、纤维素酶活性、蛋白酶活性、氨产生和过氧化氢酶活性。

短小芽孢杆菌（*Bacillus pumilus*）AR03是一株分离自烟草根际土壤，具有广谱抗菌活性的拮抗细菌，对烟草青枯病、黑胫病、赤星病、白粉病和炭疽病均有较好的防病效果。该菌株通过分泌拮抗挥发性有机物（VOCs）对上述病原菌菌丝生长和孢子萌发具有不同程度的熏蒸抑菌活性。

针对筛选出的高效生防菌株，创制了烟草病害生防菌剂"菌卫农"，该菌剂是由三种防病促生细菌复合而成的多元微生物菌剂（总有效成分≥200亿CFU/mL）。该菌剂杀菌谱广，对烟草青枯病、黑胫病、镰刀菌根腐病、赤星病均具有显著控制作用。该菌剂能快速定殖在植物根部和叶际，保护植物抵抗病原菌侵染。该菌剂还具有调节烟草植株生长代谢、促进根系发育及提高植物免疫力的功能。2020—2021年在临沂、潍坊、日照、青岛等多地开展了连续多年的菌卫农试验示范，通过有机肥混合施用、苗床期喷雾、移栽期蘸根、大田期滴灌、灌根和打顶前期整株喷雾的施药方式，对当地主栽烟田普遍发生且发生较重的青枯病和黑胫病等根茎病害的防治效果良好，且旺长期促生效果明显。

（四）植保无人机施药技术

为提高作业效率，山东烟区大力推广植保无人机施药技术。与传统地面植保机械和人工作业相比，植保无人机喷洒农药具有适用性广、作业效率高、成本低、节能环保、安全性高的特点。植保无人机作业效率是人工作业的20～30倍。

传统植保方式喷洒农药人工成本为500～625元/hm²，而植保无人机仅为120元/hm²左右，成本降低约70%；传统植保方式药液量300 L/hm²，而无人机可实现均匀喷洒，药液量15～30 L/hm²就可达到相同效果，大幅降低农药使用量；无人机植保作业实现了人药分离、人机分离，避免人员直接暴露于农药雾滴，可有效避免人员药害中毒。在山东烟区，针对目前常用的两种植保无人机大疆T20和极飞P30，确定不同作业参数对雾滴沉积和作业效率的影响。作业参数包括作业高度、作业速度和喷头类型（喷头粒径），作业参数影响雾滴覆盖度、雾滴密度和雾滴在烟草冠层沉积。2021年，山东全省开展植保无人机飞防面积22.4万亩，占总植烟面积的87.4%。

（五）高风险农药替代技术

加大绿色防控、安全用药宣传培训力度，提高烟技员、烟农的规范用药意识；利用作业指导书、提质增效手册、明白纸等方式，及时宣传相关政策，每会必讲质量安全，让烟农知晓农残的为害以及影响农残的主要因素，自觉规范用药种类和方式。生产中，重点关注、监控易超标的化学农药种类，对于啶虫脒和拟除虫菊酯类农药，根据防治对象尽量改用苦参碱等生物农药或其他高效、低毒、低残留农药。对于多菌灵和三唑醇，改为提前用波尔多液进行预防，或根据防治对象改用相应的生物农药进行防治。对于必须使用的仲丁灵和氟节胺抑芽剂采用混用法，即将两种药剂按施用浓度配好后以1∶1比例混合施用。对于需要频繁使用的各类防治药剂，采取交替轮换使用方式，禁止高频次、过量使用单一品种农药。每次烟叶采收前15 d及采烤后期严禁使用农药，禁止在已采烤烟叶上喷施农药（表5-2）。

表5-2　烟区常见高风险农药推荐防治对象、使用次数和安全间隔期

序号	中文通用名	英文名称	推荐防治对象	最多使用次数（次）	安全间隔期（d）
1	啶虫脒	Acetamiprid	蚜虫	2	21
2	吡虫啉	Imidachloprid	蚜虫	2	14
3	氯菊酯	Permethrin	烟青虫	2	28
4	氯氟氰菊酯	Cyhalothrin	烟青虫	2	28
5	氯氰菊酯	Cypermethrin	地老虎	2	28
6	甲基硫菌灵	Thiophanate-methyl	根黑腐病	2	35
7	甲霜灵	Metalaxyl	黑胫病	2	21
8	噁霜灵	Oxadixyl	黑胫病	2	21

（续表）

序号	中文通用名	英文名称	推荐防治对象	最多使用次数（次）	安全间隔期（d）
9	霜霉威	Propamocarb	黑胫病	2	21
10	代森锰锌	Mancozeb	黑胫病、赤星病	3	21

四、烟草绿色防控技术体系集成与应用

（一）绿色防控技术体系集成

针对"四虫三病"（烟蚜、烟青虫/棉铃虫、地老虎、烟粉虱、病毒病、青枯病/黑胫病、赤星病/野火病）防控靶标，结合烟叶生长全周期系统集成生物防治、农业防治、生态调控、理化诱控、精准施药、抗性品种等技术，完善升级烟草全过程、立体化绿色防控技术体系。

针对蚜虫、烟粉虱等小型媒介害虫，持续攻关蚜茧蜂、异色瓢虫、丽蚜小蜂等天敌产品工厂化生产和高效释放技术，构建了以天敌昆虫防控为核心的小型媒介害虫防治技术子体系。针对烟青虫和棉铃虫等食叶类害虫，提升蠋蝽等捕食性天敌商品化供给能力，兼顾赤眼蜂、理化诱控等技术集成，提高防效，控制成本，构建了以"蠋蝽捕食幼虫+性诱捕杀成虫+赤眼蜂寄生卵"为核心的立体化食叶类害虫防治技术子体系。针对地老虎等地下害虫，集成虫生真菌应用、精准施药等技术，构建了以"虫生真菌+精准施药"为核心的地下害虫生物防治技术子体系。

针对病毒病，突破免疫诱抗剂长效缓释技术和轻简化精准施用技术，集成病毒智能快检和虫传阻断技术，构建了以"源头控制+免疫诱抗+途径阻断"为核心的病毒病防治技术子体系。

针对根茎病害，提高基质拌菌、有机肥增菌、定根水添菌等技术应用水平，集成微生态调控、农业防治、精准施药技术，构建了以"烟田轮作+多抗微生物菌剂+诱导抗性剂+病菌快速检测诊断"为核心的烟草根茎病害防治技术子体系。针对叶部病害，攻关智能测报和生物防治协同应用技术，集成精准施药技术，构建了以"波尔多液+生防菌剂"为核心的叶部病害防治技术子体系。

（二）绿色防控示范区建设

在临沂、潍坊分别建立烟草绿色防控示范核心区，在示范区内加大生物防治工程化推广，推广应用以天敌昆虫立体防治烟草虫害、以生物药剂替代化学药剂防治烟草病害的绿色防控技术体系。在潍坊、临沂、日照分别建立绿色防控示范区和辐射区，示范

区实现"全靶标、全覆盖",示范推广"轻简、低碳、高效"为核心的绿色防控技术,辐射区推广应用两项以上主推技术,示范区和辐射区面积分别达到植烟面积20%和60%以上。

开展烟区多作物绿色防控综合示范区建设,以"全区域、全作物、全过程"为核心,集成组装"烟草+复种/轮作作物"重要病虫害绿色防控技术体系,实行烟草与甘薯、小米、丹参、油菜等一体化绿色防控,推动烟草重大病虫害防控关口前移,实现烟区病虫害防控协同实施、同步推进、齐抓共管的新格局。从烟区农业生态系统总体出发,综合实施烟草绿色防控和土壤保育,打破空间、作物和学科界限,结合产业综合体建设和烟区乡村振兴,大力推广绿色防控技术体系,降低成本、提高防效。

(三)示范应用效果

自2016年以来,山东烟叶产区逐年加大绿色防控技术推广力度,取得了显著成效。2021年全省共建立绿色防控综合示范区9个,合计6万亩,占全省植烟面积的22.4%,绿色防控辐射区17.85万亩,占全省植烟面积的66.7%。全省在实现蚜茧蜂防治蚜虫全覆盖的基础上,丽蚜小蜂防治烟粉虱技术推广应用5万亩,异色瓢虫防治蚜虫技术推广应用0.3万亩,蠋蝽防治烟青虫技术推广应用1.2万亩,赤眼蜂防治棉铃虫技术推广应用3.1万亩。2021年绿色防控综合示范区防治病虫害化学药剂用量较2015年平均减少62.0%,辐射区化学药剂用量较2015年平均减少50.4%。绿色防控综合示范区、辐射区烟叶病虫害损失率分别为3.3%、5.4%。

第二节 清洁生产

农业清洁生产是指既可满足农业生产需要,又可合理利用资源并保护环境的实用农业生产技术。其实质是在农业生产全过程中,通过生产和使用对环境友好的"绿色"农用化学品,改善农业生产技术,减少农业污染的产生,减少农业生产及其产品和服务过程对环境和人类的风险。

一、烟田农膜回收

形成烟田残膜回收工作模式,建立"宣传引导、源头保障、机具配套、多环节控制"的地膜回收机制,改善烟田土壤及周边环境,提升烟叶可持续发展能力,有效促进土地资源绿色环保发展。

（一）宣传引导

通过常态化的宣传培训，积极向烟叶生产技术人员和烟农宣传残膜回收的重要性，通过现场讲解、发放宣传资料、张贴标语等多种渠道宣传废旧地膜回收利用相关知识及相关政策法规，增强烟叶从业人员和烟农的环保意识。

（二）源头保障

在山东省内各烟叶产区全面示范推广0.01 mm标准地膜，以利于残膜回收。在烟田旺长期前揭膜的再给予适当的扶持投入，根据县、站两级核实情况兑现烟农；由合作社开展揭膜的，根据县、站两级核实情况兑现给合作社。通过示范引导和政策支持，从源头上控制好地膜使用，为后续减少地膜残留提供保障。

（三）机具配套

联合有关科研院所和机械厂家，成功开发了中耕培土地膜回收一体机具和烟秸清理回收一体机具。中耕培土地膜回收机具在烟田旺长前期使用，烟农自主或由合作社开展烟垄揭膜回收，回收率75%以上，回收的地膜清理后送交烟农合作社集中处理。烟秸清理回收一体机具在烟叶全部采收后使用，可以实现烟草秸秆拔除和残膜、滴灌带回收等清理，残膜等回收率可达到90%以上。另外，在春季烟田耕耙时，合作社利用专用机械对烟田进行翻筛，将烟田耕层地膜残存率降低到10%以内。

二、植物纤维全降解地膜研发与推广应用

我国从20世纪60年代开始将地膜应用于农业生产，20世纪80年代初期开始在烤烟生产上推广应用。地膜具有保温、保墒、保肥和防寒的显著优点，能促进烟叶显著提质增产；但由于普通地膜的自然降解速度极慢，导致土壤中残膜逐年累积，不仅污染土壤、妨碍耕作，而且阻隔水肥输导，影响土壤通透和作物生长发育，已经对农业环境构成重大威胁。

开展植物纤维全降解地膜的研发与推广应用，进行植物纤维全降解地膜生产技术攻关，致力于以禾本科秸秆及烟草废弃物为主要原料制备烟草绿色栽培用植物纤维全降解地膜，采用原创技术与引进技术相结合的方式，以同时适用玉米秸秆纤维基地膜、大豆秸秆纤维基地膜、水稻秸秆纤维基地膜、小麦秸秆纤维基地膜生产所需的关键共性技术为核心，进行创新与集成，并对植物纤维全降解地膜对烟草生长和品质的影响进行分析，研发出一整套适合不同条件的烟用植物纤维全降解地膜的生产工艺和关键设备，制订出配套的应用技术规程。

全降解地膜控温保湿效果优于传统地膜。全降解地膜5 cm与15 cm深度温度平均较

传统地膜低1.1~1.6 ℃，保温效果不如传统地膜，但其控温效果要好于传统地膜，其温度变化较为平缓，有利于地膜下土壤温度稳定。多云、阴天时，全降解地膜具有较好的吸湿、透水性，保湿性能优于传统地膜，水分均值较传统地膜高0.6%~5.9%；晴天时，全降解地膜与传统地膜平均保湿性能相差不大，如遇连续晴天，全降解地膜平均保湿性能开始下降并有低于传统地膜的趋势。

全降解地膜全部采用植物纤维制造，能够实现完全降解。覆膜后第30天左右，开始出现小于1 cm的裂缝，覆膜后40 d左右，出现大于3 cm的裂缝，覆膜后50 d左右，开始出现碎片，覆膜后60 d左右，降解完毕。

在旺长期，普通地膜田间长势优于全降解地膜，进入旺长后期，尤其是7月上旬连续降雨以后，全降解地膜烟株长势明显加快，至烟田打顶后，烟株长势与普通地膜整体趋于一致。与普通地膜相比，病虫害发生情况基本一致，无明显差异。

第三节 新能源烘烤

一、生物质颗粒烘烤

生物质颗粒燃料作为一种生物质能源，可以将农业废弃物最大化地重新利用，制成颗粒状燃料后，能替代煤、油等不可再生能源，被广泛应用于各种工业锅炉等。中国烟草总公司于2018年印发《密集烤房生物质颗粒成型燃料燃烧机技术规范（试行）》。山东烟区把生物质燃烧机应用作为调整烟叶烘烤能源结构，增加清洁能源使用，减少大气污染物排放的重要工作来抓，不断加大生物质燃烧机推广应用力度。

（一）生物质燃料

1. 原料类型

主要以颗粒状和棒（块）状生物质固体成型燃料为主，其中，颗粒状是直径或横截面尺寸≤25 mm；棒（块）状直径或横截面尺寸>25 mm。主要原料有小麦、玉米、棉花、烟草等作物秸秆及树皮、锯末、花生壳等废弃物。

2. 加工工艺

主要加工工艺流程：切片—粉碎—除杂—精粉—筛选—混合—软化—调质—挤压—烘干—冷却—质检—包装。

（二）生物质燃烧机

1. 基本构造

生物质颗粒燃烧机是专门为密集烤烟房配套设计的外置式加热设备，可以直接与密集烤房加热设备对接，进行供热。由机架、进料装置、燃烧系统、控制器等部分组成，采用机电一体化，自动化程度高，操作简单（图5-1）。

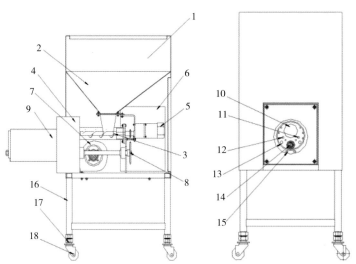

1.机体；2.进料斗；3.送料机构；4.风箱；5.电机；6.电控箱；7.风机；8.传动链轮；9.燃烧室（烧嘴）；10.进料口；11.观火孔；12.热电偶；13.点火孔；14.除渣管；15.除灰门；16.底座机架；17.调节螺杆；18.脚轮。

图5-1　生物质颗粒燃烧机结构示意

2. 工作原理

在进料机构的作用下，生物质燃料从料斗加料口均匀落入在烧嘴端部，开启风机小风量，电热棒点火后，燃料开始燃烧，进料机构向下掉落燃料的同时，翻料除渣机构一边翻动燃烧一边除渣，落在温度很高的除渣螺旋轴上停留预热、着火后继续，未完全燃烧的燃料颗粒继续燃烧，在燃料下落的过程中，烧嘴二次配风口补充一定氧气，供悬浮燃烧，燃尽的灰粒从烧嘴出口落入出灰坑。生物质燃料的燃烧过程是强烈的化学反应过程，又是燃料和空气间的传热、传质过程。燃烧除去燃料存在外，必须有足够温度的热量供给和适当的空气供应。它可分为预热、干燥（水分蒸发）、挥发分析出和焦炭（固定碳）燃烧等过程。燃料送入燃烧室后，在高温热量（由前期燃烧形成）作用下，燃料被加热和析出水分。随后，燃料由于温度的继续增高，约250 ℃，热分解开始，析出挥发分，并形成焦炭。气态的挥发分和周围高温空气掺混首先被引燃而燃烧。一般情况下，焦炭被挥发分包围着，燃烧室中氧气不易渗透到焦炭表面，只有当挥发分快要结束燃烧时，焦炭及其周围温度已很高，空气中的氧气才有可能接触到焦炭表面，使焦炭开始燃烧，并不断产生灰烬。在外置生物质燃烧机的基础上，研发内置式环保节能炉，包括自动进料装置、环保节能燃烧装置和配备减速电机等，通过在原有加热设备基础上安装内置式环保节能炉，实现自动加料、除渣、环保节能供热的功能，改造后的环保节能炉既能燃煤，也可燃烧生物质颗粒，推动了生物质新能源烤房的发展。

（三）应用效果

1. 绿色环保

生物质燃料在燃烧过程中硫化物、氮化物等有害物质的排放量远低于燃煤。根据试点测算数据，生物质燃料烘烤对比燃煤烘烤的CO_2、CO、SO_2排放量分别下降57.28%、95.46%、97.94%，减排效果非常明显，符合目前国家对环境保护的要求。

2. 减工降本

目前，山东全省共推广生物质颗粒燃烧机烤房数量4 452座。生物质燃烧机高效节能，自动检测炉温、自动送料，燃烧热效率达90%以上。能实现精准控温、自动加料等技术，降低了燃料的填料次数，变黄期每天添加生物质燃料2次，烟叶定色、干筋期每天添加生物质燃料4次，而使用燃煤烘烤平均每天最少加煤6次。操作简单，工作量小，可实现由1个烘烤师烤20座生物质燃烧机新能源烤房，燃煤烤房只能兼顾5座，每炉烟可减工3个以上，减工降本明显。

3. 安装简便

燃烧机为外接一体机，只需与现有燃煤烤房加煤口直接接上即可使用，不需对绝大多数的现有烤房另行改造，更新换代成本低，移动、保管、维修更为方便。

二、生物质粉末烘烤

生物质粉末炉主要以粉碎后烟草秸秆为燃料，山东从2012年起开展了生物质粉末炉研发工作，通过多年技术集成和资源整合，重点解决了生物质粉末炉燃料燃烧不充分和烟草秸秆粉碎后沙土率较高等问题。

（一）生物质粉末燃烧炉构造及原理

1. 基本结构

（1）炉体。炉体包括炉顶、炉壁（含三次进风管）、炉栅、炉门（含炉门框）和炉底。炉顶与炉壁、炉栅构成的空间为炉膛，炉栅和炉底之间的空间为灰坑。炉体为圆柱形，在炉壁上开设3个炉门口，以观火口炉门方向中心点为0°，顺时针180°方位开设进料口，顺时针225°方位开设进风口和进水口，270°为清灰口。设置3个进风口，分别连接鼓风室、燃烧室。

（2）换热器。按照《国家烟草专卖局办公室关于印发烤房设备招标采购管理办法和密集烤房技术规范（试行）修订版的通知》相关要求执行。

（3）为充分实现二次燃烧，在燃烧室增加水汽系统。

（4）料仓。箱体内壁光滑，下料斜面与水平面夹角≥40°。料仓所有焊缝均采用气体保护焊接，焊后打磨光滑，进料管的连接螺栓孔跨中分布，加工误差≤1 mm，最后除锈，喷涂耐高温银灰漆（图5-2）。

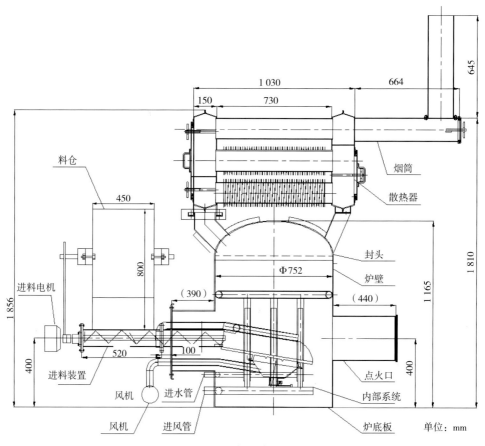

图5-2 设备构造正视图

2. 工作原理

二次燃烧主要发生两处化学反应，$C+H_2O=CO+H_2$，$CO_2+C=2CO$，两处化学反应所需反应条件均需要高温。$\triangle H=393.50-221$，$\triangle S=213.85$，因此$\triangle G=172.5-0.175\,9\,T$。

令△G<0，得T>981 K，因此该反应至少需要981 K的温度。

K=T（℃）+273.15，所以T=981-273.15=707.85 ℃。所以想要达到二次燃烧必须保证二次燃烧室内温度高于708 ℃。二次燃烧的过程中既有一部分C和H_2O发生反应生成燃烧值更高的CO和H_2，提高了燃料的燃烧效率。同时又有一部分的CO_2和C反应生成CO，这样既可以减少CO_2的排放，又提高了燃料利用效率。通过合并燃烧室，减小炉膛体积，使炉膛内的温度更容易达到750 ℃，水汽系统是实现二次燃烧得以进行的重要条件，通过合理配置水汽比，在高温下与炉膛内的燃料发生化学反应，实现二次燃烧。

（二）生物质二次粉碎

生物质粉末烤房在使用烟草秸秆燃料过程中，由于杂质较多，粉碎后燃料沙土率较高，导致经常出现燃料炼焦问题，极易堵塞炉膛，使燃烧不充分，影响生物质粉末烤房推广使用。针对此问题，山东烟区创新"粗+精"二次粉碎法，在细粉碎前，先用一套粗粉碎过筛设备将晒干、收集好的烟秸粉碎成20 cm左右的小段，并在粗粉碎过程中，加装一个过筛装置，将烟秸含有的土壤、沙石等杂质在进行精粉碎前过滤掉，然后再输送到精粉碎机，粉碎成5 cm以下的小段，通过两次过筛粉碎，使精粉碎后的烟秸杂质含量大幅度降低，沙土率控制在1%以内，有效解决了燃料因含有沙土等杂质而出现的炼焦问题，使燃料燃烧效率显著提高。

（三）技术措施

1. 燃料种类及使用要求

烟草秸秆、树枝、木屑、棉秆干燥粉碎，粒径≤20 mm，含水量≤30%，沙土率≤5%。锯末、花生壳等直接使用，含水量≤20%。收集的烟草秸秆，按照"四离一集中"要求，选择合适的区域堆垛晾晒，适时进行粉碎加工。创新"粗+细"二次粉碎法，使粉碎后燃料沙土率控制在5%以内，然后再进一步晾晒，快速失水风干，在含水量降到20%以下时便可以装袋，选择阴凉通风避雨处贮存。采用"统分结合"的原料保障机制，针对小户，在供给燃烧设备的同时，配套相应的烟秸粉碎机，引导烟农收集自家烟秸、自己粉碎、自己翌年使用，自给自足；针对大户和烘烤工场，建立固定的烟秸粉碎场所，微利为烟农提供来料加工服务，粉碎的烟秸同样满足自己翌年使用；针对采烤分一体化的烘烤工场，主要采取两种模式，以一定价格收购烟农的烟秸，专业收集、统筹使用；让烟农交售烟秸，充抵烘烤费用。

2. 关键技术

一是集装箱生物质粉末烤房高度2.7 m，装烟3层，叶片长时，可进行叠层装烟，门口装烟适度稀一点。二是适当延长42 ℃后期、45 ℃、47 ℃稳温时间，各延长4 h左右，延长排湿时间，确保排湿顺畅。三是生物质粉末烤房烘烤过程中要注意观察料斗进料情况，避免出现卡料、堵塞状况，烘烤结束后及时清理料斗、炉膛，炉膛内放置适量生石灰，同时做好自控仪养护等工作。

（四）主要优势

1.燃料来源广泛

生物质粉末烤房主要以粉碎的烟草秸秆为燃料，也可以使用粉碎的树皮、树枝、棉秆或者花生壳、锯末等，解决了传统燃烧炉原料单一的问题。

2.热值利用率高

设备炉体采用独特结构，热值利用率高达93%，而传统燃煤炉的热值利用率一般在78%~85%，热值利用率显著提高。

3.减轻环境污染

由第三方专业机构对环保指标进行检测，生物质粉末烤房在废气和烟尘排放方面显著优于普通燃煤烤房，更符合环保要求。

4.烘烤成本低

同等条件下，以燃烧煤炭和生物质压块的燃烧炉为对照，对烟叶烘烤成本（不含人工）进行比较，生物质粉末烤房烘烤成本明显低于其他类型的烤房，说明该设备具有较明显的降本效果（表5-3）。

表5-3　不同类型烤房烘烤能耗成本对比表

类型	燃料成本		耗电成本		烘烤成本（元/kg）
	燃料用量（kg/炉）	燃料价格（元/kg）	耗电量（kW·h）	电价［元/（kW·h）］	
生物质压块烤房	1 150	0.78	280	0.5	2.08
普通燃煤烤房	750	1.2	270	0.5	2.07
生物质粉末烤房	1 300	0.4	300	0.5	1.43

注：按照每炉烟烘烤500 kg计算。

5.设备可移动

设备使用废旧冷藏集装箱作房体，烤房容量与普通烤房差异不大，而且可以根据烟叶布局调整进行迁移，改变了传统烤房无法移动的缺点，实现了资源有效调配利用，节约了重复建设成本。

6. 保温性能好

设备配套的集装箱用厚65 mm的"聚氨酯夹芯板"制成,防腐性好,强度高,寿命可达30年,导热系数≤0.020,绝热性能是普通砖混墙体的30倍,保温保湿性能好。

(五)推广应用效果

1. 经济效益显著

一是降低烟农烘烤成本。目前,山东全省共推广应用生物质粉末烤房1 140座,每座生物质粉末烤房比普通燃煤烤房烘烤成本低0.64元/kg干烟。二是企业运行成本明显降低。设备具有可移动的优点,可列入企业或合作社固定资产,当设备报废时每套残值仍可达到1.2万元以上(集装箱价格),显著降低企业生产投入成本。

2. 生态效益明显

一是减少CO_2排放。以烟草秸秆为燃料,每年山东全省烟叶烘烤可减少CO_2排放1.365万t,为国家"双碳"目标实现贡献力量。二是减少病虫害传播。以烟草秸秆为燃料,提高了烟农及时拔除、收集秸秆的主动性,在一定程度上减少了秸秆拔除过晚,土壤养分过度消耗、病虫害传播的风险,生态效益显著。

3. 社会效益显著

一是探索出烟草秸秆资源化利用新路径,解决了烟草秸秆乱存乱放带来的环境污染和火灾隐患问题,符合新农村建设要求。二是有效降低了烟叶烘烤季节烟尘和二氧化硫排放,减轻环保压力。

三、碳晶加热烘烤

碳晶烘烤的热源利用具有远红外热辐射的碳晶电加热板,适当减小叶间隙风速,烤房平面、垂直温差进一步缩小,烟叶受热更加均匀,烟叶失水更趋于平缓,烘烤均质化程度提高,烤后烟叶质量进一步提升。

(一)碳晶电热板工作原理

一是碳晶电热板发热是碳原子在电场作用下做布朗运动,产生剧烈的摩擦和撞击而产生热量,电能和热能转换率达98%以上。二是碳晶电热板产生的热量,主要以远红外热辐射方式对外传递,其中,热辐射占比69%,热对流占比31%。三是远红外辐射到烟叶表面时,一部分透过烟叶,继续往前辐射,传递热量,因此不需要较高风速,烤房内的热量就能分布均匀;另外一部分远红外辐射被烟叶吸收后,引起烟叶内部水分激烈的分子共振，产生热量，促使烟叶内部温度上升，达到烟叶内部水分和表面水分同步散失的目的。四是碳晶电热板是碳粉在高温高压下压缩而成，外面添加了四层还氧树脂，不怕水、不怕踩踏。此外，碳分子之间布朗运动产生热量为无氧运动，同时，碳晶板具有优异的平面制热特性，供热时整个平面同步升温，连续供热，升温速度快、升温性能稳定，具有使用寿命长、制热连续、热平衡效果好等优点。

（二）碳晶电热板加热烤房构造

主体。由废旧集装箱改造而成，集装箱外径长12 m、宽2.3 m、高2.7 m。使用厚度50 mm岩棉板将集装箱分隔成两部分，前端为装烟室，后端为放置自控设备空间，无加热室。其中，前端长度为11.5 m，后端0.5 m。

热源。在集装箱地面、顶层均匀安装碳晶板作为热源，其中，地面32块、顶层22块，碳晶板线路采用四重保护，分别为锡焊、接口封胶、防火层和防水层处理，保证碳晶板工作安全性。

通风排湿系统。循环风机安装在集装箱内部，共4个，其中，底端靠近自控设备安装风机2个，功率分别为550 kW，靠近大门上端安装风机2个，功率分别为250 W，风机总功率为1.6 kW，冷风门在550 W风机左右两侧，烤房内气流总体运动方向为上升式，在装烟室两侧上端分别开设3个排湿口，共6处，采用排湿风机主动排湿，功率为60 W×6个，风机外侧配有百叶窗。

其他。装烟2层，装烟量为普通密集烤房的95%，为方便烟农上烟，解决烤后烟叶掉落影响碳晶板工作效果，在下层碳晶板上端设计镀锌钢网，烟农可直接进行上烟操作，实现了方便便捷。为解决烤房平面温差过大问题，安装3处分风挡板，分别在装烟室距离隔热墙1/4、1/2和3/4处设置分风挡板，第一道挡板高度为18 cm，第二道高度为23 cm，第三道高度为28 cm。

（三）供热效率

碳晶电热板是以碳纤维改性后进行球磨处理制成碳素晶体颗粒，将碳晶颗粒与高分子树脂材料以特殊工艺合成制作的发热材料。在交变电场的作用下，碳晶电热板内部的碳原子之间产生剧烈撞击和摩擦从而产生大量热能，并以远红外热辐射的形式对外传递热量，其电能与热能转换率达98%以上。碳晶电热板在通电十几秒内，表面温度从环境温度迅速升高，并以恒定的温度对外进行加热，3～5 min就可达到设定温度。烤房从室温升至68 ℃约1.2 h，升温稳温性能控制精准，温度稳定性控制在0.3 ℃以内。

主要优势：一是热量传递方式不同。碳晶烤房主要为远红外热辐射传热，湿-热交换过程缓慢，烟叶内部和外部水分同时散失，烤后烟叶结构较柔软，这是碳晶烤房烤后烟叶质量提升的主要影响因素；密集烤房主要为热对流传热，热对流方式导致烟叶表面水分蒸发速度快于内部迁移速度，形成的蒸腾拉力促使"表面硬化"，烤后烟叶结构较僵硬。二是碳晶烤房风机电机功率小，叶间隙风速减小，排湿速度慢，增加了烤后烟叶柔软性；密集烤房是强制通风，叶间隙风速较大，排湿速度较快，烤后烟叶结构较僵硬（表5-4）。

表5-4　碳晶烤房与燃煤烤房烘烤能耗成本对比表

类型	耗煤量（kg/炉）	耗电量（度/炉）	干烟量（kg/炉）	烘烤成本（元/kg干烟）
普通燃煤烤房	750	300	500	2.10
普通碳晶烤房	0	2 550	500	2.55
集装箱碳晶烤房	0	2 350	500	2.35

注：按每千瓦·时电费0.5元，煤成本1 200元/t计算。

（四）应用效果

1. 减少CO_2排放

碳晶加热烘烤技术以电能提供热量，CO_2排放比普通燃煤炉减少60%，实现了烟叶烘烤绿色环保。

2. 烤后烟叶质量提升

烤后烟叶颜色鲜亮、正反面色差缩小，油分增加；经农业农村部烟草产业产品质量监督检验测试中心评价，外观质量方面，油分和色度明显改善；评吸质量方面，香气质和香气量明显改善（表5-5，表5-6）。

表5-5 不同类型烤房烤后中上部烟叶外观质量

等级	处理	颜色(9) 定性	分值	成熟度(9) 定性	分值	身份(9) 定性	分值	结构(9) 定性	分值	油分(9) 定性	分值	色度(9) 定性	分值	柔韧性(9) 定性	分值	光泽度(9) 定性	分值
C3F	T1	橘黄	8.4	成熟	8.5	中等	9	疏松	8.7	有-	6.4	强-	6.2	较柔软	6.5	较鲜亮	6.8
	T2	橘黄	8.6	成熟	8.7	中等	9	疏松	9	有	6.8	强	6.5	较柔软	6.8	较鲜亮	6.7
	T3	橘黄	8.7	成熟	8.7	中等	9	疏松	9	有	6.8	强	6.6	较柔软	7	较鲜亮	6.7
B2F	T1	橘黄	8.8	成熟	8.3	稍厚	7	尚疏松	7.5	有	6.5	强	6.5	较柔软	5	较鲜亮	6
	T2	橘黄	8.8	成熟	8.5	稍厚	7	尚疏松	7.7	有	6.8	强	6.5	较柔软	5.5	较鲜亮	6
	T3	橘黄	8.8	成熟	8.5	稍厚	7	尚疏松	7.8	有	6.8	强	6.5	较柔软	5.5	较鲜亮	6

注：T1为普通燃煤烤房，T2为普通碳晶烤房，T3为集装箱碳晶烤房。

表5-6 不同类型烤房烤后中上部烟叶评吸质量

等级	样品	香型	劲头	浓度	香气质(15)	香气量(20)	余味(25)	杂气(18)	刺激性(12)	燃烧性(5)	灰色(5)	得分(100)	质量档次
C3F	T1	中偏浓	适中	中等	11.12	15.47	19.00	13.33	8.63	3.00	3.00	73.6	中等+
	T2	中偏浓	适中+	中等+	10.92	16.03	19.00	12.75	8.58	3.00	3.00	73.3	中等+
	T3	中偏浓	适中+	中等+	11.08	15.92	19.25	13.00	8.67	3.00	3.00	73.9	中等+
B2F	T1	中偏浓	适中+	中等+	10.75	15.58	18.33	12.42	8.25	3.00	3.00	71.3	中等
	T2	中偏浓	适中+	中等+	10.83	15.83	18.50	12.50	8.42	3.00	3.00	72.1	中等
	T3	中偏浓	适中+	中等+	11.00	15.92	18.92	12.92	8.58	3.00	3.00	73.3	中等+

注：T1为普通燃煤烤房，T2为普通碳晶烤房，T3为集装箱碳晶烤房。

四、空气能热泵加热烘烤

（一）工作原理

热泵是利用逆卡诺原理，吸收外界空气中大量的低温热能，通过压缩机的压缩和冷媒的物态变化变为高温热能，加热烤房内空气，从而满足烟叶烘烤对热量的需求。空气能热泵烟叶烘烤设备属于高温热泵机组，整个系统分为冷媒回路和空气回路，空气与高温高压的制冷剂在冷凝器进行热交换，被加热的空气经送风口进入烤房与烟叶进行热湿交换，将烟叶内的水分汽化蒸发，完成热湿交换的热湿空气受控制器控制或被排出烤房经蒸发器进行热回收，或再次经冷凝器加热送入烤房。其主要特点是：环保节能、提质增效、减工降本、操作简便（图5-3）。

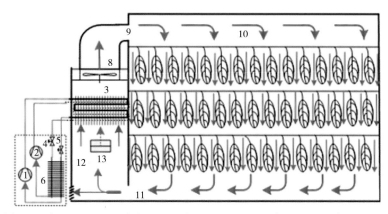

1、2.压缩机；3.冷凝器；4、5.膨胀阀；6.蒸发器；7.循环风机；8.热风进风口；9.装烟室；10.回风口；11.空气处理室；12.新风口。

图5-3　热泵设备工作原理

（二）设备参数

1.热泵主机

由两套热泵制热系统组成，满足烟叶烘烤不同阶段的热量需求。外壳使用206或304不锈钢板，主机组与风道内部换热器两端的铜管连接采用焊接方式。

2.压缩机

采用涡旋式压缩机，频率50 Hz；电源电压分别为380 V、50 Hz；冷媒为R134a（CH_2FCF_3），不得采用混合冷媒，最高排气温度大于85 ℃。冷媒采用电子膨胀阀调节方式，制冷管路采用无氧紫铜管。

3. 冷凝器

采用铜管及铝箔端板热镀锌板，翅片铝箔应符合QB/HZ11—02规定，铜管应符合QB/HZ11—04规定。

4. 蒸发器

采用铜管及铝箔端板热镀锌板，翅片铝箔应符合QB/HZ11—02规定，铜管应符合QB/HZ11—04规定。

5. 干燥过滤器

具有高除水性，有效防止POE油变质，滤芯为≥25%的活性氧化铝和≥75%的分子筛，满足《电冰箱分子筛过滤器》（GB/T 23135—2008）的要求。

（三）供热效率

1. 技术指标

标称制热量≥40 kW，额定输入功率≥10 kW，制热能效比（COP）≥3.2，最高排气压力3.0 MPa，最高吸气压力0.7 MPa，正常工作环境温度5～43 ℃，在整个调制周期内，压缩机排气管的管壁温度应≤150 ℃。

2. 制热能力

热泵的制热效率取决于热泵运行环境中有无充足的低品位热源，以及在低品位热源中获取热能的能力。由热力学第一定律推出热泵的制热能力$QR=Q_0+AL$。式中，QR为热泵的制热量；Q_0为热泵的制冷量；AL为热泵耗功（电力消耗）。

（四）应用效果

1. 减工降本

热泵烤房采用电能供热，实行自动控温控湿，从室温升到68 ℃时间为1.5 h，稳温精准度控制在0.3 ℃以内，与燃煤烤房相比，减少了人工加煤环节，降低劳动力成本，烘烤成本较普通燃煤烤房降低216元/炉。

2. 提质增效

热泵烤房较常规烤房更能实现温度的精准控制，干球温度控制在±0.5 ℃，湿球温度控制在±0.3 ℃范围内，更加精准地执行了"8点式精准密集烘烤工艺"，由于烤房内升温、稳温性能较好，温度均衡，上下棚温差较小，可有效避免挂灰、洇筋、洇片等烤坏烟现象。烤后烟叶叶面叶背色度均匀一致，烟叶颜色均匀度好，能够有效改善烟叶的外观质量，减少了烤坏烟的比率。对比传统烤房，热泵烤房烤后烟叶内在质量单项指标及化学成分协调性均高于传统燃煤烤房，有效提高了烟叶的油分、香气质及香气量（表5-7）。

表5-7 不同烤房烤后烟叶感官评吸质量

处理	部位	香型	劲头	浓度	香气质（15）	香气量（20）	余味（25）	杂气（18）	刺激性（12）	燃烧性（5）	灰色（5）	得分（100）	质量档次
热泵烤房	中	中间	适中+	中等+	10.9	15.8	19.0	12.5	8.5	3.0	3.0	72.7	中等+
	上	中间	适中+	中等+	10.7	15.5	18.6	12.3	8.2	3.0	3.1	71.4	中等
普通烤房	中	中间	适中+	中等+	10.5	15.4	18.4	12.2	8.4	3.0	3.1	71.0	中等
	上	中间	适中	中等+	10.4	15.4	18.3	12.1	8.3	3.0	3.0	70.5	中等

3. 节能环保

研究表明，热泵烤房代替燃煤烤房，每座烤房 CO_2 减排8 547 kg、SO_2 减排257.25 kg、NO_X 减排128.59 kg、粉尘减排2 331 kg。

第六章　精准采烤

采收烘烤是烟叶生产的关键环节，对烟叶质量和烟农收益有着直接和决定性的影响。山东烟区始终将采收烘烤作为烟叶基础工作的重中之重，作为推进烟叶高质量发展的一项重点工作来抓。近年来，山东持续加强烟叶烘烤设施设备创新升级，加大烟叶成熟采收技术和8点式精准烘烤工艺推广应用，有力推动了烟叶采收烘烤水平的提升，促进了烟叶提质增效、减工降本、烟农增收。

第一节　成熟采收

成熟度是烟叶质量的基础和最重要的品质因素，田间生长的烟叶必须在达到真正成熟状态后才能进行采收。山东烟区立足实际，积极探索、不断创新，制定了《烟叶成熟度管理办法》，修订完善了《烟叶成熟采收技术规程》，推广实施了烟叶采烤分收一体化管理模式，加强了烟叶成熟采收管理，从而可确保在烟田养熟的前提下，落实烟叶采熟技术措施，提高烟叶质量。

一、成熟采收标准

烟叶成熟度是指烟叶在田间生长发育和干物质积累、转化到适于烘烤的变化程度，是成熟的量度，即烟叶的成熟程度。在生产中鲜烟叶的成熟度称为田间成熟度，是鲜烟叶外观形态特征所反映的适宜烘烤的成熟程度。

（一）成熟度档次划分

根据山东烟叶在田间的生长发育状态和烤后的质量特点，烟叶采收成熟度可划分为欠熟、尚熟、成熟、过熟等档次（图6-1）。

| 欠熟 | 尚熟 | 成熟 | 过熟 |

图6-1　中部烟叶成熟度划分

（二）成熟采收标准

（1）下部叶采收以叶龄为主，移栽后60～70 d，结合叶色采收。叶色黄绿，以绿为主，稍有变黄，主脉1/2以上变白。叶绿素测定仪SPAD值为20～24。

（2）中部叶成熟采收时，叶色黄绿明显，以黄为主，带绿，主脉2/3以上变白。叶绿素测定仪SPAD值为19～22。

（3）上部叶在达到正常成熟标准后，再延长5 d，当顶部可采收叶片叶面落黄达到九至十成，叶面皱缩，黄色成熟斑明显，主脉变白发亮，支脉全部变白，充分成熟时采收。叶绿素测定仪SPAD值为15～18。

（三）采收原则

生长整齐、成熟一致的烟株，每次每株采2～3片叶。为使采收的烟叶成熟度基本一致，依据"多熟多采，少熟少采"的原则，做到熟一片采一片，生不采、熟不丢。生长不整齐的烟田，更应注意选择成熟叶进行采收。一般是下部叶适熟早采，中部叶成熟采收，上部6片叶充分成熟一次性采收。

二、成熟采收管控措施

为确保成熟采收技术标准落实落地，创新方式方法，通过制作标样、先批后采、鲜烟分类、稀编密挂、停炉养烟等管控措施，确保烟叶成熟采收技术落实到位，提高烟叶成熟采收质量，为提升烟叶烘烤质量打好基础。

（一）制作标样

采收前，技术人员根据不同品种、不同部位烟叶成熟采收标准，现场制作采收标样，分为欠熟、成熟和过熟3种类型。召开田间现场会、培训班，统一采收眼光和标准。创新研发了比色卡、比色手环等成熟采收辅助工具，并配套便携式叶绿素仪，通过直观展示和精准判断烟叶成熟情况，提高烟叶成熟采收的准确性。

（二）先批后采

把采收通知单作为鲜烟采收编烟和装炉烘烤的依据。采收前烘烤师查看现场，向烟农出具采收通知单。烟农持采收通知单到烘烤工厂进行编烟、烘烤等工序。实行烘烤时间节点倒逼，8月10日前采完第三炉烟，秋分前全面完成采收，通过控制采烤进度，倒逼各项生产技术和管理措施的落实，切实解决烟叶采收过晚的问题。

（三）鲜烟分类

推广两轮采收、编烟差异化付费方式以及专人分类等做法，促进鲜烟分类措施落实。实行"两轮采收"法，落实田间分类，第一轮先采病残叶、过熟烟叶，并将无烘烤价值的烟叶清理掉，第二轮采收正常成熟烟叶。实行编烟差异化付费方式，对尚熟、过熟叶进行单独绑杆，加价计费，绑杆价格较正常成熟烟叶高0.2～0.3元，促进鲜烟分类有效落实。

（四）稀编密挂

采取限量编烟、定距挂杆、限定编烟绳长度等措施，严格控制单杆编烟数量、烤房挂烟密度，确保稀编密挂落实到位，解决烘烤时烤房风速过快、香气物质流失的问题，提高烘烤成熟度和烟叶质量。

编（夹）烟数量。每杆编鲜烟重量，下部叶7～9 kg，中部叶9～11 kg，上部叶11～12 kg。编烟时每束2片，叶背相靠，叶基对齐（叶柄露出6～7 cm），均匀分布，烟杆两端空出5～8 cm，编扣牢固不掉叶。使用常规烟夹（长132 cm，针长8 cm的梳式烟夹）时，下部叶每夹夹烟量9～11 kg，中部叶每夹夹烟量12～13 kg，上部叶每夹夹烟量13～14 kg，同一炉次每夹夹持重量基本相同。夹烟时，烟叶排放密度均匀，叶基部对齐紧靠操作台挡板，梳针距叶基部10 cm左右垂直插下，固定牢固。

装烟数量。使用烟杆装烟时，同层相邻两个烟杆之间中心距离10～15 cm，含水量多或阴雨时杆距12～15 cm，含水量少或天气干旱时杆距10～12 cm；杆距均匀一致，三层的密集烤房装烟不低于360杆/座，四层的密集烤房装烟不低于480杆/座。使用烟夹装烟时，同层相邻烟夹间距3～5 cm，三层的密集烤房装烟不低于330夹/座，四层的密集烤房装烟不低于440夹/座。

管控措施。通过限定编烟绳长度，制作鲜烟叶纯棉包装袋（规格80 cm×60 cm），每袋鲜烟叶编一杆烟，控制每杆的编烟数量。在烤房挂烟架上设置限位卡，限定杆（夹）距，保证挂烟密、满、匀。实行"S"形活扣编烟法，采取两工位编烟，提高编烟、解烟工作效率，减少非烟物质。统一制作可移动编烟支撑架，在地面铺设保护膜（如帆布），避免编烟时烟叶与地面摩擦造成机械损伤。设置可移动晾烟架或固定晾烟区，对编好的烟叶进行挂晾，实现密挂。

（五）停炉养烟

推行4~5次采烤，下部叶采烤结束后，停炉7 d左右采烤中部叶。中部叶采烤结束后，待上部叶充分成熟一次性采收，根据气温和烟叶营养状况等，在上部烟叶正常成熟基础上，再延长5 d采收，分炉烘烤。停炉期间采取烤房上锁、贴停炉封条等措施，确保烟叶达到成熟标准后再采收装炉。

第二节　8点式精准烘烤工艺

2008年开始立项进行密集烘烤技术优化研究，创制了烤烟8点式精准烘烤工艺，阐明了烟叶烘烤过程关键致香物质变化的"五香"规律，优化配套品种烘烤工艺。经过多年的推广应用，显著提升了山东烟叶质量，提升了烘烤技术水平，取得了良好的经济效益和社会效益。

一、8点式精准烘烤工艺的"五香"机理

（一）致香前体物质变化规律

1. 质体色素

烟叶质体色素含量在烘烤过程中均呈整体下降趋势，其中叶绿素降解主要发生在40 ℃，至40 ℃已降解70%以上，烘烤结束时降解80%以上。类胡萝卜素降解量在42 ℃时达到最高，之后下降，45 ℃降至最低，此后升高，烘烤结束时恢复至42 ℃水平。

2. 多酚类物质

绿原酸含量自烘烤开始至47 ℃稳温结束含量缓慢上升，47~54 ℃略有下降后，至烘烤结束前快速上升。芸香苷含量表现出双峰特征，在40 ℃和47 ℃有两个峰值，烘烤结束时，烤后烟叶芸香苷含量与鲜烟叶相差不大。新绿原酸含量在40 ℃前呈上升趋

势，40℃后逐渐下降，至47℃后再次上升，54℃后再次下降。咖啡酸含量和新绿原酸表现出相同的变化趋势。莨菪亭含量先升后降，47℃达到最大值，烘烤结束时明显高于其鲜烟叶含量。

（二）相关生理指标的变化

1. 水分含量

在整个烘烤过程中烟叶含水量均不断下降，且失水速率最快阶段为40~42℃阶段，47~54℃失水较为缓慢，54℃至烘烤结束失水速率提高，烘烤结束时失水量达到90%以上。

2. 还原糖、总糖和淀粉含量

开始烘烤后，还原糖含量急剧上升，40℃稳温结束前为其主要上升阶段，40℃后虽略有变化，但整体变化不大，烘烤结束时含量远高于鲜烟叶。烘烤开始至40℃前，总糖含量急剧上升，之后略有下降，烘烤结束时含量远高于鲜叶。烘烤开始至40℃稳温结束，淀粉急剧降解，含量降至10%以下，烘烤结束时降至5%左右。

3. 致香前体物相关降解酶活性

在整个烘烤过程中，叶绿素酶活性整体呈先升后降趋势，烘烤前期叶绿素酶活性快速升高，在45℃时达到最大，之后急剧下降。叶绿素酶活性上升最快在42~45℃，且在定色前期（42~47℃）均保持较高活性。在烘烤过程中，烟叶脱镁螯合酶活性较为稳定，在42~47℃小幅上升，之后下降，50℃之后再次上升，至54℃升至最高，烘烤结束时达到鲜烟叶水平。在整个烘烤过程中，脂氧合酶（LOX）活性均呈不断下降的趋势。烘烤结束时酶活性均较低。

烘烤开始至38℃稳温结束，PPO活性急剧上升，38~45℃阶段，其PPO活性变化不大，45℃后继续上升，至50℃达到最大值，之后开始急速下降，烘烤结束时达到38℃水平。

（三）致香物质生成规律研究

1. 叶绿素降解产物

从鲜烟叶至烘烤结束，叶绿素降解产物含量的变化趋势是"先升后降"，45℃前逐步上升，至45℃达最大值，45℃后逐步下降，烘烤结束时含量降至最低。新植二烯含量和叶绿素降解产物表现出相同的趋势。而叶绿醇含量整体上呈明显下降趋势，47℃后略有回升，至烘烤结束时含量已远低于烘烤前水平。

2. 类胡萝卜素降解产物

烘烤过程中烟叶中类胡萝卜素降解产物总量呈逐渐上升趋势。β-大马酮和巨豆三烯酮含量较高。β-大马酮含量呈"先升后降"变化，峰值出现在45 ℃，烘烤结束时含量与鲜烟叶中差异不大。巨豆三烯酮整体上都呈上升态势，烤后含量达到最高。除氧化沉香醇-1外，类胡萝卜素降解产生的其他致香物质烘烤过程中变化不是很大，但大多都在45 ~ 47 ℃达到最大值，在47 ~ 54 ℃有所下降，54 ℃后又有所回升，且多数烘烤后比烘烤前含量略有增加。

3. 西柏烷类香气物质

随着烘烤的进行，烟叶中西柏烷类致香物质含量明显增加，47 ~ 54 ℃前逐步上升，54 ℃后急剧上升，烘烤结束时这类物质含量达到最大。其中茄酮所占比例最高，且其变化趋势与总量的变化趋势基本一致。含量较低的降茄二酮含量变化总体是下降的，烤后含量低于鲜烟叶；而3-羟基-2-丁酮含量变化趋势是"先升后降"，47 ℃前逐步增加，47 ℃时有1个高峰，之后又逐步下降，至烘烤结束时含量高于鲜烟叶水平。

4. 美拉德反应产物

烟叶烘烤过程是美拉德反应产物含量急剧增加的过程，其中部分致香成分含量在烘烤结束前略有下降。美拉德反应产物中，含量最高的是糠醛，其次是糠醇和吡啶。其中糠醛含量整体呈上升趋势，烘烤结束时，糠醇含量较烘烤前增加，而吡啶含量较鲜烟叶有所下降，其余产物在烘烤过程中整体上呈上升趋势，且烘烤结束后含量明显高于烘烤前。

5. 苯丙氨酸类降解产物

苯丙氨酸类降解产物致香物质烘烤过程的变化趋势呈倒"V"形，先升后降，峰值在45 ℃，且烘烤结束时含量低于烘烤前。这类致香成分中占绝对量的是苯甲醇，其他含量比较高的是苯乙醇和4-乙烯基愈创木酚，含量比较低的有邻苯二甲酸二丁酯、苯甲醛和苯乙酮等。苯甲醇的变化趋势与致香物质总量的变化趋势相同；苯乙醇整体含量也呈先升后降趋势，峰值出现在45 ℃，烘烤结束时含量最低，但烘烤前后整体变化较小；4-乙烯基愈创木酚含量烘烤过程中有升有降，总体呈明显增加趋势。

6. 其他类致香物质

烟叶密集烘烤过程中，其他类致香物质含量总体变化呈现出"上升—下降—上升—下降"的趋势，最大值出现在45 ℃，烘烤后较烘烤前含量稍有降低。其他类致香物质中含量较高的是异戊醇，其次是戊醇。烘烤过程中异戊醇的变化与总量的变化一致，戊醇的变化趋势也相似，但相对来说烘烤前后变化较小。其余致香成分如棕榈酸甲酯、

γ-丁内酯等变化差异虽然较大，其总体呈升高趋势，烤后烟叶中含量高于鲜烟叶。

二、8点式精准烘烤工艺参数

（一）工艺参数

在专题研究基础上，创制了8点式精准烘烤工艺，包括8个关键温度点：38 ℃、40 ℃、42 ℃、45 ℃、47 ℃、50 ℃、54 ℃、68 ℃。每个温度点均有对应的湿球温度、升温时间、稳温时间、风速参数、烟叶变化目标等（图6-2）。

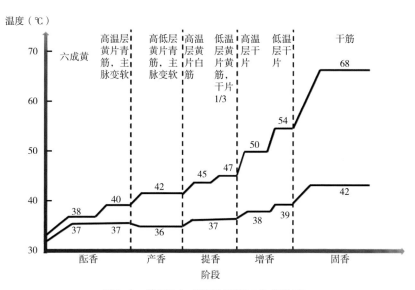

图6-2　烤烟8点式精准烘烤工艺参数图

（二）工艺特点

8点式精准烘烤工艺具有精准化、能自控和易操作的特点。

精准化：将干球温度固定为8个关键温度点，每个干球温度点对应固定的湿球温度、烘烤时间和明确的烟叶变化目标，实现烟叶精准烘烤。

能自控：按照温度与湿度参数、推荐时间在自控仪上进行设定，基本可以实现自控烘烤，尤其是对于不懂烘烤的新烟农来说，可以确保烟叶烘烤质量。

易操作：明确了不同温度点稳温时间、对应的观察层及烟叶变化目标，达到目标要求即可升温，达不到仍稳温。

（三）不同品种的8点式精准烘烤工艺

根据NC55、NC102、中烟203和鲁烟1号的烘烤特性，优化各品种配套的8点式精准烘烤工艺，针对各品种的8点式工艺可以明显提高烟叶烘烤质量，烤后烟叶的颜色、油分、色度等得到改善和提高；橘黄烟比例、上等烟比例和均价等明显提高；烤后烟叶香气增加，感官质量改善（表6-1，表6-2）。

表6-1 NC55品种8点式精准烘烤工艺

干球温度（℃）	湿球温度（℃）	升温时间（h）	稳温参考时间（h）			烟叶变化目标
			下部	中部	上部	
38	37~38	5	8~10	10~12	10~12	叶尖变黄
40	38	4	18~20	20	24	变黄七至八成，叶片发软
42	36~37	4	8	10	12	黄片青筋，主脉发软
45	36~38	4	10	12	12	青筋变白，勾尖
47	36~38	4	8	10	12	黄片黄筋，小卷筒
50	38	4	6	6	6	接近大卷筒
54	39	4	6	8	10	大卷筒
68	42	7	24	24	24	全炉烟筋全干

表6-2 NC102、中烟203、鲁烟1号品种8点式精准烘烤工艺

干球温度（℃）	湿球温度（℃）			稳温时间（h）			升温速率
	NC102	中烟203	鲁烟1号	NC102	中烟203	鲁烟1号	
38	37~38	37~38	37~38	8~12	8~12	8~12	5 h升至38℃
40	38	38	38	24	20~24	24	0.5℃/h
42	38	37~38	36~37	24	20~24	30	0.5℃/h
45	38	37~38	35~37	12~15	12~15	15	0.5℃/h
47	38	37~38	35~37	15	12~15	15	0.5℃/h
50	38	38	37~38	10~12	8~10	12~15	1℃/h
54	39	39	38~39	10~12	8~10	12~15	1℃/h
68	41~42	41~42	40~42	24	24	24	1℃/h

三、8点式精准烘烤工艺配套技术

（一）烤房装烟布局

1.烤房装烟布局试验设计

烘烤过程中密集烤房提供的热气流与烟叶本身的水分相互作用在烤房内形成一个微环境，为烟叶内部生物化学反应、形成特定的外观及内在品质提供适宜条件。烘烤过程中烤房内各区域间同一时间点的温度与湿度普遍存在差异，主要反映在不同区域中调制的升温稳温方式的差异、排湿速率的差异以及不同烘烤工艺温度段所经历时间长短的差异等方面。烤房内温度与湿度通过影响烟叶的酶活性，影响烤后烟叶化学成分的协调性，最终会使各区域烟叶的吸食品质有明显差异。

烘烤过程中甚至烤房空载运转时，装烟室内垂直及水平方向温湿度（以干湿球温度表征）往往存在3~5℃的差值，并且这种差异会随烘烤阶段的不同而发生改变，每年都有大量的鲜烟叶因此烤青、烤杂，给烟农造成较大损失。

除密集烤房本身的特性以外，不同的编装烟方式对烤房内温度与湿度场的均匀性影响也极大，为此山东烟区结合烤烟生产实际，研究了常规烟杆不同编挂方式对烤房内温度与湿度场及烟叶质量的影响，主要设置了2个处理。B1：每杆编烟约120片叶，相邻两杆的中心距10~15 cm，简称"稀编密挂"；B2：每杆编烟160~180片叶，相邻两杆的中心距18~20 cm，简称"密编稀挂"。

2. 不同编装烟方式烤房内温度场

测定了烘烤过程中烤房不同层次、位置的温度，并进行了平面及垂直温度差异分析，分析结果见表6-3。编装烟方式对烤房内温度场有明显影响，"密编稀挂"方式烘烤过程中平面和垂直温差明显大于"稀编密挂"处理。内循环未排湿时，两种编装烟方式间的平面和垂直温差相对较小，但随着叶片失水排湿，温差逐渐拉大。"密编稀挂"方式平面和垂直温差最大分别达到2.31℃和7.07℃，而"稀编密挂"处理烤房平面和垂直温差最大则分别为0.96℃和2.95℃。因此，"密编稀挂"装烟方式，烤房内平面和垂直温差比较大，"稀编密挂"装烟方式烤房内温度场比较均匀。

表6-3　不同编装烟方式对烤房内温度场的影响　　　　　　　单位：℃

项目	平面温差				垂直温差	
	高温层		低温层		稀编密挂	密编稀挂
	稀编密挂	密编稀挂	稀编密挂	密编稀挂		
内循环	0.35	0.54	0.27	0.18	1.71	1.47

（续表）

项目	平面温差				垂直温差	
	高温层		低温层		稀编密挂	密编稀挂
	稀编密挂	密编稀挂	稀编密挂	密编稀挂		
小排湿	0.24	0.56	0.55	0.69	2.15	1.39
大排湿	0.45	0.52	0.54	0.80	2.25	3.53
干片期	0.96	0.99	0.36	1.23	2.95	5.70
干筋期	0.56	1.50	0.24	2.31	1.17	7.07

3. 烟叶主要化学成分

由表6-4可以看出，"密编稀挂"处理烤后烟叶还原糖、总糖含量偏低，施木克值偏小。从化学成分的协调性综合分析，"稀编密挂"处理烤后烟叶内在化学成分含量较适宜，协调性较好。

表6-4 不同编装烟方式对烟叶主要化学成分的影响

处理	还原糖（%）	总糖（%）	总植物碱（%）	总氮（%）	蛋白质（%）	两糖比	糖碱比	氮碱比	施木克值
稀编密挂	19.3	22.9	2.54	2.56	7.43	0.84	7.60	1.01	3.08
密编稀挂	15.3	16.1	2.89	2.90	6.99	0.95	5.29	1.00	2.30

4. 烟叶感官评吸质量

不同处理对烤后烟叶感官质量有明显影响，"稀编密挂"处理评吸得分为73.0分，比"密编稀挂"处理高出2分，感官质量各项指标也明显好于"密编稀挂"处理，香气质较好，香气量更足，余味更舒适，杂气、刺激性更小（表6-5）。

表6-5 不同编装烟方式对烟叶感官评吸质量的影响

处理	香气质（15）	香气量（20）	余味（25）	杂气（18）	刺激性（12）	燃烧性（5）	灰色（5）	得分（100）	质量档次
稀编密挂	10.83	15.67	19.00	12.83	8.83	3.00	2.83	73.0	中等
密编稀挂	10.33	15.50	18.33	12.33	8.67	3.00	2.83	71.0	中等

（二）风机转速控制

循环风机作为密集烤房核心部件，具有强制通风、加热和排湿的功能，烘烤各阶段风机转速对烤后烟叶的外观质量、内在品质和感官评吸质量均有显著影响。生产上普遍采用4/6极变极调速三相电机来控制循环风机转速，需要根据烟叶变化状态进行调速。

风机阶梯变速（FS1）即变黄前期（干球38 ℃）低速运转（960 r/min），40～46 ℃风机高速运转（1 440 r/min），50 ℃以后风机低速运转（960 r/min）。风机全程高速（CK）即变黄前期（干球38 ℃）低速运转（960 r/min），之后烘烤全过程风机高速运转（1 440 r/min）。

阶梯变速（FS1）烟叶失水速度略慢于全程高速，比风机全程高速烟叶外观质量理想，表现为叶片结构趋于疏松，油分增加（表6-6）。

表6-6　不同风速处理烟叶外观质量

处理	成熟度		颜色		色度		油分		叶片结构		身份	
	定性	定量	定性	定量	定性	定量	定性	定量	定性	定量	定性	定量
CK	成熟	7.2	橘黄	7.3	中	6.0	有	6.0	疏松-	6.3	适中	7.0
FS1	成熟	7.5	橘黄	7.5	中	6.5	有	6.5	疏松	6.7	适中	7.0

四、8点式精准烘烤工艺的应用效益

（一）8点式精准烘烤工艺烘烤效果

1. 烟叶外观质量

对不同烘烤工艺对比试验的下部、中部和上部3个部位烤后烟叶按《烤烟》（GB 2635—1992）进行分级，统计橘黄烟比例和上等烟比例。8点式工艺可以明显提高3个部位烟叶的橘黄烟比例，减少微带青烟比例，显著提高上等烟比例（表6-7）。

表6-7　不同烘烤工艺烟叶组别比例

部位	处理	橘黄烟比例（%）	上等烟比例（%）
下部	8点式工艺	60.85	10.00
	常规烘烤工艺	35.19	0.00
中部	8点式工艺	86.35	69.00
	常规烘烤工艺	66.55	49.86

（续表）

部位	处理	橘黄烟比例（%）	上等烟比例（%）
上部	8点式工艺	87.52	74.43
	常规烘烤工艺	44.82	26.51

2. 烟叶化学成分

8点式工艺烤后烟叶主要化学成分含量及比例比常规烘烤工艺更适宜和协调，多酚含量高于常规烘烤工艺。从化学成分含量和协调性综合分析，8点式烘烤工艺烤后烟叶化学成分协调性明显好于常规烘烤工艺（表6-8，表6-9）。

表6-8 不同烘烤工艺烟叶主要化学成分

部位	处理	还原糖（%）	总糖（%）	总植物碱（%）	总氮（%）	淀粉（%）	两糖比	糖碱比	氮碱比	施木克值
下部	8点式工艺	20.60	21.91	1.92	2.64	1.38	0.94	10.73	1.38	3.38
	常规工艺	19.00	20.65	1.72	2.43	0.69	0.92	11.05	1.41	3.46
中部	8点式工艺	24.10	25.64	2.36	2.70	1.31	0.94	10.21	1.14	4.29
	常规工艺	25.60	26.39	2.42	2.74	1.22	0.97	10.58	1.13	4.37
上部	8点式工艺	19.80	22.25	3.85	2.67	1.28	0.89	5.14	0.69	3.98
	常规工艺	18.60	21.88	3.80	2.72	1.38	0.85	4.89	0.72	3.77

表6-9 不同烘烤工艺烟叶多酚含量 单位：mg/g

部位	处理	新绿原酸	绿原酸	隐绿原酸	莨菪亭	芸香苷	合计
下部	8点式工艺	1.95	7.39	2.25	0.398	4.81	16.80
	常规工艺	1.49	5.15	1.63	0.410	3.24	11.92
中部	8点式工艺	1.46	6.43	1.90	0.430	5.32	15.54
	常规工艺	1.49	6.19	1.78	0.442	4.45	14.35
上部	8点式工艺	1.30	6.91	1.54	0.324	7.50	17.57
	常规工艺	1.25	6.63	1.48	0.300	6.35	16.01

3. 烟叶感官评吸质量

8点式工艺处理不同部位烟叶感官质量均明显好于常规烘烤工艺，下、中和上部烟叶评吸得分分别提高4.8分、4.9分和1.5分，整体感官评吸质量得到改善，主要体现在香气质变好，香气量更加充足，余味更加舒适，杂气、刺激性减少（表6-10）。

表6-10　不同烘烤工艺烟叶感官评吸质量

部位	处理	香气质（15）	香气量（20）	余味（25）	杂气（18）	刺激性（12）	燃烧性（5）	灰色（5）	得分（100）
下部	8点式工艺	10.83	15.67	18.67	12.83	8.50	3.00	3.00	72.5
	常规工艺	9.67	15.17	16.83	11.50	8.50	3.00	3.00	67.7
中部	8点式工艺	11.00	15.83	19.00	13.17	8.67	3.00	3.00	73.7
	常规工艺	10.00	15.33	17.50	12.00	8.33	3.00	2.67	68.8
上部	8点式工艺	10.86	15.86	18.64	12.21	8.43	3.29	2.86	72.1
	常规工艺	10.50	15.64	18.07	11.93	8.29	3.29	2.86	70.6

（二）应用效果

2011—2021年，8点式工艺在山东烟区累积推广285.30万亩，其中临沂烟区120.64万亩，潍坊烟区104.97万亩，日照烟区38.09万亩，莱芜烟区8.99万亩，淄博烟区6.06万亩，青岛烟区6.55万亩。

五、保障措施

（一）烤前检查

为确保烘烤工艺措施落实，烘烤前及时组织对烤房设施设备进行排查，掌握设施运行情况，及时指导烟农进行维修养护，确保烤房设备正常运行，避免因烤房设备原因导致烘烤出现问题。根据摸底排查情况，依托合作社，成立烤房维修专业队，统一采购物资、统一维修标准、统一服务价格，重点对烤房漏雨、自控仪电子器件老化、烟囱及烤房门窗损坏等问题进行检修保养，确保烘烤工作有序进行。

（二）队伍保障

加强烘烤管理队伍建设，市级公司配备1名烘烤总监，县级公司配备1～2名烘烤主监，烟站配备至少1名烘烤主管，培养一支懂管理、技能水平高的烟叶采烤管理队伍，全程负责烟叶采收烘烤工作。采取"师带徒"形式，开展烘烤人才传帮带，培养了一批懂技术、会烘烤、能指导的烘烤技术骨干。加强烘烤师队伍建设，采取烟农推荐、烟草培训考核、合作社择优聘用方式，山东全省选聘农民职业烘烤师1 628人。

（三）实操培训

每年举办省、市、县三级烘烤实操培训班，采取理论与实践相结合的方式，通过现场实操培训和技能比武等形式，对烘烤技术人员、烘烤师和烟农进行培训，提升烘烤队伍理论水平与实操能力。制订培训计划，邀请专家分片区对烘烤师、烟农开展烘烤培训。

（四）督导服务

市、县两级公司烘烤管理人员开展巡回督导，重点把控变黄后期及定色期时间及湿度，确保在关键烘烤阶段烟叶变黄与失水协调。强化工艺设定权限监管，烟站烘烤主管、烘烤师和烟农共同设定烟叶烘烤曲线，明确烟站烘烤主管调整工艺权限，确保烘烤工艺灵活有效调控，提高烘烤质量。利用微信群实现对烟农的实时指导，将烘烤技术人员电话张贴到每座烤房，发现问题及时联系，采用电话或视频的方式解决，解决不了的，第一时间赶往现场解决。每村选择2～3户生产管理水平高、技术接受能力强的烟农作为技术示范户，由烘烤师专门指导，作为片区烟叶成熟采烤示范户，发挥示范带动作用。

（五）制度保障

建立《烟叶成熟度管理办法》《烟叶成熟采收技术规程》《烟叶精准密集烘烤技术规程》等规程，明确采收烘烤技术标准及管理措施，确保采收烘烤工作标准统一、落实到位。推广实施《烟叶专业化采烤分管理规范》，坚持专业服务、以质计酬、收购引导的工作原则，创新队伍组建、分类管理、评估考核、薪酬兑现模式，优化专业化"采烤分"工作流程，统一操作要求、技术标准和管控措施。实行采烤网格化管理，以10座烤房、200亩烟田为一个烘烤网格，每个烘烤网格由一个烘烤师负责主导，明确采烤责任主体，加强采烤服务指导，确保各项采烤技术措施落实到位。

第三节　烘烤设施创新

减工、降本、提质、增效是发展现代烟草农业的要求，烟叶采收烘烤环节是烟叶生产用工最集中、用工量最多、劳动强度最大的环节，机械化程度不高，采烤设备急需创新改进。山东对烘烤设备进行研究、创新，推广了箱式烘烤、烟夹、循环风机变频器、烟叶烘烤精准管控系统等，提高了烟叶采烤机械化、精准化程度，实现了烟叶采烤环节减工降本、提质增效。

一、箱式烘烤

目前，美国、加拿大等国家普遍使用箱式烘烤，有效减少了烟叶烘烤人工投入、提高了烤后烟叶质量，代表着现代烟草农业机械化、专业化烘烤的发展方向。山东烟区从2011年开始，借鉴美国等先进产烟国的经验，结合山东本省烟叶生产实际，开展了烟叶箱式烘烤研究，从烘烤技术、设施设备等方面进行完善与创新，降低了烟农劳动强度，促进采烤环节减工降本、提质增效，进一步提升了现代烟草农业发展水平。

（一）基本结构

装烟室长8 m、宽2.7 m、高2.9 m，配套烟箱10个，满足鲜烟装烟量5 000 kg以上；加热室气流运动方式采用上升式，长1.4 m、宽1.4 m、高3 m；烟箱规格为长2.6 m、宽0.78 m、高1.7 m，底部安装直径为120 mm的尼龙定向脚轮，宽度50 mm。每个烟箱配备75根"L"形插杆钢针，钢针制作成"7"字形，使用时从正面C型梁开孔水平插入；循环风机采用8号、5.5 kW的双速循环风机；在距离装烟室地面高度0.4 m处安装分风板，分风板由长2.7 m、宽0.2 m、厚度1.5 mm镀锌板排列而成，上面密布直径16 mm分风孔，分风孔面积占分风板总面积的25%，起到增加风压和均匀分风的作用；在分风板靠墙两侧安装导轨，导轨用槽钢制作，规格为长8 m、宽0.1 m、厚4 mm，槽钢靠近门口处呈喇叭口状，方便烟箱行走轮进出烤房。

（二）配套设备

配备全自动烟叶采收机，一次采收2行，作业效率50亩/d；为提高装烟环节工作效率，降低用工成本，配备鲜烟叶传送机实施装箱作业；为便于烟箱运输，配备载重叉车负责运送工作；为提高回潮效率与质量，配备可移动高压微雾回潮机进行烤后烟叶回潮。

（三）装烟数量

在装烟机控制器上设定装烟量。装烟量的确定主要依据鲜烟叶含水量，下部叶鲜烟叶含水量90%以上时，装烟量375 kg/箱为宜；鲜烟叶含水量88% ~ 90%时，装烟量375 ~ 400 kg/箱为宜；含水量88%以下时，装烟量400 ~ 450 kg/箱为宜。中部叶装烟量一般为450 ~ 550 kg/箱。上部叶装烟量一般不超过600 kg/箱。

（四）烘烤工艺

下部烟叶宜采用40 ℃、42 ℃作为主变黄温度，中上部烟叶宜采用38 ℃和40 ℃作为主变黄温度。箱式烘烤因热气流循环时阻力大，造成45~48 ℃箱内各层间温差较大，在烘烤操作中，升温速度要慢，烟叶变黄和失水要协调，关键温度点要适时稳温，大排湿时湿度要低，变黄中期和定色前期两次大排潮时要加大火力，稳住干球温度，降低湿球温度至33 ℃，持续2 h左右，以便打通箱内烟叶间的循环通道，使水分排出，缩小上下层间的温差，降低烟叶水分。

（五）工作流程

运用全自动烟叶采收机进行烟叶采收，采收后的鲜烟叶运输到烘烤工场后，进行鲜烟分类，剔除无烘烤价值烟叶，进入自动装烟环节；由操作人员进行装烟，将烟叶均匀抖撒在传送带上，控制传送装置开关把鲜烟叶传送到箱式内，达到设定重量停止传送烟叶。操作人员插完签后，利用鲜烟叶称重翻转台将烤箱竖立起来，1人用叉车运送到箱式烤房导轨上，再由其中2人推入烤房进行烘烤。

（六）特点与优势

（1）与常规挂杆、烟夹烘烤相比，箱式烘烤具有装烟量大、烘烤操作便捷的优点，可大幅减轻劳动强度，降低用工成本，使烟农从烦琐的编烟装炉、卸炉解杆和分级的劳动中解脱出来。

（2）箱式烘烤叶间隙风速小，烘烤时间延长24 h以上，有效解决了传统密集烤房风速过大、烟叶内在化学成分转化不充分的问题，烟叶烘烤质量显著提升，结构变疏松、叶片柔软，油分增多、色泽鲜亮、叶色均匀一致，香气逸失少，香气质、香气量和浓度明显提升，上部烟叶刺激性明显减轻。

（3）箱式烘烤能够与机械化采收相匹配，倒逼烟叶生产技术变革，真正促进烟叶生产全程机械化，同时能够实现按部位采烤，具有较好的推广应用前景。

（4）箱式烘烤能够推动烟叶流通环节变革，烟叶烘烤出炉后直接按分级分类标准加工，验收后成包存放，减少了分级用工，避免烟叶霉变、褪色等现象，同时，按部位烤次集中分级加工，解决烟叶混部、造碎等问题，满足了工业企业对原料均质化的要求，提升了优质烟叶原料工业可用性（图6-3）。

图6-3　箱式烘烤烤后的烟叶

（七）应用效果

1. 降低烟叶烘烤成本

2020—2022年，山东烟区示范推广箱式烤房121座，装烟用工成本比烟夹烘烤节约234元/亩，烘烤用工成本比挂杆节约264元/亩，共产生经济效益127.8万元。箱式烘烤分别比挂杆、烟夹烘烤能耗成本降低0.18元/kg干烟、0.17元/kg干烟，共产生经济效益7.63万元（表6-11，表6-12）。

表6-11　箱式烘烤与烟夹、挂杆烘烤用工成本对比

处理	编烟、装炉			卸炉、解杆			分级		合计	
	用工（个/d）	作业效率（炉/d）	亩用工（个）	用工（个/d）	作业效率（炉/d）	亩用工（个）	用工（个/炉）	折合亩用工（个）	用工（个/亩）	用工成本（元/亩）
T1	6	3	0.4	3	6	0.1	1	0.2	0.7	84
T2	8	2	1	6	4	0.4	6	1.5	2.9	348
T3	6	2	0.75	6	4	0.4	6	1.5	2.65	318

注：T1为箱式烘烤，T2为挂杆烘烤，T3为烟夹烘烤。

表6-12　箱式烘烤与烟夹、挂杆烘烤能耗成本对比

处理	装烟量（kg）	干烟量（kg）	烘烤用时（h）	耗电量（度）	耗煤量（kW·h）	每千克耗电（kW·h）	每千克耗煤（kg）	能耗成本（元/kg）
T1	5 000	710	182	650	845	0.92	1.19	1.89
T2	3 250	490	165	300	720	0.61	1.47	2.07
T3	3 300	505	168	310	740	0.62	1.46	2.06

注：T1为箱式烘烤，T2为挂杆烘烤，T3为烟夹烘烤。

2. 提升烤后烟叶质量

箱式烘烤烤后烟叶质量、化学成分、感官评吸质量优于普通挂杆烘烤。外观质量方面，箱式烘烤B2F身份中等-稍厚，叶片结构尚疏松，C3F叶片结构尚疏松。评吸质量方面，箱式烘烤比普通挂杆烘烤上部叶、中部叶、下部叶分别提高0.5分、1.7分、3.1分（表6-13至表6-15）。

表6-13 箱式烘烤与挂杆烘烤烟叶外观质量对比

处理	部位	成熟度	颜色	叶片结构	身份	油分	色度
T1	B2F	成熟	浅橘黄	尚疏松	中等-稍厚	有	强
T2	B2F	成熟	深黄	稍密	稍厚	稍有	中
T1	C3F	成熟	浅橘黄	尚疏松	中等	有	强
T2	C3F	成熟	浅橘黄	疏松	中等	有	中
T1	X2F	成熟	浅橘黄	疏松	薄	稍有	中
T2	X2F	成熟	浅橘黄	疏松	稍薄	稍有	中

注：T1为箱式烘烤，T2为挂杆烘烤。

表6-14 箱式烘烤与挂杆烘烤烟叶化学成分对比

对照	等级	总糖(%)	还原糖(%)	总烟碱(%)	总氮(%)	钾(%)	氯(%)	淀粉(%)	钾氯比	糖碱比	两糖差	氮碱比
T1	B2F	27.93	21.83	2.41	2.00	1.75	0.46	8.34	3.8	11.59	6.1	0.83
T2	B2F	26.08	18.53	2.91	2.14	1.65	0.37	4.06	3.92	6.29	3.55	0.61
T1	C3F	30.74	25.26	1.98	1.82	1.87	0.28	8.07	6.68	15.53	5.48	0.92
T2	C3F	29.89	20.25	2.22	1.81	1.79	0.22	8.04	7.23	13.46	9.64	0.82
T1	X2F	28.49	23.87	1.81	1.80	1.63	0.12	6.65	13.58	15.74	4.62	0.99
T2	X2F	31.11	22.47	2.04	1.79	1.60	0.34	6.83	4.59	15.25	8.64	0.88

注：T1为箱式烘烤，T2为挂杆烘烤。

表6-15 箱式烘烤与挂杆烘烤烟叶感官评吸质量对比

处理	部位	香型	劲头	浓度(15)	香气质(15)	香气量(20)	余味(25)	杂气(18)	刺激性(12)	燃烧性(5)	灰色(5)	得分(100)
T1	B2F	2.89	3.22	3.44	10.67	15.5	18.06	12.11	9.11	3.22	3.00	71.1
T2	B2F	2.89	3.28	3.28	10.56	15.44	17.78	11.67	8.89	3.22	3.00	70.6
T1	C3F	2.67	3.00	3.17	10.83	15.33	18.06	12.17	9.17	3.06	3.00	71.6
T2	C3F	2.67	3.00	3.11	10.28	14.94	17.83	11.78	9.06	3.06	3.00	69.9
T1	X2F	2.67	2.61	2.72	9.94	13.78	17.78	11.33	9.22	3.28	3.22	68.6
T2	X2F	2.67	2.61	2.83	9.39	13.28	17.28	10.67	8.89	3.11	2.89	65.5

注：T1为箱式烘烤，T2为挂杆烘烤。

二、烟叶烘烤精准管控系统

为进一步适应烟叶烘烤的要求，提高烟叶烘烤效率和烘烤质量，降低烟叶烘烤成本，创新开发了烟叶烘烤精准管控系统（图6-4）。系统集烟农信息录入、烟叶烘烤曲线管理、烘烤过程报警处理等业务于一体，实现烟叶烘烤自动控制、集中管理、远程监控、远程指导，可提高烟叶烘烤质量，提升烟叶烘烤管理水平。

图6-4　烟叶烘烤精准管控系统

（一）技术创新

1. 烘烤监控及预警技术

对于烘烤专家制定的标准烘烤工艺，烘烤人员只能在规定的限度内修改，如果超过设定的阈值，系统会立即以图形和声音的方式提醒修改者，督促其取消修改，如果强行修改，系统会使用其设定的烘烤曲线，但是会发送报警信息给烘烤管理人员，同时将此次操作记录系统日志。

2. 移动终端监控技术

利用移动App、GIS等技术，在手机端显示烤房分布情况、烤房状态、各座烤房的当前温湿状态和各被控设备的工作状态，让烘烤管理人员、烟农随时随地了解自己权限内的所有烤房情况。

3. 烤后烟叶质量评价

烘烤结束后，烘烤人员对烘烤结果进行量化评价，保证烘烤过程数据可以被有效参考。

4. 热泵烤房数据采集

采用客户端服务器模式，控制中心端通过IP地址和端口连接热泵烤房服务器指定端口进行消息交互，完成数据采集、状态监控，可采用HTTP调用、Java远程调用、Web Serivce等方式。接口标准需独立于实现服务的硬件平台、操作系统和编程语言，能够更好地适应业务变化，达到快速响应的目的。

5. 循环风机参数采集及控制技术

通过对循环风机的设备改造，在现有两档风速调整的基础上进行细化分档，实现风机的自动化控制，控制模式为密集烤房控制器（自控仪）→变频器→循环风机，设置自动、手动两种控制方式并存。对烤房风速进行实时采集，通过变频器频率示值可大体了解循环风机风口的风速参数，烤房内各点的风速、风压、风量参数可通过高温风速测试仪进行精准测量，为烘烤工艺的拓展优化提供数据支撑。

6. 烘烤数据采集标准的建立及使用

建立山东烟叶烘烤数据库，制定山东全省统一的烘烤数据通信标准，只要符合标准协议的控制设备均可无缝接入本系统，系统实时采集烟叶烘烤状态，保存到烘烤数据库，为烘烤工艺的持续改进提供数据基础，并为以后采购控制器预留接口。

（二）应用效果

山东全省安装应用"基于互联网+的烟叶烘烤精准管控系统"终端设备2 521台（套），对烘烤进行实时集中监控、异常报警、烘烤过程记录，并对烘烤数据进行统计分析，作为对烘烤师进行考核的依据等，实现了对烟叶烘烤的精准管控。

1. 节省烘烤用工费用

通过应用该系统，实现了烘烤自动化控制及烘烤师在线监控烘烤过程，每个烘烤师能够同时管理更多的烤房，节省了用工，缓解了烟叶烘烤用工难的问题。

2. 提高了劳动生产率

烟站技术员随身携带安装了烟叶烘烤精准管控系统的手机，可以实时在线查看烤房内的温湿度、烘烤状态，烘烤阶段等烘烤详细信息，可精准判断需要去哪个烤房进行指导，有效避免了重复劳动。工作完成后，把本次烘烤的烤后评价数据，上传到市公司服务器。不需再回烟站从微机中二次录入，节省了工作时间，提高了效率。

3. 降低管理成本

通过烟叶烘烤精准管控系统，为各级人员提供了便捷、直观、真实的数据，辅助管理人员进行决策分析，提高了效率和决策水平，降低了管理成本。

4. 降低烟叶烘烤损失率

该系统提高了关键数据获取的方便性和及时性。相关人员接到预警通知后，有针对性地进行异常问题的评估，及时采取有效措施，很大程度上避免了烤坏烟现象的发生，实现了"提前预警"和"主动响应"，降低了烟叶烘烤损失率，提高了烟叶烘烤质量。

三、环保节能装置

立足当前能源结构与有效供给实际，开展环保节能装置研发，通过在自动加煤供热设备的炉膛内安装专用燃烧装置，使燃料充分燃烧，实现节能环保要求。

（一）环保节能装置

1.基本原理

借鉴高效环保锅炉燃烧方式，在烤房供热设备燃烧室内加装专用燃烧设备，以提高现有烤烟炉的热效率和低排放性能，实现节能减排的目标。利用电子控制、风机通风变频、除硫剂溶解喷淋和光氧除味技术，根据烤烟炉内可燃物燃烧的剧烈程度，合理控制设备运行，减少煤炭燃烧过程中与燃烧后的有害物质与气体。

2.设备构造

该设备由高温燃烧室、阶梯式炉排、双层分风室和自动破渣装置四部分组成，内壁采用专用铸铁铸造而成，外壁采用Q345耐候钢板制作，具有自动进料推渣功能。燃烧方式由传统的单管单向送风供氧改为三管多向送风供氧，通过改变炉膛内燃烧环境，使燃料燃烧更加充分，提高了燃料利用率，减少了烟气污染物排放（图6-5）。

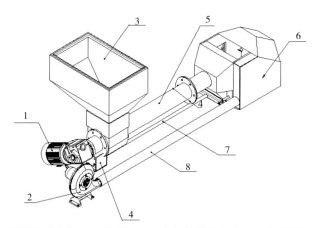

1.燃料输送电机；2.鼓风机；3.为燃料供给料斗；4.电动推杆；
5.螺旋输送机；6.燃烧装置；7.燃料自动推煤机构；8.鼓风管。

图6-5 环保节能炉装置

3.使用方法

使用时将燃料装入煤斗，启动燃料供给输送电机，燃料供给电机带动螺旋输送机将燃烧输送至燃烧装置；打开点火观察门，点燃底火燃料；当底火燃料火焰逐步加大时，启动鼓风机，鼓风机的常压风通过鼓风管进入热功能分配箱，再由热功能分配箱进入隔板吹风器，分配至炉排、蜗牛式布风器、压尘器、二次分风箱，进行吹风加氧助燃，当燃料燃烧正常时，燃料推进机构自动定时进行燃料推进工作。

（二）减排设备的研发

减排除尘技术研究是在同规格自动加煤密集烤房的基础上，在烤烟房房顶的上部利用汇烟管道将连体密集烤房的烟囱相连通，通过引风机的引力作用将烤房烘烤过程中产生的烟气汇集到烟气净化塔内，通过高压水泵和高压雾化喷头的喷淋作用，将烟气中未完全燃烧的碳微粒、一氧化碳、二氧化硫及灰尘等杂质去除，实现达标排放。研发铸造分配箱式分体燃烧环保节能装置，改变烟叶烤房煤炭燃烧过程中的送风供氧方式，将进入的常压风送入隔板吹风器，由隔板吹风器分配到蜗牛式布风器和压尘器，使燃烧更加充分，提高了热能利用率，降低了污染物的排放。研发烟叶烤房燃烧炉配套的电控破渣装置，实现燃料的充分燃烧（不结焦）和自动除渣。

（三）应用效果

新型环保节能炉可同时满足小型块煤和生物质颗粒的燃烧使用，操作简单，适应性广，山东全省配套应用该设备2 626台（套）。从推广应用情况看，有效降低了烘烤能耗，在减排方面效果明显。

1. 与普通燃煤炉相比

新型环保节能炉通过改变燃料燃烧过程中的送风供氧方式，使燃烧更加充分，可减少耗煤量，平均节省燃料18.6%，起到了较好的节能效果（表6-16）。

表6-16　环保节能炉与普通燃烧炉性能对比

烘烤部位	处理	装烟量（kg/炉）	烘烤时间（h）	耗煤重量（kg/炉）	煤渣重量（kg/炉）	节煤率（%）
下部	环保节能炉	3 200	144	491	18	18.81
	普通燃烧炉	3 200	144	604	25.5	
中部	环保节能炉	3 600	166	538	21.5	18.11
	普通燃烧炉	3 600	166	657	27	
上部	环保节能炉	4 000	176	573	22	19.07
	普通燃烧炉	4 000	176	708	30	

（续表）

烘烤部位	处理	装烟量（kg/炉）	烘烤时间（h）	耗煤重量（kg/炉）	煤渣重量（kg/炉）	节煤率（%）
平均	环保节能炉	3 600	162	534	20.5	18.6
	普通燃烧炉	3 600	162	656	27.5	
	对比	0	0	−123	−7	

2. 减排效果明显

在目前煤炭烘烤尚未完全替代的情况下，该装置大幅减轻了煤炭烘烤的环境污染问题，经第三方专业机构检测，二氧化硫、颗粒物排放量明显低于普通燃煤立式炉。从烘烤现场观测效果看，在整个烘烤过程中，真正实现了节能减排（表6-17）。

表6-17 有组织废气排放检测表

项目	环保节能炉	普通燃烧炉	对比
烟所温度（℃）	167	165.1	1.9
烟气流速（m/s）	2.8	2.7	0.1
标干流量（m³/h）	382	381	1
颗粒物排放浓度（mg/m³）	1.3	18.1	−16.8
二氧化硫排放浓度（mg/m³）	15	82	−67
氮氧化物排放浓度（mg/m³）	79	54	25
一氧化碳排放浓度（mg/m³）	196	538	−342

第二篇

烟草农业现代化

第七章 生产组织方式转型

改善农业生产方式进而提高农业技术效率，对于解决"三农"问题起着决定性的作用，在我国的农业生产经营中，随着家庭农场、农民合作社、农业社会化服务组织等各类新型农业经营主体和服务主体发展壮大，在破解谁来种地、如何提升农业生产经营效率等方面发挥着越来越重要的作用。山东适应新的农业发展形势，在稳定原有烟叶家庭农场+合作社基础上，探索"村党支部领办合作社+新型种植主体"的烟叶生产组织方式。

第一节 植烟村党支部领办合作社

为稳固烟叶基础，解决"谁来种烟、在哪种烟"问题，依托植烟村党支部领办合作社，发挥村党支部在集体经济中的核心和引领作用，整合土地、资金、人力、设施等生产资源要素，规划以烟为主的特色产业，在带动乡村产业发展、壮大村集体经济的同时，实现了烟叶生产的可持续发展。

一、植烟村党支部领办合作社发展过程

村党支部领办合作社是党支部充分发挥组织优势、政治优势和合作社的经济优势，调动参与群众的积极性和能动性，通过注册建立各种形式的合作社，形成利益共享、风险共担的共同体，发展适度规模经营的一种新型集体经济形式，对于发展农村经济、带动农民富裕、推动乡村振兴发挥了重要作用。

随着农业产业结构的加快调整，非烟经济作物与烟争地、与烟争人的现象日益明显。2019年临朐分公司探索党建引领、合作社经营的村党支部领办合作社模式，在生态条件好、烟叶质量优的寺头镇、石家河生态经济区等5个镇、17个村发展由村党支部主

导的村办合作社，新增种烟面积1 652亩，交售烟叶21.34万kg，实现收入661.83万元，盈利146.68万元，雇用村民的务工工资277.7万元。返还试点村烟叶税68.3万元，村集体共计增收121.54万元，平均每村7.15万元，有效促进了烟叶产业稳定发展，带动了村集体增收和村民致富。

2021年，山东省烟草专卖局（公司）印发了《关于发展"村党支部+合作社"烟叶生产组织新模式的指导意见》，选择村党支部威信高、能力强的植烟村，由村党支部书记依法领办合作社，发动村民以土地、资金等入股合作社，盘活土地、设施、机械、劳动力等资源，发展烟叶等特色产业（表7-1）。

表7-1　2021年山东全省植烟村成立村办合作社统计表

序号	地市	村办合作社数量（个）	合作社集体流转土地面积（亩）	其中种烟面积（亩）	种烟户数（户）
1	潍坊	187	67 239	33 803	536
2	临沂	45	16 223	18 386	400
3	日照	33	12 536	10 726	221
4	青岛	4	1 024	804	10
5	淄博	23	3 012	3 040	63
6	济南	2	767	572	5
	合计	294	100 801	67 331	1 235

二、植烟村党支部领办合作社组建、运行与管理

（一）合作社组建

1.村党支部书记发起成立合作社

由村党支部书记发起成立党支部领办农民专业合作社，通过法定程序担任理事长，村党支部书记按照《中国共产党农村工作条例》与《中国共产党农村基层组织工作条例》要求，切实履行领办责任。村两委成员与党支部领办村集体合作社的理事会、监事会成员双向进入、交叉任职。

2.选举理事会与监事会

按程序选举产生村办合作社理事会、监事会。合作社理事会一般由5～7名理事组成，设理事长1名、副理事长1名；监事会由3名监事组成，设监事长1名。合作社理事

会、监事会中农民身份人员占大多数比例。合作社理事会根据需要，决定聘任、解聘本社经理、财务会计和其他专业技术人员。

3. 发动村民入股合作社

积极发动、组织本村村民入股合作社成为成员，吸引从事与合作社业务直接有关的生产经营活动的企业和社会能人入社。合作社成员中，农民成员占比不低于80%，企业、社会组织、社会能人等成员占比不超过20%，保证村集体和村民掌控合作社的发展方向。

（二）入股方式及收益分配

植烟村采取村党支部主导、烟站协助村办合作社的形式，依法制定合作社章程，明确入股方式、运营管理、资产管理、收益分配等规章制度。

在入股方式方面，合作社主要由村集体、村民、管理人员、社会组织等入股。村集体通过集体土地、集体资产、集体资金等，入股村办合作社参与经营，村民通过出资或使用土地承包经营权作价出资参与合作社经营，村集体和村民控股需占比50%以上。鼓励村"两委"成员和合作社管理人员以个人身份出资入股，持股比例一般不超过50%。合理控制社会能人、农业企业等其他成员在合作社的股份占比，持股比例一般不超过50%。通过合理控制股份比例，既建立起利益联结机制，又能确保由村集体和村民掌控合作社发展方向。

在收益分配方面，合作社收益主要用于充实村集体经济、社员分红和合作社后续发展，收益分配每年进行一次。根据村办合作社章程约定，从当年盈余中提取公积金、公益金各30%，剩余40%作为合作社可分配盈余，一般情况下，用于成员分红。其中，公积金用于扩大生产经营、弥补亏损或者转为成员出资；公益金用于社员技术培训、福利事业（含管理人员奖励）和生活上的互助互济；可分配盈余中，村集体分红占20%～30%（农村经济经营管理站代管，村集体申请使用）；其余用于其他成员分红，具体按照成员股权量化占比核算分红比例。

（三）主要经营方式

1. 独立自主经营

合作社的种植、管理、销售、收支分配全部由合作社自主完成。潍坊市临朐县徐家官庄村向当地社区申请政策，协调农村信用社贷款270万元发展产业，集中流转650亩土地，种植烤烟200亩，规划216亩土地建设设施农业大棚，种植有机蔬菜、樱桃等作物，其他土地种植玉米、小麦等，形成了"种植园区+采摘娱乐"增收模式。

2. 企业合作经营

由企业向合作社注资，解决合作社资金难题，并为合作社提供专业管理理念和先进技术，双方签订供需订单合同，能够有效保障产品质量和销售渠道。这种方式企业入股比例一般不超过50%。临朐县冕崮前村于2019年成立了"双崮中药材专业合作社"，由临朐县颐和生态农业开发有限公司对合作社注资，提供丹参种苗和栽培技术，与村办合作社合作种植丹参。推行丹参与烟叶轮作，建设丹参生产基地，对丹参进行深加工，生产丹参茶、丹参膏等产品，实现每亩产值6 500余元。

3. 对外承包经营

先把村中的土地、劳动力等资源集中到合作社，再统一将资源提供给需要发展产业的农民或企业，合作社可以赚取资源管理收益。日照市莒县双泉村成立了双泉土地流转股份合作社，集中流转村中1 270亩土地，转租给23户烟农种植烟叶和其他经济作物，每年通过收取土地管理费用，带动村集体增收10万余元。

三、植烟村党支部领办合作社生产经营活动

（一）集中流转经营土地

村党支部组织召开村民代表大会表决通过土地流转事宜，成立土地流转工作小组，由村党支部牵头集中连片流转土地到村办合作社；村办合作社与转出土地的村民签订土地经营权流转合同，商定土地流转年限、价格、用途等，在维持基本农业用途不变的情况下，村办合作社根据需要对流转后的土地进行适当整合、适度改造，在烟站指导下统一规划烟叶与其他产业布局，实行统一管理。合作社对集中流转后的土地通过返租倒包、自主经营、劳务外包方式实施有效管理和利用。

返租倒包，村办合作社进行统一规划和布局后，将土地使用权承包给其他农业经营大户、新型烟叶种植主体或者农业经营公司，并获取一定管理收益。

合作社自主经营，采取土地股份合作的模式流转土地承包使用权，吸纳农户入股，把土地承包权转化为股权，股权转换为股金，按土地保底和效益分红的方式，在年底按股份分红。

合作社劳务外包，合作社为拥有生产经验但缺乏资金和土地的烟农提供土地和生产投入，烟农负责所包地块的生产管理，年底根据约定预算定额及目标完成情况获取劳务报酬，参与盈余分配。

（二）开展烟叶生产经营

在烟站指导下，以合作社集体流转的土地为基础，整合当地劳动力资源，积极吸引

返乡青年、退伍军人等社会能人，以烟为主发展优势产业；组建相对固定的产业队伍，由合作社统一管理，为烟叶产业发展提供用工服务。做好生产经营服务，依托合作社，为农民提供技术指导、信息传递、物资供应、市场营销等生产经营服务，保障产业健康发展。2022年山东以植烟村党支部领办合作社流转土地为基础，发展新型种植主体336户，种植面积3.4万亩，占山东全省种烟总面积的10.7%。

（三）多元产业融合生产

积极协调地方党委政府，以村党支部领办合作社为载体，大力发展烟叶等当地优势产业，深度参与和推动烟区乡村产业振兴。统一规划村级产业，优先发展政府大力支持、与烟互补的粮、药、油等成熟产业，深入推进烟区产业综合体建设，同步抓好产业规模化、标准化、机械化和品牌化，拓展了农民增收的空间。引进农业龙头企业，建立村社企联营模式，开展多元产业基地化生产，推进产品深加工与销售，融入当地优势品牌，畅通产供销一体化链条，提高农产品产出效益。

潍坊市临朐县石家河生态经济区桥沟村党支部组织成立村办合作社以来，打造了"烤烟+中药材+烟薯间作+红色旅游+烟草文化"核心区，面积1 312亩。合作社将其中872亩土地租给17户烟农种烟，推进烟叶生产、中药材与蜜薯产供销、旅游服务多业融合发展，实现烤烟亩均纯收入2 500元以上，多元产业亩均纯收入3 300元以上。2021年村集体增收21.3万元，村民分红16.3万元，本村务工人员收入平均达到1.8万元，形成了以烟为主、产业融合、协调共享的产业发展新模式。

四、植烟村党支部领办合作社建设成效

（一）党支部战斗力和凝聚力不断提升

在带领村办合作社发展产业的过程中，村党支部走到了经济发展的前台，开展工作有了抓手，服务群众有了依托，村党支部的号召力得到了显著提升。一批村党支部书记和党员在带领群众干事创业的过程中得到了历练，获得了群众赞誉，党在农村基层的执政基础更加牢固。

（二）解决了在哪种烟的问题

利用村办合作社集中流转土地，引进种植主体统一经营，利用农业社会化服务组织提供托管服务，实现了"轻松种烟"。至2022年，山东全省累计在578个植烟村成立党支部领办合作社，占植烟村总数的41%，推动基本烟田集中流转、统　管理。成立村办合作社的植烟村，村集体平均收入由2019年的3.7万元增加至2021年的10.8万元，为服务群众积累了经济基础，在稳定核心烟区、培育新型种植主体、推动烟叶融入大农业等方面发挥了重要作用。

（三）有力促进了乡村振兴

植烟村集体通过党支部领办合作社增加了收入，村民通过合作社务工也获得了收入，形成了村集体持续增收、村民分享红利的"造血"机制。各级政府的政策支持，烟草行业的水利、道路等烟基设施投入，改善了农村的生活生产条件。村集体利用合作社盈余改善农村基础设施，美丽乡村建设取得了显著成效。

第二节　"三个银行"建立与运行

立足更好满足烟农种烟需求，协调各方资源，打造土地、劳动力、资金"三个银行"，开展"一站式"便民服务，实现了土地、劳动力、资金等生产要素在烟站烟农服务中心的整合与流动，提高了资源配置效率，解决烟农种烟土地、用工、资金面临的困难，更加便捷、有效地满足了烟农的服务需求。

一、"土地银行"

（一）发展背景

2019年以前，山东烟区主要是烟农自行协调当地村委会或土地转出农户进行土地流转，存在流转程序不规范、流转期限不稳定、流转后土地缺乏系统规划与使用监管等问题，影响了烟田和烟农队伍的稳定。

为推进植烟土地长期流转，稳定基本烟田，山东打造了为烟农提供土地租赁服务的"土地银行"，解决烟农"地怎么来"的问题。"土地银行"是指在基本烟田区域内，由植烟村党支部领办的合作社对土地进行集中流转并建立土地储备，在烟站指导下规划土地用途，以烟为主做好产业布局。通过烟站烟农服务中心，将辖区内村办合作社土地储备信息进行整合，建立"土地银行"，为烟农种烟提供信息查询、协调租赁等服务。与传统土地流转相比较，"土地银行"储备的土地由植烟村党支部领办的合作社统一流转、统一规划、统一管理，实现了土地的集中储备、有效掌控，有利于集约化、规模化发展。

（二）运作模式

1.烟农服务中心整合土地储备信息

烟站烟农服务中心将辖区内村办合作社土地储备信息整合到"土地银行"，通过

"土地银行"，烟农可以实时了解和查询村办合作社土地储备和动态使用情况，根据土地存量，结合烟农服务中心分析建议，自主选择种烟地块。临朐县依托烟农服务中心，与种烟乡镇党委政府联合成立产业管理办公室，对土地储备信息中土地用途相近或互补的村办合作社进行产业整合，形成联合社，在政府推动下，打造了东部"烟粮特色产业带"与西部"烟药特色产业带"。

2.种植主体承包土地

每年8月到翌年2月，烟农向烟站提出种烟申请；烟农服务中心协调烟农与村办合作社对接，实地确定种烟地块，签订土地转包合同，并向烟农服务中心备案；烟农按照村办合作社统一规划和轮作安排，在烟站指导下种植烟叶和其他作物。例如潍坊市安丘市辉渠烟站党支部与辖区董家宅村党支部联合，将村办合作社集中流转的817亩土地纳入"土地银行"，动员10名在外务工的农民返乡，发展成为新型烟叶种植主体，种烟面积616亩，其中"80后"烟农3名。

（三）"土地银行"实施效果

"土地银行"的实施，规范了土地流转程序，保障土地规范流转、长期流转，解决种烟用地问题。统一了产业规划，借助合作社集中流转土地成方连片的优势，合作社统一规划种植作物，建立以烟为主的种植制度，促进有序轮作，既提高了土地利用率，又实现了土地的用养结合。稳定了土地流转价格，村办合作社统一掌控土地，有效解决地价恶性竞争、土地无序利用等问题，在土地价格、用途方面不会发生较大变化，避免了产业争地的问题。村办合作社还能获取一定的土地管理收益，用于自身发展，有利于保障基本烟田的稳定和烟叶产业的发展。

以山东省诸城市贾悦镇为例，该镇全面推进村党支部领办合作社，集中流转土地2.17万亩，种烟面积1.06万亩。该镇辖区内的洛庄烟站共有28个植烟村，全部注册建立了村办合作社，储备土地9 771亩，2022年"土地银行"为村民提供种烟土地4 785亩。

二、"劳动力银行"

（一）成立背景

烟叶生产作为劳动密集型产业，生产成本受用工价格上涨的影响较大，用工难、用工贵已成为制约烟叶高质量发展的瓶颈问题。特别是在烟苗移栽、烟叶采收等环节，烟农合作社专业化服务覆盖率不足，加上农忙导致用工需求增加，劳动力不足的问题进一步凸显。另外，烟叶生产为季节性用工，一年内工作时间一般仅有4～5个月，且是阶段性务工，雇工劳动和收入不够稳定，造成雇工队伍不够稳定，进一步加剧了烟叶生产雇工难的问题。

之前，烟叶生产用工主要由烟农自己组织，存在劳动力与烟农信息不对称、争工抬价、技能水平偏低等问题。烟农合作社设施设备、服务人员数量受限，专业化服务不能完全满足全部烟田、烟农生产需求。围绕解决烟叶生产用工问题，山东烟区在烟站烟农服务中心建立"劳动力银行"，发挥烟站信息聚集和组织协调优势，搭建劳动力资源供需平台，根据烟农需求，协调社会化托管服务机构提供用工服务，解决种烟"人怎么找"的问题。

（二）运作模式

1.搭建用工平台

分地市建立劳动力资源信息平台，打破行政区划界限，将有意向参与烟叶生产劳动的村党支部领办合作社管理的劳动力资源进行整合，详细登记劳动者基础信息、特长、工作意向等情况，为有雇工需求的烟农、种植大户和专业服务组织提供劳动力支持。村办合作社组织流转土地后的村民和其他劳动力，纳入"劳动力银行"进行统一管理。在用工需求旺盛、用工周期较长的地区，优先使用本地资源。烟农在"劳动力银行"，可以根据生产作业需求和劳动力特长，按照意愿与劳动力进行联系，建立雇佣关系。

2.加强用工管理

烟站组织对劳动力定期开展烟叶生产技能培训，提升务工人员的技术水平和操作技能。劳动力银行除服务于烟叶生产外，还可以为大农业或其他行业提供用工服务，务工人员在烟叶生产用工淡季的收入也有了保障。烟站对农服机构服务质量进行监管，烟农对服务效果进行评价。

（三）主要成效

"劳动力银行"的有效运作，畅通了劳动力资源供应和用工需求对接渠道，有效解决了烟农用工难、用工贵等问题，为农服机构提供了业务市场，为务工人员提供了劳务机会，实现了烟农、农服机构、务工人员的三方共赢。土地流转给村办合作社的农民，不仅获得了土地租金收入，还通过"劳动力银行"参与务工获得了收入。

临朐分公司依托烟农服务中心，将潍坊市万事顺服务有限公司劳动力纳入"劳动力银行"，整合冯家楼、蒋峪、小关等周边村庄的劳动力资源，为政府、企业、个人提供劳务用工服务。重点服务烟叶生产和中药材生产，联合烟站对务工人员进行系统培训，提高专业技能，稳定的务工机会极大提升了务工人员的工作积极性，务工质量和务工效率显著提高。现公司常年固定工人80人左右，平均每人每年烟叶务工接近140个、中药材产业务工50个，人均年收入由1.2万元提高到2万元，成为烟农信赖的一支专业化务工队伍。

三、"资金银行"

（一）"资金银行"建立背景

烟叶生产与粮食等传统产业相比，前期投入较大，特别是规模化种植，前期土地租赁费用，烟苗、肥料、地膜等生产物资投入，需要较多的启动资金，一定程度上制约了烟叶规模化发展。为解决烟农启动资金不足问题，山东烟区依托一站式服务平台，打造"资金银行"，向烟农集中宣传、答疑解惑、协调办理贷款工作，将"资金银行"建成信贷政策宣传点、信贷办理咨询点、手续办理服务点。

（二）"资金银行"运作模式

1. 宣传信贷政策

协调当地农商银行、邮储银行、兴业银行等金融机构，推出"线上农民贷""掌柜贷"等信贷产品，以最大优惠为贷款需求方提供信贷服务。所有信贷机构和信贷政策信息全部整合到烟农服务中心"资金银行"。在烟农服务中心，通过摆放明白纸、宣传折页与相关纸质材料，向烟农宣传信贷产品、信贷政策、办理程序、注意事项，将贷款流程前延至服务中心，让有需求的烟农对信贷政策早知道、好准备。

2. 开展贷款咨询

每年1—2月，有贷款需求的烟农到烟农服务中心咨询贷款事宜，烟农服务中心工作人员解答烟农疑惑，解答不了的，及时协调相关金融机构给予答复。烟农服务中心帮助烟农测算种烟所需启动资金，推荐合适的信贷产品，告知信贷流程和所需手续资料。烟站根据烟农申请提供烟叶种植证明材料。

3. 协助办理信贷手续

烟农服务中心协调金融机构，建立贷款办理点。协助金融机构指导烟农按要求提供办理贷款所需资料，对烟农提交的贷款信息和材料进行核实。审核通过后，金融机构与烟农签订贷款协议，约定还款时限、还款方式、违约责任，并按贷款额度为种植主体放款。

4. 农商银行"授信卡"

沂水分公司协调当地农商银行，为烟农办理"授信卡"，"授信卡"一端绑定第三方社会化服务组织，另一端绑定烟草公司收购系统。烟农在使用社会化服务后，合作银行直接将贷款额打入第三方服务机构账户，通过烟草公司收购系统还款。这种贷款模式只需烟草公司将烟农的烟叶种植亩数、身份证号等信息提报给合作银行，合作银行便可为烟农授信，快捷方便、手续简单，不需要提供担保人，贷款利息与常规贷款方式相比降低20%，解决了烟农贷款利息高、贷款额度低，需要担保抵押、贷款程序复杂等问题。

（三）"资金银行"实施效果

种烟"资金银行"的建立与运行，有效解决了烟农启动资金不足的问题，缓解了烟农前期投入资金压力，促进烟叶产业规模化发展。

以"鲁担惠农贷"为例，潍坊市昌乐县农商银行为烟农提供一年期优惠贷款，利率为6%（年息6%），山东省农业发展信贷担保有限责任公司每万元收取担保费75元，总年利率为6.75%；贷款结清后，山东省财政贴息2厘（减免2%的年息），综合贷款利率仅为4.75%。与常规商业贷款相比（年利率约10%），使用"鲁担惠农贷"，30万元一年期贷款可节省利息1万余元。

第三节　新型烟叶种植主体培育

新型农业经营主体是我国新型农业经营体系的一部分，是指从事农业适度规模经营、有一定竞争能力的经济主体，主要包括家庭农场、专业大户、专业合作社以及农业产业化龙头企业等。新型烟叶种植主体是新型烟草农业经营主体的组成部分，培育新型主体，可持续提升烟农队伍素质与能力，促进烟农队伍长期稳定发展，对于烟草农业现代化发展、助力乡村振兴具有重要意义。

一、培育新型烟叶种植主体的背景及条件

随着工业化、信息化、城镇化进程加快，农村劳动力大量进入城镇就业，"未来谁来种地、怎样种好地"问题日益凸显。需要发展多种形式适度规模经营，培育新型农业经营主体。近年来，以家庭农场、专业大户、专业合作社以及农业产业化龙头企业为主要形式的新型农业经营主体快速发展，在破解谁来种地难题、提升农业生产经营效率等方面发挥着越来越重要的作用。

在烟叶生产上，随着地方政府对农业发展政策支持力度的逐年加大，村党支部领办合作社生产组织模式的不断发展、社会化托管的逐渐成熟、农村资源的逐渐聚合，新型烟叶种植主体（以下简称新型主体）培育的有利条件不断积蓄，新型主体在山东烟区逐渐发展。近年来，烟农种烟的扶持政策不断完善，生产投入不断加大，烟叶风险保障机制逐渐健全，部分烟农在农村较早实现脱贫致富，这些变化为新型主体培育奠定了坚实

基础。

2019年以来，借鉴吸收大农业经验做法，依托村党支部领办合作社烟叶生产组织模式，加快培育新型主体。2022年，山东全省共培育新型主体336个，种烟面积达到3.4万亩，一大批有技术、懂经营、会管理的职业农民加入了种烟队伍，有效解决了烟农数量下降、队伍老龄化等问题。

二、培育新型烟叶种植主体的主要措施

为规范新型主体培育，山东省烟草专卖局（公司）制定了《关于大力培育新型烟叶种植主体的指导意见》，构建新型烟叶种植主体培育政策扶持体系、经营管理体系和生产服务体系，通过就地培养、吸引提升等方式，发展壮大职业烟农队伍，为推动烟叶高质量发展奠定坚实基础。

（一）明确新型烟叶种植主体发展对象

新型主体开展以烟为主、多元种植，实行适度规模、市场化经营、标准化管理的新型农业经营主体。山东烟区通过烟站与村党支部宣传发动、典型烟农带动等方式，吸引经济状况良好、善于经营管理、种植意愿较强的村干部、返乡青年、退伍军人等社会能人或社会组织，发展成为新型烟叶种植主体，壮大烟农队伍，解决烟农队伍老龄化、烟农数量下降等问题。

制定中长期发展规划，明确新型种植主体、30～50亩种植大户发展总体目标和年度目标。到"十四五"末，在山东全省建立以30～100亩种植户为主体的规模化、集约化的烟叶生产新格局。

（二）出台新型烟叶种植主体扶持政策

在培育新型主体的过程中，山东各烟叶产区积极协调地方党委政府出台新型主体培育的相关扶持政策，在土地流转、技术推广、设施配套、专业化服务、风险救助、技能培训等方面给予政策倾斜，充分调动了村集体和新型主体种烟积极性。

在基本烟田建设方面，积极争取政府涉农项目和行业资金支持，落实惠农政策和金融扶持，加大烟田基础设施配套力度，全面提高烟田综合生产能力，夯实新型主体培育的设施设备基础。

在扶持政策方面，将自然灾害防治、绿色防控、浇水和抗旱设施、专业合作服务、科技推广服务等项目向新型主体倾斜。在统筹考虑烟区总体布局规划的基础上，充分尊重新型主体意愿，将计划资源向其倾斜，扩展新型主体种烟规模。

针对风雹、洪涝灾害等风险损失，增设了风险基金，在烟叶种植保险赔付的基础上，对造成较大损失的烟田进行灾害救助，降低了新型主体的种植风险。对于连续种

烟的新型主体，为其购买人身意外伤害保险、重大疾病保险、年金等，或者奖励生产物资，增强了新型主体的积极性和归属感。

（三）做好新型烟叶种植主体生产服务

为解决新型主体初次种植烟叶面临的问题与困难，烟草公司在烟站内建立了烟农服务中心，打造了土地、劳动力、资金"三个银行"，为新型主体提供土地租赁、用工、贷款等服务，打造"拎包种烟"新模式。在土地租赁方面，每年8月到翌年2月，新型主体可到烟农服务中心查询烟站辖区内的土地储备及使用的动态变化情况，根据自身需求租赁土地，解决"怎么找地"的问题。在用工方面，主要通过社会化托管服务，解决怎么种烟问题。针对前期启动资金不足的问题，新型主体可以通过"资金银行"优惠信贷政策办理低息贷款。

在烟站建立烟农服务中心，为烟农提供物资设施与技术服务保障。新型种植主体可以通过烟农服务中心，联合采购烟叶生产全程所需的肥料、地膜、农药等物资，咨询烟叶生产各个环节的生产技术，保障新型主体会种烟、种好烟、有效益。

（四）完善新型烟叶种植主体管理机制

为提升新型主体的培育质量，对新型种植主体实行动态化、规范化管理，建立完善新型主体信息档案，采集家庭状况、多元经营作物、种植合同、落实面积、交售信息、投保信息等内容，并录入信息库。建立完善新型主体准入机制、退出机制与约束机制，提升了新型主体的培育质量。

建立准入机制。要求新型主体个人征信良好，无不良信用记录，同时具有一定的组织管理能力，主动服从、配合烟草部门的指导和管理，能够利用村办合作社集中流转的土地，开展以烟为主的多元种植。

建立退出机制。对不再参与烟叶种植，自愿申请退出的，种植主体资格自动取消，原经营土地在服从村办合作社土地轮作制度的前提下改种非烟作物或在与村办合作社协商后转给其他种植主体。

建立约束机制。对不遵守烟草部门生产收购相关规定、经营管理能力差、出现不诚信、不规范经营等情形的，取消种植主体资格，引导新型主体严格执行行业相关要求，规范合同签订、品种选择、烟田轮作、肥料农药使用、烟基设施维护等生产过程。

（五）强化新型烟叶种植主体培训教育

实施"两覆盖三提升"高素质烟农培训工程，对烟农及新型主体开展培训教育，确保每年培训烟农全面覆盖、生产环节技术全面覆盖，着力提升烟农生产技术能力、经营管理能力、思想道德素质，烟农参与培训积极性和满意度明显提升、综合素质不断增强，实现由"要我提升"到"我要提升"的转变。

1. 立足全员培训，推动烟农素质整体提升

采取"烟草公司+科研院校+培训中心"培训模式，各市公司为主要组织单位，借助山东省内科研院校和培训中心师资、平台优势，开展多层次、全方位培训，市公司培训到烟农合作互助小组组长，县公司培训到所有烟农，确保宣传培训全覆盖，保证烟农均衡发展，为高素质烟农队伍壮大储备力量。

在全员培训基础上，实施重点提升培训，建立新发展烟农、中间户、小农户、新型种植主体、烟农互助小组组长、骨干烟农基础档案，明确各类学习主体、因材施教、因需施教，克服各类种植主体短板弱项；对新型主体等高素质烟农实施加强版培训，聚焦技术和管理突出难题，打造种烟能手、管理行家、致富带头人，持续带动壮大高素质烟农队伍。

2. 丰富培训内容，推动烟农素质全面提升

采取"一点两线、分段分层"的培训模式，以烟叶生产为立足点，以生产技能和组织管理能力提升为两条线，在烟叶生产周期内分阶段组织集中培训、实训实习和生产实践，注重烟农思想道德素质提升，进一步丰富培训内容。通过理顺生产经营重点和难点，构建了涵盖道德修养、大农业现状、生产技术、管理能力在内的现代化课程体系，针对不同学习主体调整培训内容。

针对传统的培训过于侧重烟叶生产技术的实际，进一步拓宽了培训内容，注重对大农业生产技术的培训，组织各地市公司加强与农民职业教育部门的联系，与山东农业大学等农业高等院校合作，在推广烟叶生产技术的同时，全面讲授大农业相关生产技术，进一步提升了烟农素质，促进烟叶与多元产业融合，对稳定烟区与烟农队伍发挥了积极作用。

注重生产经营管理培训，对新型烟叶种植主体，在抓好技术落实的基础上，着重开展物资管理、财务管理、人员管理等经营管理技能培训，全面提升了烟农综合素质与管理能力，为减工降本、提质增效打下了坚实基础。

3. 创新培训形式，推动培训效果再提升

在印发技术资料、课堂学习、现场交流、上门指导等传统培训形式基础上，针对烟叶生产各环节重点工作，创新无接触工作法，利用微信群、QQ群等现代信息工具，通过课件、视频、电子手册等途径，把政策、技术、要求宣传培训到每一户烟农，统一广大烟农的思想认识，提高政策宣传效果、技术落实效果。各市公司针对传统授课方式不能满足烟农需求、烟农学习兴趣低等问题，创新培训方式，采用微视频、抖音推送等多种培训方式相结合，提升培训效果，提高了烟农的综合素质。

第八章　生产方式转型发展

全力推进烟叶生产方式转型发展，以高标准基本烟田建设为基础，以农机农艺融合为动力，以信息化管理为手段，推进标准化生产、精准化作业、高效化服务、数字化决策，全面提升烟叶生产现代化水平。

第一节　基本烟田保护与利用

土地是农业生产的最基本要素，烟叶生产可持续，首先是种植烟叶的土地必须可持续。开展基本烟田保护与利用是保证种烟土地可持续的必要手段，更是稳定烟区、稳定烟田、稳定烟农的重要保障。只有牢牢守住烟田这个"基本盘"，才能稳固烟叶基础、筑牢发展根基。

一、政府主导，统一规划，扎实抓好基本烟田规划

做好基本烟田的系统规划和配套建设既是建设现代化烟草农业、推动烟叶高质量发展的必然要求，更是助力乡村振兴、展现行业担当的现实需要。近年来，主动对接各级地方政府农业产业规划，把烟田保护纳入耕地保护的大规划，因地制宜处理好基本烟田核心烟区保护与土地规划、基本农田规划的关系。

（一）政府主导，多方联动

山东省政府把烟草产业作为全省八大特色产业之一，纳入乡村产业发展"十四五"规划，山东省农业农村厅与山东省烟草专卖局（公司）联合印发《关于加强烟叶生产规划推动烟叶产业高质量发展的通知》，从科学规划烟叶生产布局、加强高标准烟田建设、推动烟叶生产提质增效3个方面发力，进一步提升烟叶优势特色产业，促进烟叶产

业高质高效、烟区农民持续增收。市、县、乡镇政府把基本烟田规划建设列入地方农业"十四五"规划，出台基本烟田规划与建设政策文件。政府主导、多方协同、上下联动，形成了系统推进基本烟田建设、推动烟叶产业稳定发展的合力。

（二）强化配套，提升能力

把改善基本烟田生产条件作为长远之计、惠民之举，持续加大烟田基础设施配套力度。坚持经济适用，实行精准投入，紧紧围绕山东特色烟叶定位，结合种植规模和生产布局调整，将资金优先安排到烟叶种植的核心区和重点区，安排到烟叶特色彰显、需求最为迫切的项目上。"十三五"期间，山东全省投入3.27亿元，开展土地整理、配套水利设施和烟田道路；援建水源工程资金0.52亿元。"十四五"期间，规划投入3.35亿元，打造"集中连片、作业高效、排灌顺畅、优质稳产、环境友好"的优质基本烟田，全面提高基本烟田综合生产能力。

（三）优化布局，协同发展

制定《山东烟区类型划分指标体系》，坚持市场导向、生态优先，优化烟叶生产布局。政府主导，优化粮、烟、经作物产业布局，发挥粮烟轮作在增加农民收入、改良土壤质量、提高农业现代化水平方面的作用，推动烟区形成稳定的粮烟双优生产基地，推动粮烟等作物双促进、双丰收、协同发展。2021年以来，潍坊市按照"保护发展核心烟区、稳定巩固重点烟区、逐步压缩普通烟区"的原则，科学规划布局烟叶生产，培育打造烟叶高质量发展核心区域、特色农产品优势区域，实施东烟西移，压缩诸城东部、北部，扩大西部、南部；压缩安丘东部，扩大西部山区丘陵；发展临朐，稳定昌乐，压缩高密，恢复青州优势区域，共淘汰不适宜烟田6 300亩，扩充适宜烟田16 520亩。

（四）上图入库，精准规划

制定山东全省《"十四五"基本烟田规划》，组织产区逐地块勘查审核烟田土壤、水源、设施等条件，划界立桩，编码入库。依托"智慧烟叶平台"，技术员通过手机终端逐地块精准圈定基本烟田，通过视觉烟区功能，一张屏显示基本烟田、基础设施、种植地块、轮作烟田，为烟区布局调整、设施规划、生产指导提供可视化、精准化数据依据，推进了烟田数字化管理。山东全省60万亩基本烟田已全部完成上图入库，为烟田布局调整、基础设施建设、烟田轮作管控、计划合同落实提供了准确依据（图8-1、表8-1）。

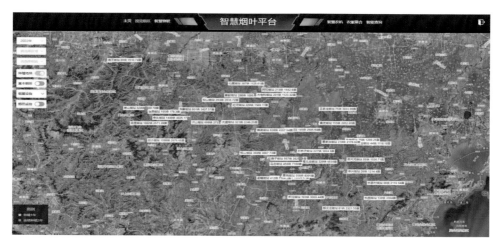

图8-1　视觉烟区图

表8-1　山东省基本烟田建设规划统计表

市	总面积（万亩）	乡镇（个）	片区（个）	核心区			重点区			普通区		
				面积（万亩）	片区（个）	占比（%）	面积（万亩）	片区（个）	占比（%）	面积（万亩）	片区（个）	占比（%）
潍坊	22.00	38	790	16.39	575	74.5	3.95	145	17.9	1.66	70	7.6
临沂	25.50	77	718	18.65	496	73.2	6.39	198	25.1	0.45	24	1.8
日照	8.44	21	358	3.43	111	40.7	4.71	230	55.8	0.30	17	3.6
青岛	1.50	7	44	1.50	44	100.0						
淄博	2.00	11	80	1.00	48	50.0	1.00	32	50.0			
济南	1.00	2	37	1.00	37	100.0						
山东	60.44	156	2 027	41.98	1 311	69.4	16.05	605	26.6	2.42	111	4.0

二、合理轮作、双促双优，烟粮协同抓好烟田管理

推动烟叶高质量发展，需要高质量的基本烟田作支撑，山东全省聚焦数量、质量、生态等关键因素，完善烟田管护机制，确保基本烟田数量稳定、质量提升、绿色发展。

（一）推进集中经营

依托植烟村党支部领办合作社，建立"土地银行"，集中开展土地流转，明确土地价格、土地用途与流转年限，促进所有权、承包权和经营权分离，实现植烟土地长期集中稳定流转。土地流转主要采用土地集中流转到村办合作社的方式，由合作社统一管理、集约经营、返租到户、合理使用，盘活农村土地资源，构建烟田储备库，实现粮烟种植科学规划、合理布局，推动土地规模化种植、集约化经营，较好稳定了基本烟田规模。

（二）完善耕作制度

建立"四个一"轮作管控机制。用好"一封信"，即致烟农的一封信，深化思想认识，提高烟农的思想认同和推进轮作的积极性；生成"一张图"，即生成一张烟田轮作地图，年度间通过对同一块烟田的变化，对比分析是否为轮作烟田，为计划分配、轮作考核提供科学依据；建立"一个规范"，即建立轮作管理规范，实现有效管控，将轮作烟田管理纳入生产管理考核，强化指导服务，最大限度保障烟田轮作效益；固化"一个流程"，即建立《烟田轮作管理程序》，固化烟田轮作管理流程，严格烟田轮作管理工作各项标准和要求，确保烟田轮作过程得到有效控制。通过对基本烟田耕作制度、前茬作物、药肥施用等进行系统优化，2022年山东全省烟田轮作比例达到95.5%以上，示范推广烤烟—油菜、烤烟—小麦等"一年两季"9 200亩，推动土壤效能持续提升、烟田长久使用。

（三）加强质量监测

每年年初对基本烟田土壤质量、灌溉水质等情况进行全面检测。按照"四调整一严禁一控制"原则，优化种烟地块，调整水土不适宜、烟叶内在质量差、连作超过三年、烟农配合度差等地块；严禁在低洼易涝、病害易发等地块种烟，推动烟田质量逐年提升，生产规模稳中有增。构建基本烟田营养丰缺曲线，准确掌握基本烟田质量变化，科学评价烟田综合生产能力，为耕作制度优化、技术方案制定、指导服务生产提供科学依据。每年对基本烟田施用肥料进行质量抽检，加强轮作作物肥药管控，杜绝施用高氯化肥及烤烟禁用除草剂，保证施肥用药规范。

（四）完善管护机制

把基本烟田纳入政府部门耕地保护管控体系，依托行政和法律手段，加强烟田使用情况监控。制定《基本烟田管理办法》，厘清市、县公司和烟站基本烟田管护职责，明确监测内容和管护措施。借助遥感航拍监测、烟技员巡查等手段，对基本烟田使用情况进行常态化、立体化监控保护。在基本烟田周边规划备用区，实行退一补一、动态管理，确保基本烟田规模总体稳定，建立起覆盖全部烟田的土壤养分动态数据库，持续跟踪取样地块的土壤养分、烟叶质量等数据，为实施土壤保育提供科学依据。

三、用养结合，产业融合，助力乡村振兴

立足生态优先、绿色发展，完善投入机制，推进产业融合，促进烟田永续利用、发挥长期效益，持续促进烟农增收，以产业兴旺助力乡村振兴。

（一）坚持健康栽培

全面推进肥料减量增效，根据烟田前茬作物、施肥种类及产量、土壤质地、水源条件、品种需肥特性、目标产量和土壤养分化验结果，制定"一户一策"施肥指导单。坚持"控氮、增钾、补微、增施有机肥"施肥原则，控施氮肥，增施有机肥；实行"一亩一袋"精准施肥，实现了从配方施肥到施配方肥的转变。全面落实全生育期按需供水，推广节水灌溉26万亩，促进水肥耦合，提高水肥利用效率，化肥施用量减少30%左右。

（二）落实清洁生产

全面推行0.01 mm标准厚度地膜，推广揭膜回收；示范推广植物纤维降解地膜。聚焦"四虫三病"防控靶标，形成了全过程、立体化的绿色防控"1+3"技术集成体系，实现精准减量施药，持续降低化学农药使用量。推广烟草秸秆资源化利用，促进节能环保、低碳精准烘烤。

（三）推进产业融合

统筹规划烟叶与多元产业发展，因地制宜优化"烟+N"产业体系，优先选择政府大力支持、与烟互补的优势产业，烟农能够广泛参与的成熟产业，优质高附加值特色产业，提高基本烟田综合产出能力。发挥烟叶产业优势，将烟叶生产技术及管理经验应用到多元产业，同步推进多元产业基地化、绿色化、集约化、现代化、品牌化发展，提高多元产业增值收益。

第二节　农机农艺融合

农业的根本出路在于机械化，农机农艺融合是推进农业机械化的基础保障，也是建设现代农业的必然选择。近年来，山东烟区以宜机化烟草农业标准体系建设为突破口，加快关键环节农机装备研发推广，推进农机农艺融合，提升机械化作业水平，促进烟叶生产"全程全面、高质高效"，推动向高效作业、轻松种烟迈进。

一、农机农艺融合发展概况

为促进农机农艺融合，更好地提升烟叶生产机械化水平，2021年中国烟草总公司印发了《构建宜机化烟草农业标准体系促进农机农艺融合发展三年行动方案》，以宜机化烟草农业标准体系建设为突破口，促进农机农艺融合，加快关键环节农机装备研发推广，推动烟叶生产向全程全面机械化升级。山东作为黄淮北方平原烟区牵头产区单位，通过深入实施烟叶标准化生产，持续优化农艺标准，积极开展农机装备全程化协同攻关创新，构建完善农机作业托管服务体系，烟叶生产机械化覆盖面逐步扩大，为提升机械作业效率、降低烟农劳动强度和生产成本、提高烟叶均质化生产水平提供了有力支撑，探索了农机农艺融合的发展新路。

二、优化农业标准体系，农艺端发力适应农机作业需求

农艺宜机化是实现农机农艺融合的基础，聚焦农艺农机结合点，持续优化农艺标准，构建科学合理、重点突出、导向明确的区域统一标准体系，为提升烟草农业标准化作业水平提供统一的农艺基础。

（一）统一技术标准

以培育"中棵烟"为主线，以烟叶优质高效、烟农降本增效为目标，持续优化农艺技术、深入推进烟叶标准化管理，制定《中国烟草总公司山东省公司烟草农业综合标准体系》，农艺调整与标准制定同步推进。山东全省形成《烤烟整地起垄覆膜技术规范》《烤烟水造法井窖移栽技术规范》等86个技术标准，覆盖了所有烟叶生产环节。

例如在起垄环节，为有效调节烟田土壤水、气、热状况，改善烟田防涝和排水条件，进一步优化烟株根系生长环境，山东烟区合理确定垄距、垄型。自2018年开始推广高垄大垄，平原垄高达到30 cm、丘陵山地垄高达到25 cm以上；为确保机械能够下田作业，确定垄距为110～120 cm。移栽环节，结合山东烟区气热条件，为提高移栽成活率和整齐度，有效抵御移栽初期低温冻害，推广水造井窖法移栽，井窖呈上口大、下口小的倒圆锥形，井窖口直径8 cm，井窖深16～18 cm，井窖间距45～50 cm。

（二）农艺宜机化再造

以山东烟区地形地貌为基准，围绕育苗、田间、烘烤三大作业场景，以农机作业规程、农艺标准、物资规格三个统一为重点，制定《山东烟草农机农艺融合规程》，在诸城、沂水两个农机农艺示范县落地实施并持续优化完善。

以建设诸城、沂水农机农艺融合示范县为契机，以实现机械化采收目标倒逼，梳理优化现有机械，优化现有农艺标准，推进农机农艺融合。对于耕整地、起垄施肥、覆

膜、中耕、植保等农机装备较成熟的环节，优化农艺流程，配合相邻作业环节整体提出宜机化农艺要求；对移栽、采收环节，通过农艺农机双向发力，在优化育苗方式、成苗标准、株距、采收次数等基础上，实现农艺农机有效对接。

比如在起垄空间上，地头留出150 cm空间作为采收机操作行，方便采收机下田作业；在移栽密度上，进行合理密植，株距45 cm较为适宜，方便采收机作业过程中近距离剥离烟叶；在移栽时间上，实行集中时间移栽，同一乡（镇）5 d内完成移栽，同一县（区）7 d内完成移栽，同一地（市）移栽时间不超过10 d，利于同一区域烟叶集中成熟，方便机械打顶、机械采收；在烘烤方式上，因机械采收可能存在部分破损烟叶情况，为便于机械采收，大力推广使用烟夹烘烤。

（三）烟田宜机化改造

以宜机化为目标，围绕烟区地形、地貌特点和农机作业环境要求，加大烟区布局优化和土地流转力度，在提高连片种植基础上，因地制宜开展烟田宜机化改造，明确田块形状、坡度、平整度以及机耕路、沟渠等宜机化指标参数，提出改造技术方案，以土地整理、机耕路建设、烟田水利设施为重点，持续完善烟田设施配套，推进烟田宜机化改造。"十四五"期间，规划投入资金减少机械作业死角，改善农机作业条件，解决农机"下田难""作业难"的问题，提高单位面积农机作业效率。

三、推进农机改造提升，农机端聚力满足农艺升级要求

持续改造提升农机满足农艺技术要求是农机农艺融合的重要环节。近年来，山东烟区始终坚持农机匹配农艺的要求，针对农艺升级主动改造提升农机装备，促进农机配套与农艺标准对接，提高了农机利用效率，推进了农机农艺融合。

（一）起垄机具改造

在起垄环节，农机装备通用性好、技术发展较成熟、类型丰富，机具的可调整性较强、选择面广。例如为满足起高垄大垄的农艺要求，诸城分公司群策群力，根据农艺要求将原起垄机旋耕犁片加长5 cm、起垄器加高5 cm、导向轮直径由40 cm加大到60 cm。经过升级改造的机械，在平原区烟田起垄高度可达到30 cm以上，丘陵山区烟田起垄高度可达到25 cm以上，平均提高约5 cm，垄体饱满，土壤细碎，质量高、造型好，满足了"中棵烟"高垄深栽的要求。针对平台双行起垄方式，临沂市公司改造起垄施肥机，由齿轮箱、肥箱、下肥器、悬挂架、防护罩、旋耕机架、旋耕刀、起垄犁成型器、肥箱调节器、下肥电机、成型器液压马达等组成，75马力（1马力约为735 W）以上拖拉机即可带动，可一次完成旋耕、施肥、起垄、定型等工序，作业效率达到50～60亩/d。

（二）覆膜机具改造

在覆膜环节，因山东烟区每年5—7月经常出现阶段性干旱，一定程度上影响了年度间烟叶质量、产量和烟农收入的稳定性。潍坊市公司自2014年起主动向大农业学习，引进应用滴灌水肥一体化技术，逐步实现了技术本地化，烟叶生产由原来的大水漫灌改为滴灌。为减少铺设滴灌带用工，2015年诸城分公司联合相关机械厂家，改进覆膜机，增加铺设滴灌带和喷施除草剂功能，通过拖拉机牵引单次作业即可实现覆膜、滴灌带铺设、药液喷施多个作业环节，实现一体作业。沂水分公司改进研发山区"便携式烟田覆膜铺管一体机"，减轻了劳动强度，提高了作业效率，通过1人操作、2人覆土，每天可覆膜铺管8亩，亩均用工0.375个，比传统人工覆膜、铺管节省用工1.125个，按每人每天100元计，亩省人工费112.5元。

（三）简化农艺流程

在农机端发展复式作业机械，实现一机多能，同时优化机具结构，保障作业质量。起垄、施肥、覆膜方面，为进一步落实烟叶精益生产要求，针对当前烟叶生产起垄施肥、覆膜环节农艺衔接不连贯的问题，诸城分公司以农机农艺融合示范县建设为契机，建立起垄施肥覆膜一体机选型定型"赛马机制"，联合相关机械厂家共同研发高起垄施肥覆膜一体机，有效提高起垄覆膜作业效率及作业质量，节约环节作业成本，满足农艺标准要求。该起垄施肥覆膜一体机通过整合提升起垄机和覆膜机多项功能，集合起垄施肥装置、覆膜装置、滴灌带铺设装置和药液喷施装置于一体，通过拖拉机牵引，单次作业即可实现起垄、施肥、覆膜、滴灌带铺设、药液喷施多个作业环节，实现一体作业，实现烟田覆膜后烟垄饱满、垄高30 cm以上、垄距110~120 cm作业标准，作业20亩/d，与常规起垄、覆膜机械作业相比可节省费用25元/亩，缩短了起垄、覆膜等环节作业时间，保障了作业质量。

四、突破关键环节瓶颈，实现全面全程机械化

为攻关突破移栽、打顶、采收机械化作业薄弱环节，补齐烟叶生产全程机械化短板，2020年以来，山东全省充分发挥科研院所和本地农机企业优势，依托山东烟草工商研融合创新园，成立了智慧农业示范中心，联合中国农业科学院烟草研究所、山东省农业机械科学研究院、山东农业大学等开展关键环节装备攻关。

（一）攻关移栽装备

针对井窖移栽农艺要求，产区自主研发了井窖式移栽打孔机和高速井窖移栽机（图8-2）。

井窖式移栽打孔机日均作业16亩，整体移栽效率是人工的4倍，移栽周期缩短3/4；作业标准高，井窖成型达标率98%以上，单孔注水量2~3 kg，孔距45 cm；移栽成本

低，亩均移栽用工减少0.46个，降幅51.1%，亩移栽成本降低43.5元，降幅48.3%。同时，潍坊市公司研发了适应山区、丘陵地块使用的机型，具有操作灵活方便的特点。

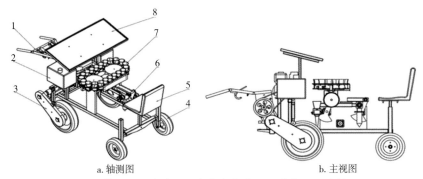

a. 轴测图　　　　　　　　　　　b. 主视图

1. 操纵装置；2. 水箱；3. 自走式底盘；4. 地轮；5. 座椅；
6. 成穴移栽注水装置；7. 送苗装置；8. 苗架。

图8-2　高速井窖移栽机结构图

井窖移栽打孔机虽然移栽打孔效率有所提升，但是无法匹配不同烟垄高度，而且只是实现了半自动化，对人工要求依然较多。为解决以上问题，潍坊市公司与山东省农业机械科学研究院合作开展"烟草专用移栽设备研制与应用"项目研究，研制出符合山东烟区井窖移栽农艺要求的高速井窖移栽机。该款移栽机实现了自动精准打穴、注水、投苗一体化作业，移栽深度18~20 cm，株距45 cm。同时通过智能电动控制，将打穴、注水、投苗等操作与间隙式行走模式进行智能化匹配，使整机效率最佳，可实现对打穴间距、深度、注水量等参数的智能精准控制和快速调节，成窖直径、井窖间距稳定，基本实现了无人化作业，提升了烟叶生产机械化、智能化水平。

（二）攻关打顶装备

潍坊市公司与农业农村部南京农业机械化研究所、中国农业科学院烟草研究所合作开展"烟草智能打顶机械研制与应用"项目，共同研发智能打顶机。该装备根据烟草打顶需求，采集田间烟草打顶期顶端参数数据，通过顶尖识别系统对烟草顶端进行精准识别，确定最佳打顶切割位置。通过智能控制系统，实现自动打顶切割，在切割同时施药系统对切割位置喷施顶芽生长抑制剂，完成烟草精准打顶与施药。

（三）攻关采收装备

目前国内烟叶采收基本以人工为主，虽然也有烟叶采收机研发成果，但机型不成熟，造价高且容易损坏，一直未能得到广泛使用。而国外进口设备受产区地形、生产组织方式的影响难以适应我国烟叶采收要求。自2019年开始，潍坊市公司结合烟叶生产实际，明确低成本、易操作、小型化、好维护为烟叶采收机械的研发方向，有针对性地开展适用当前烟叶生产组织模式的小型化采收机械研制。2020年，成功研发了龙门架式单垄采收机，采收效率可达20亩/d。

该小型烟叶采收机采用油电混合动力系统，为整机自行行走、自动烟叶采摘装置、传输皮带装置、整车控制感应系统提供动力。烟叶采摘上，按由下至上的采摘顺序，成熟分层采摘，采摘发力保持在茎秆和叶柄间合理部位，让烟叶完整脱离植株，不破叶，少漏采。烟叶输送及存储上，烟叶剥离后，直接掉落在传输皮带上，经二级小幅度提升后，进入烟叶存储箱。传输采用柔性夹叶皮带，避免在传送过程中出现烟叶揉搓，降低青痕概率。同时制定的《烟叶收获机》农业机械推广鉴定大纲已由农业农村部发布实施。

（四）攻关山区一机多用装备

潍坊市公司与山东省农业机械科学研究院共同研发了山区一机多用机械（图8-3）。通过液压控制系统或机械仿形系统，实现整机升降和机身仿形调平，针对旋耕、起垄、覆膜、施肥、中耕除草、培土等不同作业环节，实现在不同作业环境下高效通过，攻克多作业速度匹配、多需求传动、多轮距适配等技术难题，研制速度操纵装置、外接作业机具柔性动力传动装置、多轮距适配装置等，集成多用途行走轮系，提高山区小型一机多用机械在不同作业环境和作业方式下的通过性。

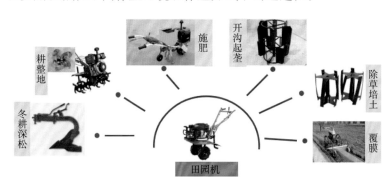

图8-3　山区一机多用机型

五、创新推广模式，科学配备烟草农业机械

加快机械推广与配套是推进烟草农业现代化的基础。山东全省自2011年开始试行千亩全程机械化示范，确定了"试点全程推、平原普遍推、丘陵重点推、山区有序推"的工作思路，加大机械配备和推广力度，烟叶机械化生产取得新突破。

（一）农机推广应用

建立以农机准入、农机推广、作业质量评价为主要内容的烟草农机推广体系。烟草部门负责新型农机（具）验证示范、农机农艺匹配评估、机械改进及选型定型、农机服务平台搭建等。农机鉴定机构负责农机质量验证，通过性能检测后方可准入。准入后，根据农机作业周期，分类实施农机装备配置与服务。移栽、打顶、采收环节作业周期短，农机购置投资大，以烟草投入采购为主，并积极争取政府补贴；耕整地、起垄施肥、覆膜、植保、秸秆拔除等环节农机相对成熟，由烟草部门向社会农机服务组织宣传推介，通过规模化农服效益引导其购置农机并为烟农提供托管服务，补齐烟农合作社服务能力不足短板，加快农机推广使用，提升机械化服务效能。

（二）科学合理配置

实施全程机械化示范。确定诸城、沂水两个千亩全程机械化示范点，在各个生产环节实施机械化作业，抓点带面，以点促面，确保山东全省烟叶机械化取得新突破。统一制定千亩方机械配置标准，加大机械配备力度，确保示范烟田机械满足使用。分层召开农机推介会、展示会和现场会，加快烟用机械的完善改进和示范应用。

加快烟用机械推广应用步伐。因地制宜制定机械推广应用方案，实现研发一台、推广一台、成功一台。制定《现代烟草农业机械应用配套规范》，根据机械工作效率和地块条件，对通用机械和专用机械配备标准作出明确规定，形成了一套较为完整的烟用机械配套体系。2022年，在平原、丘陵、山地分别以1 000亩为网格，制定机械化作业配备标准，有效满足生产需求（表8-2至表8-4）。

表8-2　平原区域1 000亩机具配置表

品类	机具要求	数量（台）
拖拉机	180～195马力（132～143 kW）拖拉机	1
可翻转五铧犁	无	1
重型驱动耙	全方位复式作业功能 深松整地	1
起垄、施肥、铺滴灌、精准变量施肥一体机	可拆卸式、三行作业	2
全自动移栽机	单行作业	2
中耕除草机	旋转锥体式立式	2
变量喷药机	大疆T30	1
自走式高地隙植保、打顶、抑芽一体机	植保、打顶、抑芽一体化作业	2
采收机	采收	7
秸秆拔除清理机	拔秆、粉碎、打捆一体化作业	2

表8-3　丘陵区域1 000亩机具配置表

品类	机具要求	数量（台）
拖拉机	80马力（59 kW）拖拉机	2
三铧犁	深松深度可调	2
旋耕机	高强度框架型双层主板	2
单行起垄变量施肥覆膜一体机	具有GPS变量施肥系统	2
全自动高速移栽机	单行作业	2
除草培土机	SC200-1、与高地隙拖拉机匹配	1
变量喷药机	大疆T30	1
自走式打顶、抑芽一体机	打顶、抑芽一体化作业	1
采收机	机械采收	7
双行拔秆机	拔秆	1

表8-4　山地区域1 000亩机具配置表

品类	机具要求	数量（台）
拖拉机	35～50马力（26～37 kW）拖拉机	2
冬耕、春耙、起垄施肥、覆膜铺管、中耕培土一体机	集成改进	10
全自动高速移栽机	单行	2
变量喷药机	大疆T30	1
背负式打顶抑芽一体机	集成改进	6
采收机	机械采收	7
单行拔秆机	单行多功能	2

从示范情况看，平原烟田生产用工减少至12个/亩左右，较其他烟田减少用工8个，节约用工成本800元/亩（人工费按照100元/亩计算），动力机械利用率提高了40%，专用机械利用率提高45%，节省机械配置资金350元/亩；丘陵、山地烟田用工减少至15个/亩左右，每亩减少用工5个，节约用工成本500元/亩（人工费按照100元/亩计算），动力机械利用率提高了30%，专用机械利用率提高40%，节省机械配置资金300元/亩。

六、整合多方资源，全面实施烟草农机推广服务

山东全省充分整合利用社会农机服务资源，积极引入丰信、金丰公社、雷沃等社会化农业服务机构，建立以农机准入、农机推广、农机服务、作业质量评价为主要内容的烟草农机推广服务体系，制定并印发《烟草农机推广服务指导意见》和《烟叶生产全程机械化作业服务实施方案》，有序推进农机作业托管服务。

（一）农机社会化服务

建立一站式烟农服务平台，集成植烟地块、农机资源、烟农等信息，实现供需双方有效对接。邀请本地大型农服公司、农机合作社、农机户入驻服务平台，为烟叶经营主体提供低成本、便利化、全方位、高质量、品牌化的农机作业托管服务。每次服务结束后，烟农对托管服务质量进行评价。2021年，潍坊市公司在诸城开展试点，依托烟农合作社联合丰信公司，开展农机托管服务，在耕整地、起垄施肥、覆膜等环节开展托管服务11.37万亩。2021年，山东全省烟叶生产各环节托管服务26.59万亩。

（二）烟农合作社专业化服务

烟农合作社与社会农机合作社合作，协调利用社会分散机械，由烟农合作社整合需作业地块，协调组织进行集中作业；农机作业托管服务全程订单方式，主要实行耕整地、起垄施肥覆膜、移栽、中耕、植保、采收、秸秆拔除环节全程托管作业服务，提高农机作业效率，扩大农机作业规模，实现农机经营效益最大化。利用一站式烟农服务平台发布专业化服务供求信息、质量评价，开展交易量数据统计分析，强化服务质量把控，提升为农服务质量，以平台推进专业服务市场化。

具体流程为：烟农合作社在每个烟叶生产环节之前统计农机作业服务中心管辖范围内的机械化服务需求。坚持烟农自愿，烟农按照实际需要选择服务并下订单。平台和烟草部门及时提醒烟农在环节作业提前一个月左右下订单，为线下机械调配资源、安排作业计划留足充分准备时间。烟农合作社根据收集的作业服务需求，配合社会化农机服务组织制订农机服务配套方案。烟农合作社协调社会化农机服务组织与烟农签订服务协议，协议明确作业服务时间、作业量、作业区域、作业质量。生成作业订单，派出农机手，布置作业任务。完成作业任务后，种植户填写作业完成确认单、评价表。作业结束后种植户签字确认，付款至合作社，由合作社提取部分管理费后进行再分配。

通过开展农机作业托管服务，烟叶生产机械化作业率明显提高，烟叶生产成本有效降低。2021年，山东全省烟叶产区耕整地、育苗、起垄、施肥、中耕机械化作业率分别达到95%、100%、97%、92%、82%，烟叶生产亩均用工量降至15个以内，平原地区亩均用工降至12个。

第三节 智慧烟叶探索与应用

智慧农业是继传统农业、机械化农业、自动化农业之后形成的一种新型农业形态，是现代农业发展的最新阶段和最高形态,在促进农业与二三产业融合、提升农业竞争力等方面具有独特优势和巨大潜力。把国内外智慧农业的先进理念、关键技术集成应用到烟草农业,对提高烟草农业现代化水平,促进标准化生产、精准化作业、高效化服务、数字化决策有着重要的现实意义。

一、国内外智慧农业的发展现状

智慧农业被视为继植物育种和遗传学革命之后的又一次农业新技术革命。近年来,在物联网、大数据、人工智能、智能机器人等新一代技术的支持下,一场新的农业技术革命正在世界各国如火如荼展开,促使农业进入数字化、网络化和智能化发展阶段。

(一)国外状况

美国、英国、日本、欧盟等国家和地区的智慧农业起步较早并取得了较快发展,在相关政策配套、新技术研发应用等方面走在了世界前列,形成了具有鲜明特征的智慧农业发展模式。美国应用"5S"技术、智能化农机技术等形成了智慧农业生产线系统,有69.6%的农场采用传感器采集数据,农业机器人在播种、喷药、收割等环节广泛应用。法国政府主导农业数据库建设,一个集高新技术研发、商业市场咨询、法律政策保障以及互联网应用等为一体的"大农业"数据体系正在打造中。德国农业信息技术、生物技术、环保技术等应用广泛,地理信息系统、全球定位系统、遥感技术等已经应用到大型农业机械上。英国政府启动"农业技术战略",利用大数据和信息技术提升农业生产效率,建立英国国家精准农业研究中心(NCPF),实施未来农场(Future Farm)智慧农业项目。日本政府2015年启动了基于"智能机械+现代信息技术"的"下一代农林水产业创造技术"。

(二)国内情况

"十三五"期间,农业农村部在全国9个省市开展农业物联网工程区域试点,形成了426项节本增效农业物联网产品技术和应用模式。我国精准农业关键技术取得重要突破,建立了"天空地"一体化的作物氮素快速信息获取技术体系,可实现省域、县域、农场、田块不同空间尺度和作物不同生育时期时间尺度的作物氮素营养监测;基于北斗自动导航、遥感技术与测控技术的农业机械,在棉花精准种植中发挥了重要的作用,农机深松作业监测系统大面积推广应用。

(三)烟草农业数字化建设

2021年全国烟叶工作会议要求,加快数字化转型,建设全国统一烟叶生产经营管理平台,以管理变革带动效率提升。科学把握智慧农业发展趋势,探索符合我国实际的智慧烟叶发展方式,促进烟叶生产从粗放发展向精细管理、科学决策发展模式转变,走

"优质、特色、生态、安全、高效"的烟草农业现代化道路，将成为新时期引领我国现代烟草农业发展、创新烟叶生产管理服务和破解烟叶发展瓶颈的重要课题。

二、智慧烟叶的构建思路

（一）总体思路

贯彻国家"发展数字经济""实施数字乡村战略"，按照烟草行业数字化转型部署要求，将物联网、大数据、人工智能、遥感等现代信息技术与烟草农业深度融合，努力打通烟叶生产流通使用全环节数据链条，实现信息感知、智能控制、精准投入、高效服务、智能决策，解决传统烟草农业普遍存在的"生产数据不齐全、过程管理不精准、信息交流不通畅、设施设备不联通"等问题，促进标准化生产、精准化作业、高效化服务、数字化决策，提升烟叶生产现代化水平。

（二）技术路线

围绕烟叶生产流通使用环节"数据"这一关键生产要素，集成数据获取、处理分析与应用服务等方面的关键技术、装备和平台系统，实现从数据到知识再到决策的转换。通过精准感知和数据采集技术创新，构建"天空地"一体化的烟叶信息采集技术体系，解决"数据从哪里来"的问题。通过集成应用烟草农业知识与模型、计算机视觉、深度学习等方法，探索烟田监测、识别、诊断等模型和算法，实现烟区烟田可视化管理、生产全程数字化呈现、管理决策智能化分析，解决"数据怎么利用"的问题。通过精准管控与人机物联互通等技术手段，集成应用施肥、灌溉、植保、烘烤等环节智能装备，搭建农服撮合平台，对接社会化托管服务组织，构建数据赋能的智慧烟叶平台，加快烟叶生产管理与服务流程数字化改造，解决"数据如何赋能"的问题（图8-4）。

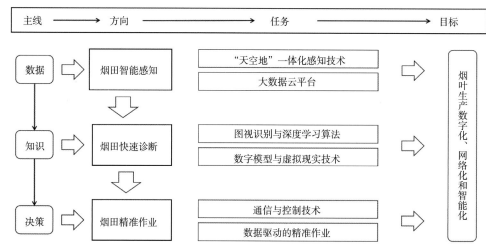

图8-4 智慧烟叶总体技术路线

三、智慧烟叶的实践应用

集成大数据、人工智能、物联网、智能装备等新技术、新装备，构建烟叶生产经营全链条"信息感知聚合、人机物联互通、智能分析决策、精准服务指导、产品质量追溯"智慧烟叶生产体系，打通全程数据链条，推进精准作业服务，实现云平台智能管理，促进烟叶生产方式、管理模式向数字化、智能化转型升级，为推进烟叶高质量发展提供支撑。

（一）烟区可视化

为从宏观上掌控基本烟田、基础设施、种植地块分布以及种植面积、烟田长势等情况，应用遥感、ArcGIS、影像监测等技术手段，把基本烟田、种植地块、基础设施位置以及相关影像信息嵌合在电子地图上，通过平台精确掌控基本烟田，精准定位烟基设施，实时监管种植地块、种植面积与烟田长势等，实现"上图入库、动态管理"，为生产布局调整、烟基设施规划、烟田有序轮作提供科学依据（图8-5）。

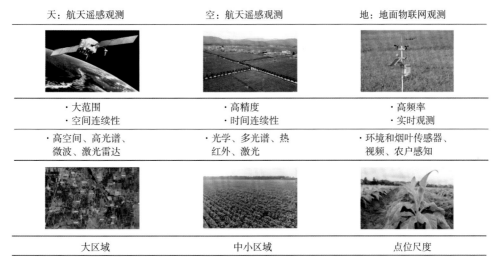

图8-5 "天地空"一体化的烟叶智能感知系统

1.精准定位

通过手机App或PC端，在平台高精地图上圈划基本烟田、种植地块边界，平台自动计算面积、经纬度等信息。在此基础上，对基本烟田、种植地块等信息进行编辑录入，实现基本烟田、基础设施、种植地块的数字化、可视化管理。

平台显示烟区基本烟田分布情况（图8-6右边红色地块），点击某一基本烟田地块，平台上显示基本烟田编号、所属烟站、地理位置、地块面积、植烟面积、土壤类型、地形地貌等信息。同时，烟区烤房、塘坝、提灌站等基础设施分布情况在平台上精准显示，为基础设施建设规划、设施调度等提供合理依据。

通过平台可查看烟区种植地块的分布，以及地块面积、烟农、种植年限等信息。通过年度间种烟地块比对，系统自动生成轮作比例，并在当年种植地块分布标识上区分，绿色地块为新轮作烟田，蓝色地块为翌年种植烟田。

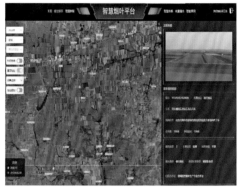

图8-6　基本烟田、种植地块、基础设施上图入库

2. 精准识别

开展"烟叶生产主要环节智慧监管模式的开发与应用"项目研究，基于亚米级卫星或多光谱无人机遥感影像，实现对种烟区域、种植地块的智能识别以及烟田整齐度、长势、成熟度等情况的智能分析，为生产指导与管理决策提供科学依据。

基于VSPNet网络模型进行烟田识别，整体算法流程如图8-7所示。首先，完成实验数据采集，主要包括实验数据采集、数据集制作、模型训练、模型精度验证。其次，通过机器深度学习建立适用于烟草种植地块分割的网络模型。最后，对烟区多源遥感影像进行数据分析，得到烟田分布情况。

遥感方式	分辨率	谱段范围
高景卫星	全色： 0.5 m 多光谱： 2 m	Blue：450~520 nm Green：520~590 nm Red：630~690 nm NIR：770~890 nm
多光谱 无人机	0.05 m	Blue：（450±16）nm Green：（560±16）nm Red：（650±16）nm Red Edge（730±16）nm NIR：（840±50）nm

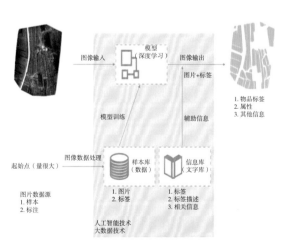

图8-7　多源遥感参数与VSPNet网络模型烟田识别算法流程

通过卫星、无人机多源遥感影像，结合已建立的智能识别模型，对烟区面积进行监测。如图8-8中识别的烟田面积为1 769.42亩，实际测量面积1 780.2亩，符合99.39%。

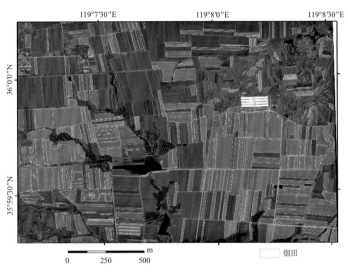

图8-8 基于VSPNet网络模型烟田识别情况

3.营养分析

通过烟田各生长周期实地采样，结合实地勘查情况，采用聚类算法对基于多源遥感影像的烟田长势进行等级划分。利用机器深度学习算法，对烟田TNDVI（两个不同时期NDVI，归一化到同一个范围尺度）和DNDVI（两个不同地区NDVI，归一化到同一个范围尺度）进行加权，划分弱小、偏弱、正常、偏旺、过旺5个等级，得到烟田的长势分析情况。

4.长势监测

利用多光谱无人机对日常考核、试验示范等小范围种植地块进行遥感监测分析，掌握地块的长势、整齐度、叶面积指数等信息。同时，还可利用多光谱无人机对受灾烟田进行遥感监测分析，为灾害评估等提供数据支撑。

（二）烟田数字化

为解决烟叶生产要素信息不全面、不精准、不贯通等问题，利用大数据、物联网等技术，实时获取种植地块基础信息和土壤、气象等动态信息，实时记录查询农事作业信息；通过平台或App实时查询种植地块位置、品种、土壤肥力、气象、墒情以及全生育期农事操作等信息，实现以图管地、信息聚合、长期记忆，为优化生产措施、推进标准化生产提供精准大数据支持（图8-9）。

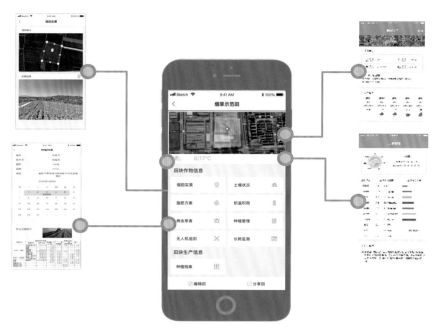

图8-9　"慧种烟"App关于数字烟田功能界面

1. 基础信息

烟田信息包括面积、位置、品种、前茬作物等；烟农信息包括姓名、种植年限、所属烟站等。

2. 土壤养分信息

借助有关科研单位的底层数据，结合烟区年度开展的烟田土壤检测数据，利用"土壤—植物—大气"连续体（SPAC）数字化模型，反演校正相关数据，构建烟区地块级土壤养分数据库。在烟农App和智慧烟叶平台上展示烟区所有地块1 km×1 km栅格的土壤数据，包括pH值、有机质、全氮、有效氮、有效磷、有效钾、土壤容重、黏粒、粉粒、砂粒等土壤报告。

3. 气象信息

利用国家气象局大数据和小基站气象信息，及时准确提供烟田地块的积温、降雨、墒情以及预测预报等情况，根据烟田不同时期生长用水需求，平台设置科学的灌溉预警曲线，提示烟农灌溉时间及灌水量。

4. 农事记录

对地块冬耕、起垄施肥、移栽、灌溉、中耕、植保、打顶抑芽、采收、装炉等作业信息、影像等实时录入，每个节点的积温积雨、墒情、日照时数同步记忆，并在年度收购结束后录入亩产量、产值等信息，平台自动生成地块年度生产报告。

（三）作业精准化

针对传统烟叶生产管理缺乏信息化支撑、设施设备管控不够精准等问题，在标准化生产基础上，围绕烟叶生产与质量特色的关键环节，集成应用育苗、施肥、灌溉、植保、烘烤等智能设备，利用北斗卫星导航、RTK（网络实时动态定位）、作业监测等技术，智能感知环境信息、行走轨迹、作业质量等数据信息，实现水、肥、药、机等精准投入与科学管控。

1. 精细化育苗管理

育苗工场安装摄像头、温度与湿度传感器，在平台实时掌控育苗棚温湿度、烟苗长势；温度与湿度超过阈值时预警并记录（图8-10）。

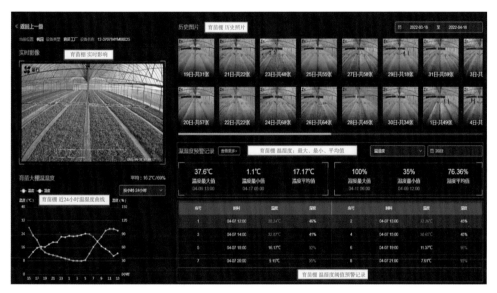

图8-10　智慧烟叶平台中育苗大棚温度与湿度及影像远程监控界面

2. 精准化灌溉

在传统水肥一体化技术基础上，通过田间墒情传感器等设备，结合天气预报、烟田水分模型算法，实现按生育期需求供水、供肥。每套智能滴灌系统覆盖50～200亩（平原区150～200亩，丘陵区100～150亩，山区50～100亩）。烟农通过手机App实时查看全部硬件及运行状态，水泵、电磁阀等可以实现一键开关，实时查看土壤墒情、土壤温度、电导率等情况，一旦参数超出阈值，系统自动报警，并实现灌溉系统的自动开关。此外，可随时查看设备工作记录，为农事追溯提供充足信息。同时，结合智能滴灌系统指导烟区面上实施节水灌溉（图8-11）。

图8-11 智能滴灌示意图与手机App远程控制界面

3. 精准化施肥

针对传统施肥存在的配方不精准、施肥不均匀以及用工多、难监管等问题,开展"烟叶精准变量施肥研究与应用"项目研究,研发智能精准变量施肥装备,结合高精度土壤CT检测、GPS、GIS等技术手段,生成精确变量施肥方案,通过终端控制系统实时监测各类肥料的排肥速度,通过卫星定位模块、控制算法等使排肥速度与车速匹配,达到连续精准变量施肥的效果。通过平台或App,可实时查看车速、施肥量、异常预警等情况,便于追溯管理。

CT测土车实现土壤有机质含量、土壤pH值、土壤温度、土壤湿度、土壤氮、磷等56种理化成分检测及分析,生成土壤地力信息图谱。精准变量施肥装备执行机构由马达、肥箱、颗粒肥排肥器、测连装置等组成,通过接收机获取作业位置信息,实现整机实时定位;通过读取处方地图中相应区域的施肥量信息,控制系统通过步进电机驱动器控制步进电机的转数,实现变量施肥(图8-12)。

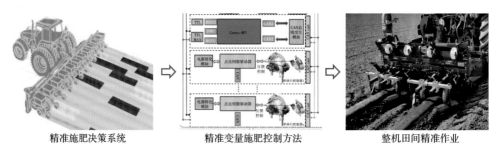

精准施肥决策系统　　精准变量施肥控制方法　　整机田间精准作业

图8-12 精准变量施肥技术路径与图示

4. 精准化植保

通过智能诱捕器、孢子捕捉仪等掌握覆盖区病虫害发生实时情况,结合中国农业科学院烟草研究所病虫害预测预报预警平台，应用智能植保无人机、精准喷雾控制系统（如农芯科技AMC-3001），利用北斗卫星导航系统、流量压力监测等技术，实时调控喷药量，实时显示流量与压力值，实时监测喷头状态，记录喷药轨迹，实现精准喷药，可显著提高作业效率和农药利用率（图8-13）。

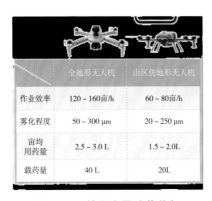

	全地形无人机	山区仿地形无人机
作业效率	120~160亩/h	60~80亩/h
雾化程度	50~300 μm	20~250 μm
亩均用药量	2.5~3.0 L	1.5~2.0L
载药量	40 L	20L

图8-13　精准变量喷药装备

5. 精准化烘烤

借助物联网技术、图像识别算法等信息手段，实时采集烘烤过程数据与影像，实时记录烘烤时长、温度与湿度、烟叶失水变化、烟叶影像等信息，通过平台或手机查看烘烤状态，掌握烘烤实时状况，并对掉温、升温等异常情况实时报警，为工艺曲线的调整优化以及远程技术指导提供数据支持（图8-14）。

图8-14　烤房温度与湿度、烟叶重量、烟叶影像物联网设备及烘烤过程影像

通过平台或手机查看烤房状态信息，掌握区域烘烤实时状况，通过水分计和重量传感器对烟叶内部含水率变化进行监测，通过图像传感器对烘烤过程中烟叶的颜色及形状变化进行监测，为工艺曲线的调整优化以及远程技术指导提供数据支撑。

6. 高效化农服撮合

搭建服务托管平台，开展农机和用工托管服务。引进社会化农服公司或组织，把烟区及周边劳动力、机械装备等信息分片区录入平台，根据烟农需求精准撮合农机、用工服务，实现了资源共享，提高了服务效能。

用工服务托管。烟农通过用工服务模块发布需求，农服公司、合作社、专业队接受订单，选派人员开展服务，服务完成后，双方共同验收，烟农在手机App或平台上作出服务评价，实现了烟区与社会劳动力资源共享（图8-15）。

发布需求　　　**接受订单**　　　**选派人员**　　　**撮合成功**

图8-15　用工服务托管流程

农机服务托管。农机服务模块可显示周边合作社、农服公司、社会机械等分布情况，农服组织通过平台发布服务信息，烟农提交订单选择服务，农服组织根据订单派车作业；平台自动记录农机作业轨迹，计算作业面积、监测作业质量、测算合格率等，烟农通过平台及时掌握服务过程与质量。通过开展农机服务托管，有效整合利用社会资源，解决了行业内先进机械装备不足的问题。

（四）收购智能化

为加快烟叶流通环节改革创新，2021年，潍坊烟草与航天五院、北京天地数联等单位联合开展"烟叶智能收购自动化研究与应用"重大专项研究，联合研发了烟叶智能收购流水线，并在诸城洛庄烟站正式投入运行，实现了人工智能、机电一体化在烟叶收购领域的商业应用。

流水线主要实现了3个方面功能：烟叶收购实现了自动化，从烟叶定级到称重成包全流程自动化，日均收购量可达500担，万担费用降至3万元，降本增效成效明显。烟叶定级实现了智能化，采用航天级高光谱成像仪采集烟叶光谱及有效数据，运用机器深度学习算法，建立烟叶辅助定级模型，提高了烟叶定级的准确性和公平性。烟叶质量管理实现了数据化，在收购过程中，收集烟叶产地、烟农、品种、内外在品质等数据，以烟叶收购环节数据为核心，对接大田生产、烘烤等数据，建立烟叶质量与生产信息数据库，为烟叶生产管理决策提供数据支撑（图8-16）。

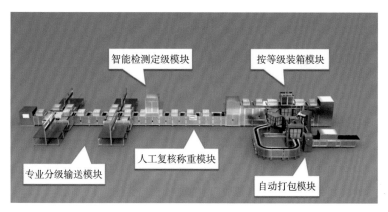

图8-16　智能收购流水线示意

1. 专业分级输送模块

智能收购系统与收购系统对接进行烟农身份认证并获取烟农合同额。采用线体和料箱分体设计，料箱通过升降机调整高度，经过专业化分级后的烟叶装入料箱，返回主线并沿主线体输送方向向后输送。

2. 智能检测定级模块

采用航天级高分辨率高光谱成像仪，边缘AI盒子——"云盒"基于卷积神经网络对采集的海量数据进行机器学习，分析烟叶青杂比例，识别烟叶等级，分析烟叶含水量以及烟叶化学成分含量（图8-17）。

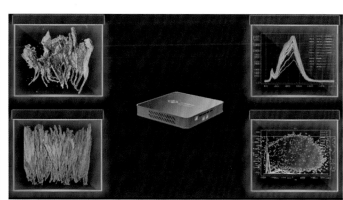

图8-17　智能检测定级模块示意

应用基于烟叶显著光谱特征分析和提取技术。采用航天级高分辨率的高光谱成像仪，覆盖可见光与近红外光，在380～1 000 nm波段内可获得128个光谱通道，完成待检测烟叶样本数据采集。通过对连续光谱反演、统计、分析，获得更多数据细节，为后续烟叶青杂检测和烟叶定级算法提供更多可选择的特征空间。

应用基于高光谱影像的青杂色烟叶识别建模技术。在不同颜色空间下对烟叶RGB（Red，Green，Blue）图像进行青杂检测，采用HSV（Hue，Saturation，Value）颜色空间，分别选取烟叶不同色相区域。通过大量对比试验，拟合烟叶青杂色与色相区域关系，再通过调整饱和度和亮度参数，提高青杂色识别准确率。结合实践经验，对烟叶叶基部、叶尖部的检测数据切块分析，进一步提高含青、含杂检测准确率。

应用基于卷积神经网络的烟叶辅助定级建模技术。基于计算机视觉理论，从烟叶高光谱检测分析数据选择400～800 nm范围内的特征光谱值作为数据输入。为提高烟叶定级准确率，采用卷积神经网络分别预测烟叶部位和烟叶颜色，网络训练所用数据包含B2F、B3F、C2F、C3F、X2F、C3L等烟叶等级，构成核心数据集。考虑不同年度、不同产地烟叶的整体差异性，开展迁移模型研究，在已有模型基础上，通过少量样本学习，快速修正模型，增强算法的适应性。

应用基于红外光谱特征数据的化学成分分析技术。获取扫描烟叶红外光谱数据，对应烟碱、总糖、还原糖、蛋白质、淀粉、氯离子等化验结果，以光谱特征数据和化学成分含量为输入，通过机器学习算法和大量实验对比分析得到光谱数据与化学成分含量的映射关系。

3. 人工复核称重模块

评级员对数字化定级结果进行复核和微调，并作为数字化定级的正反馈，合格烟叶自动称重并向后输送，不合格烟叶沿轨道回送至前端上料台重新进行专业化分级。重力传感器最高称重20 kg，称重精度±10 g。

4. 按等级装箱模块

不同等级烟叶从料箱落入对应的缓存箱。托盘旋转装置包括托盘挡停器、举升系统、旋转机构，每次料箱移动至此位置，同一等级交替进行90°旋转，模拟两端装烟。烟叶放料装置包括托盘挡停器及举升系统，开箱机构安装在线体框架上，当控制系统给出放料信号后，开箱机构启动，打开箱体底托，烟叶掉入缓存箱内，开箱机构收回并完成放料。缓存转盘设计为六工位转盘，可自定义等级，每个工位放置一大烟叶缓存箱并可计重，转盘对应有下料工位、预压工位。烟叶预压装置对已放入的烟叶每20 kg进行预压。缓存箱，用于缓存烟叶，两侧门可提升打开，最大容量55 kg。

5. 自动打包模块

缓存箱即压缩箱，缓存箱内烟叶达到预设重量后，自动输送至压缩装置压缩打包，烟包推出套筒，沿套筒边缘捆扎，防止烟叶回弹，实现按设定重量（40±0.2）kg自动打包。压缩装置，设计为四立柱龙门结构，包括缓存箱固定机构、烟叶压型机构、缓存箱门打开机构、烟叶推出及装袋机构。压缩机为电动动力，压力8～10 t。捆扎装置，烟叶出套筒时对装入麻袋的烟叶边推出边捆扎，捆扎位置位于套筒出口边缘，以保证烟叶在回弹前完成捆扎（图8-18）。

图8-18　智能收购流水线自动打包模块示意

6. 烟叶质量大数据平台

建立烟叶质量大数据平台，通过高光谱、近红外等数据挖掘和模型构建，建立化学成分含量与烟叶等级之间的内在关联；通过烟叶质量大数据分析平台，收集烟叶的年份、产地、品种、内在品质等数据。目前该平台已采集2万组、约10万kg烟叶的内外观质量数据，累计形成33万项、8T容量的数据记录，同批次等级识别准确率达85%左右。随着数据样本增加和算法适应性的提高，烟叶定级准确率将进一步提高。

（五）管理决策智能化

通过物联网、大数据等技术，打通烟叶生产流通使用环节全过程数据信息，对海量信息整合链接、数据挖掘，完善模型库、数据库、方法库、知识库管理系统，基本实现了烟区收购大数据分析、烟田生产监管分析、大数据分析推送、科学分析决策等功能，为烟叶生产经营决策与过程管理提供支撑（图8-19）。

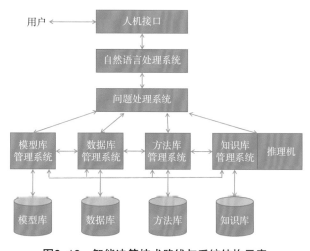

图8-19　智能决策技术路线与系统结构示意

1. 烟区收购大数据分析

把烟区烟叶收购的历史数据全部导入平台数据库，实现不同年度、不同规模、种植主体、产值结构等多条件查询分析。通过高通量烟叶质量表型检测，收集烟叶的年份、产地、品种、内外在品质、使用流向等数据，为生产管理、原料使用、烟草科研等提供大数据支撑。

2. 烟田生产监管分析

通过对各生产环节农事记录，系统自动统计市、县、站各环节作业进度及影像信息。通过在线圈地，系统自动统计市、县、站种植地块面积，自动统计交叉、重合等情况，并提供相关地块所属烟站、烟农、位置等信息，实现对预落实计划的监管。通过年度间种植地块信息比对，系统自动统计烟田轮作比例。

3. 大数据分析推送

初步建立烟田生育期管理、施肥、灌溉、病虫害预测预警等模型算法，通过数字烟田模块，提供地块级农事作业提醒、施肥推荐配方、病虫害预测预警、灌溉提醒等，促进标准化生产、精准化作业水平提升。

4. 科学分析决策

通过大数据分析，横向比较筛选当年最佳种植地块，优化片区生产方案，并向土壤养分、质地等相似地块智能推送最佳生产方案；纵向比较找出最佳烟区与烟农，为布局调整提供科学依据，同时对落后烟农进行定向帮扶。

四、智慧烟叶总体成效

（一）探索了现代烟草农业发展的新路径

瞄准智慧农业发展方向，将大数据、物联网、人工智能、智能装备等最新技术应用到烟草农业，初步构建了以视觉烟区、数字烟田、精准作业、智能决策为主要内容的智慧烟叶平台，探索了"数据从哪里来"的基础问题、"数据怎么利用"的关键问题和"数据如何赋能"的重要问题，为推进数字化转型、管理效能提升、烟草农业现代化发展探索了新路径。

（二）打通了烟叶生产流通全程数据链条

打通了育苗工场、大田生产、烘烤工场、烟叶收购等场景的数据链条。育苗工场、烘烤工场的温度与湿度数据实现了实时感知，烟田土壤、气象等全面实现了数据化呈现，烟叶生产12个关键环节农事作业及影像实现了全程记录；烟叶收购数据、内外观质量等信息前端对接大田管理、烟叶烘烤等环节，后端对接复烤使用环节，实现数据聚合、全程追溯，为推动数字技术与烟叶产业深度融合提供数据支撑。

（三）推进了生产方式转型升级

借助平台大数据、北斗卫星导航系统等手段，集成应用精准施肥、智能灌溉、精准植保、精准烘烤等智能装备，实现人机地服互联互通，有效提高了水、肥、药、机等精准投入与科学管控水平。利用试点区智能装备作业数据信息，指导烟叶生产，实现节水22%以上、节肥15%以上，节药18%以上，烘烤损失降低到6%以内。

（四）提升了管理服务效能

通过云平台把烟叶生产、烟农烟田、烟叶质量、工业使用等较为全面的数据信息整合链接、分析利用，实现了基础数据一个库、生产管理一张网、作业服务一条链，促进了烟区烟田可视化管理、生产全程数字化呈现、指导服务快捷化推送、管理决策智能化分析。山东全省基本烟田、基础设施、种植地块全面实现了上图入库、动态管理，生产布局调整、基础设施规划、生产技术优化、种植计划监管、农服托管调度等实现了平台化数据化管理，有效提升了科学管理决策水平。

第九章 烟叶服务方式转型

提升专业化服务水平，是推动烟叶高质量发展的重要内容，是稳定烟叶发展基础、提高烟叶生产水平的重要措施。山东烟区以推行烟叶生产全程托管服务和烟农合作互助小组建设为抓手，统筹整合社会服务资源，盘活烟区农村土地、设施和劳动力资源，建立覆盖全体烟农、全部烟田、烟叶生产全过程的服务体系，提升烟叶生产专业化服务水平，促进烟农生产经营与现代农业有机衔接。

第一节 烟叶生产全程托管服务

农业生产托管服务是指农业经营主体不再对其所拥有的土地经营权进行流转处理，而是将农业生产过程中的各作业流程进行委托处理，全面完成农业生产的耕、种、防、收各环节操作流程。作为推动农业高质量发展的切入点，实现小农户和现代农业发展有机衔接的融合器，培育新型农业经营主体的助推器，农业生产托管服务将成为我国实现农村区域化、现代化的重要手段之一。烟叶生产托管就是委托具备专业资质的农业服务组织，据此达到促进烟草产业规模化发展、优化配置使用农业产业资源及推动现代烟草农业实现提质增效等目标。

一、搭建一站式托管服务平台

（一）引入社会托管服务组织

引入农业专业化社会化服务组织，作为烟叶生产托管服务的具体组织者。在线上建立"一站式服务"信息化平台，在线下依托烟农服务中心、托管服务店，负责优化托管服务方案，集聚区域用工、机械等资源，测算制定区域作业成本价格，做好烟农服务指导，抓好服务人员技术培训、质量监督与烟农满意度评价等工作，为烟农提供"一站式"托管服务。

（二）汇集托管服务供应资源

建立烟叶生产托管服务供应商库，将具备托管服务能力的烟农专业合作社、育苗专业机构、物资供应商、农机专业合作社、专业化服务队伍等纳入服务供应商库，统筹整合烟农专业合作社原有专业化服务队伍、"劳动力银行"用工资源以及其他社会服务组织和服务队伍。

建立供应商服务评价机制，把烟农对托管服务的评价和意见建议作为服务质量考核和供应商管理的主要依据，充分调动服务供应商的责任心和积极性、主动性，引导服务供应商以服务质量提高服务竞争力，平衡好烟农质量效益、供应商服务效益与托管服务质量的关系。

（三）优化托管订单服务项目

烟叶生产托管服务的对象主要是对社会化服务依赖较强的种植大户、普通家庭农场和新型种植主体，重点是用工较多、机械需求较高的耕整地、起垄、施肥、移栽、植保、灌溉、采烤、拔秆等环节。托管服务组织根据烟农需求，按照降低成本、提高效率原则，对这些环节和工序进行统筹设计、优化组合、合理组装，形成单项作业或多项作业组合的服务包，为烟农提供单环节、多环节和全程托管等不同类型订单服务套餐。烟农可根据自身生产实际需求，自由选择服务套餐订单，开展托管服务（表9-1）。

表9-1 2022年临沂市烟叶生产托管服务部分项目明细表

序号	项目
1	烟叶春耕作业服务包
2	烟叶春耙服务包
3	烟叶春耙起垄施肥覆膜铺滴灌带作业服务包
4	烟叶春耙起垄施肥作业服务包
5	烟叶起垄施肥覆膜铺滴灌带作业服务包
6	烟叶起垄施肥覆膜作业服务包
7	移栽用工服务包
8	无人机植保服务包
9	烟叶旺长期供水服务包（直供）
10	烟叶旺长期供水服务包（二次提灌）
11	烟叶专业采收服务包
12	烟叶专业烘烤服务包
13	烟叶采烤一体化服务包

（续表）

序号	项目
14	烟叶专业分级服务包
15	烟叶专业拔秆服务包

（四）提高托管服务效能

1.制订托管服务、订单价格

社会化服务组织根据不同区域土壤类型、地形地势、烟田规模等情况，制订服务单环节、多环节服务包和全程服务等服务方式，测算作业成本和价格，通过烟农代表会议、听证会议等形式充分征求烟农意见，确定服务价格。

2.便捷烟农托管、一键下单

烟农根据烟叶生产实际需要，可以通过手机终端，线上在托管服务平台一键下单，也可以到烟农服务中心、托管服务店现场下单，约定作业时间和作业需求。

3.提高托管服务作业质量

社会化服务组织根据烟农订单需求，分配服务任务到服务供应商。服务供应商与托管服务店长同时作业烟田进行评估，做好服务用工、机械和物资等准备工作，在约定时间上门到田服务。服务完成后，托管服务店长与烟农一同进行服务质量验收。验收满意后，服务组织将托管服务费用付给服务供应商。

二、健全保障体系

（一）加强政策扶持

各产区积极争取地方党委政府关于乡村产业发展、农业现代化发展优惠政策，结合本地实际制订托管服务扶持政策，提高烟农和社会化服务组织的积极性。将专业化托管服务列入烟叶生产专业化服务投入范围，对烟农依托社会化服务组织开展的专业化服务进行扶持，降低烟农投入成本，加大托管服务推广力度。基层烟站对服务价格制订、合同签订、服务质量和服务交易量进行监督核查，规范兑现政策，资金直补烟农。

（二）强化标准支撑

制订托管服务标准和《烟叶生产托管服务工作流程》，配套SOP、明白纸或明白卡，明确烟农下单、店长对接、服务实施、验收评价等具体实施步骤和关键节点要求，实现烟叶生产专业化服务合同管理、流程管理，提高服务管理水平。

（三）抓好督导监管

严格落实服务合同管理，服务组织与农户严格签订托管服务协议，保护烟农合法权益。聚焦托管服务标准、流程、质量、价格、信用等关键环节和因素，加强过程监督和服务质量检查。建立服务供应商动态管理机制，实行市场化管理、优胜劣汰，确保为烟农提供优质优价、便捷高效的专业化服务。

三、托管服务典型案例

（一）育苗环节托管

临沂市公司依托具有先进设施设备、高效专业队伍和系统物流体系的专业育苗机构进行托管育苗。根据育苗需求，由产区与专业育苗机构签订协议，约定育苗数量、收费标准、育苗方式、质量标准等方面内容。产区烟草公司负责制订技术标准，开展技术指导培训、监管育苗质量和进度；托管育苗机构负责组织育苗，对验收合格的成苗，运用现代物流配送，按时送到地块、到户。

2020年以来，山东淄博、莱芜及临沂部分植烟县累计实施托管育苗面积2.7万亩。从育苗质量情况看，烟苗损伤率降低了4.3%，烟苗利用率提高了6.2%，运输成本节省了7.6元/亩，综合计算每亩节省烟农成本投入16元（表9-2）。

表9-2　不同育苗模式烟苗使用及成本统计

处理	烟苗损伤率（%）	烟苗利用率（%）	运输成本（元/亩）	节省成本（元/亩）
托管育苗（配送）	0	98.5	0	
传统育苗（领苗）	4.3	92.3	7.6	
节约开支	3.44	4.96	7.6	16

（二）冬耕作业托管

2021年冬季实施的烟田冬耕托管服务，临沂合作的社会化托管服务公司根据订单情况，使用沂水县金旭烟农专业合作社自有拖拉机和深耕犁11台，统筹临沂市莒南县某农机专业合作社深耕机械15套，在沂水县开展冬耕作业18 932亩，跨市为莱芜烟区提供机耕服务。通过集中统一作业，提高了农机作业效率，减少农机空驶率20%以上，每台机械作业效率30亩/d，较原来提高9.9%以上；亩均降低烟农服务成本5元。

（三）移栽环节托管

2021年沂水县崔家峪荆山头、大辉泉片区实施移栽托管服务4 137亩。服务人员均由当地4名托管服务店长组织，针对片区新增面积大、集中移栽用工量大的现状，提前

1个月组织服务队伍，进行了集中培训和作业规划，提前调配用水、用具等资源。服务队员由日工取酬转为包工计件、以质计酬，成苗率以98%为基准进行奖惩，建立烟农和服务专业队员的利益联结机制，以服务质量、服务效率和烟农满意度作为服务队计酬的主要依据，提高了服务人员责任心和积极性。人均作业效率提高10%，烟农亩均成本降低10元/亩，实现了集中移栽、高效移栽。

第二节　烟农合作互助小组建设

以家庭承包经营为基础、统分结合的双层经营体制，是我国农村的基本经营制度，小农户家庭经营将是我国农业的主要经营方式，在坚持家庭经营基础性地位的同时，促进小农户之间、小农户与新型农业经营主体之间开展合作与联合，激发农村基本经营制度的内在活力，夯实现代农业经营体系的根基。

一、烟农合作互助小组探索

山东烟区20亩以下烟叶种植主体占30%左右，多为种烟历史长、诚信度高的铁杆烟农，是稳定的烟叶种植主体，并发挥着带动发展新烟农、传授经验、示范技术等重要作用。部分小农户自发开展合作与联合，共享设施资源，联合开展生产经营，有效解决了小农户一家一户遇到的难题，取得了较好的成效。

山东烟区对这种模式进行总结梳理，2018年在沂水县开展试点，经过一年的探索，形成了烟农合作互助小组建设和运行模式雏形，2018年底在山东全省进行推广，2021年制定《烟农合作互助小组运行规范》，形成烟农合作互助小组建设基本模式。

二、烟农合作互助小组基本模式

（一）烟农合作互助小组概念

烟农合作互助小组是由烟农自发组织、自愿组合、自助服务的烟农小型联合体，在面积落实、设施共享、用工互助、生产组织、标准化落地和自律发展等方面，做到烟农之间的自我组织、自我管理、自我规范、自我发展，实现在烟农之间互帮互助、互利共赢的目标。

烟农合作互助小组在面积落实、轮作换茬、均质化生产和管理水平提升等方面均有积极的推进作用，是烟叶生产全过程管理和技术措施落实的基本单元，是现有合作社的有益补充，是烟站与烟农交流沟通的新平台，是新形势下农民互助组在现代烟草农业领域新的表现形式，解决了当前烟叶生产发展过程中烟农的一些实际困难和问题。

烟农合作互助小组的组建按照地域相邻、烤房集中、规模适度、能人带动的原则确定覆盖范围，原则上每个小组有烟农5~10户，一般平原烟区单个互助小组总面积不超过500亩，山区丘陵不超过200亩。

（二）烟农合作互助小组定位

烟农合作互助小组是烟农自发成立的组织模式，不是种植主体。烟农合作互助小组成员既可以自发组织作业队伍，联合开展生产作业，也可以个人或多人向社会化服务组织申请专业化服务，重点解决因生产作业条件所限，社会化服务难以覆盖的区域和环节，是烟叶生产专业化服务体系的重要补充。

（三）烟农合作互助内容

1.烟农合作信息共享

烟站重点对烟农合作互助小组组长进行政策宣传和培训，发挥典型带动作用，以点带面，组长对全体组员进行传达和培训。小组成员建立微信群，经常性开展沟通交流等小组活动，共享掌握的烟草公司政策要求、土地流转、劳动用工、技术措施等方面的信息，解决烟农之间信息交流不对等、不及时、不顺畅等问题，提高了政策措施宣传的效率和效果。

2.烟农合作资源共享

在烟站、合作社指导下，通过小组成员之间的自我组织和沟通协调，整合优势土地资源，选择优质地块，降低土地流转成本，促进烟田适度集中连片，合理安排轮作换茬。建立水源、机械、烤房等设施设备共享清单，在烟叶生产相关环节实现小组成员之间的统筹使用；以互助小组为单位，积极与合作社沟通，优先优惠租用合作社的设施设备。

3.烟农合作用工互助

互助小组成员整合家庭劳动力或联合雇工，组建小组作业队伍，统筹安排用工资源，为小组成员提供服务，解决用工难的问题。互助小组之间也可进行联合作业，实现小组之间用工共享互助。互助小组内部、互助小组之间，共同协商和统一用工服务价格。

4.烟农合作技术互助

发挥组长的组织协调和示范带头作用，推动小组成员技术互助，积极开展小组成员、小组之间的观摩交流、典型示范、能手帮扶、技术培训等活动，统一小组成员思想认识、技术要求和作业标准，促进小组全体烟农技术标准落实，提高小组整体生产水平。

三、烟农合作互助小组运行方式

（一）烟农合作互助小组组建

烟农合作互助小组按照"能人带动、自愿组合、互利共赢"的思路，以土地、设施、用工为出发点，以"能手+"模式分类组建。烟农合作互助小组的组建及运作主要包括制订工作方案、召开启动会议、宣贯培训、调查摸底、推荐组长候选人、投票产生小组长、成立互助小组、验收、小组长履行职责、培训小组长、统计组内资源、调配资源、技术指导、考核、总结提升15个工作节点。

（二）烟农合作互助组长选拔

烟农合作互助小组组长是带领小组实现自我协调、自我管理、自我发展的"带头人"，是烟农互助小组建设和运行的关键。烟站召集小组会议，烟技员列席监督，按照小组成员推选、会议审议、烟站备案的流程，在互助小组成员中遴选组织协调能力、团队意识和责任心强，烟叶种植水平高，诚实守信、公道正派、乐于助人、群众信任的烟农担任互助小组组长。小组长实行动态管理，对不能正常运行的小组，或不能履行好职责的小组长，及时调整，确保互助小组的正常合理运行。

（三）烟农合作互助小组运行

1.组建作业队伍

组长根据小组成员作业面积，确定用工来源和用工数量。分环节组建作业队伍。对作业队成员进行理论与实操培训，明确作业标准和时限。召开互助小组全体成员会议，协商确定作业服务价格。

2.开展作业服务

互助小组组长根据作业标准和作业时限，对作业用工、设施设备等资源进行统计和调配，安排作业队或依托社会化服务组织开展服务。

3.作业验收核查

互助小组组长根据作业队开展的作业，全程记录作业的时间和工作量。包线技术员、互助小组组长和小组成员，共同对作业数量和质量进行验收。根据作业数量、质量完成情况，兑现作业费用。

四、烟农合作互助小组建设主要成效

（一）烟农合作互助小组规模

针对小农户群体，2022年山东烟区共成立318个烟农合作互助小组，促进设施共享、用工互助，入组烟农2 173户，占全省烟农总数的27%左右。

（二）烟农合作互助小组作用

1. 稳定烟农队伍

通过小组成员用工互助，解决了烟农设施设备配套不足、高年龄结构烟农劳动困难、烟农生产技术水平和收入水平不均衡等问题，保护了烟农种烟积极性。烟农合作互助小组能够广泛宣传烟叶生产政策，发挥典型带动、以老带新作用，吸引新烟农种植烤烟。诸城分公司制定新烟农发展激励政策，对带动发展新烟农的烟农合作互助小组，按照新烟农数量和种植规模进行奖励。2019—2022年，山东全省发展新烟农1 307户，其中834户为通过合作互助小组带动发展，占新烟农总数的63.8%。

2. 促进降本增效

小组成员通过土地资源共享互助或联合承包土地等形式，规模化流转和承包土地，避免抬价流转、争地争价问题，降低了土地租赁成本。从调研情况看，烟农合作互助小组成员之间流转土地成本保持在300～400元/亩，联合承包土地价格在500元/亩左右，均低于山东全省550元左右的土地流转平均价。对小组成员拥有或使用的水源、农机机械、烤房等进行统筹管理使用，按照生产环节和实际作业成本计价，解决了部分农户设施设备短缺困难，提高了设施利用率，降低了烟农设施投入成本。通过劳动力共享或共同雇工，小组成员或小组之间联合约定用工价格，解决用工难、哄抬工价问题。

3. 提升烟叶生产整体水平

基层烟站以烟农合作互助小组为单位开展技术指导和服务，提高了服务效率，能够有更多时间抓好技术措施的研究和落实。烟站技术员与互助小组组长、组长与组员之间不定期召开例会或培训会，共享技术和经验，对环节工作关键技术及措施要求、工作时限等进行明确，提高小组整体管理水平，通过统一的标准化作业，实现关键技术到位率98%以上，均质化水平提升明显。2019年沂水县烟农互助小组合作生产的烟叶均价比全县烟叶价格整体高0.85元/kg，比单户作业生产的烟叶高1.22元/kg，上等烟比例比全县整体高3.8个百分点，比单户作业高4.5个百分点，亩产值比全县整体高127.5元/亩，比单户作业高167.2元/亩，节约52.5元/亩的用工成本，纯收益比单户作业高219.7元/亩。2021年烟农合作互助小组烟农上等烟比例较2008年提升22个百分点，亩均收入提高1 082元，户均收入增加8.48万元。

第十章　供给模式转型

深入推进农业农村供给侧结构性改革，很大程度上因为当前农业农村供给结构的调整升级，赶不上社会需求结构调整升级的步伐，导致无效供给和低端供给过剩，中高端供给和有效供给不足。农业供给侧改革推陈出新，可提高供给侧的质量和效益，使得农产品供给的数量和品质都能更好地与消费者需求相契合。山东主动对接工业需求，优化烟叶供给模式，实现按卷烟品牌需求组织生产经营的转变。

第一节　烟叶收购管理

提高烟叶收购管理水平，是落实行业高质量发展政策体系的重要内容，是推动烟叶流通体制改革的关键环节，是维护烟农和工业企业利益的主要措施。山东烟区坚持创新驱动，持续推动烟叶收购转型升级，持续提升烟叶收购管理水平，促进烟叶收购工作质量变革、效率变革、动力变革，为建设无缝衔接的烟叶供需动态平衡体系夯实基础。

一、优化烟叶收购流程管理

烟叶收购过程复杂，涉及多层级、多岗位、多环节，烟叶收购流程管理是最重要和有效的管理方式。近年来，山东建立健全收购流程、关键节点控制、责任倒逼机制，有效促进了烟叶收购的标准化、规范化运行，提升了烟叶收购精益管理水平。

（一）健全流程体系

通过不断地总结提炼、持续改进，形成了《烟叶精准收购管理工作流程》《烟叶质量追溯管理工作流程》等为主要内容的收购管理流程体系。明确从精准预约交售到原烟调运，市公司、县公司、烟站3层级、13个关键岗位的工作要求，设定烟叶收购等级合格率、纯度、水分和非烟物质4个结果性目标，配套《烟农人脸信息采集管理作业指导书》《入库成包SOP》等，把内容复杂的烟叶收购管理转化为管根本、可考量的指标体系，使每项工作、每个岗位行有标准、做有规范、评有依据。例如对烟叶质量验收工作，责任明确到烟站质管员岗位，岗位职责是负责分户制样，指导和监督第三方对样分级，对加工后的烟叶进行验收排筐；工作标准是验收后的烟叶等级界限清晰，青杂比例控制在5%以内，混部比例控制在10%以内，水分符合规定，无非烟物质，筐内上下一致，无"阴阳筐"现象等。从流程设计上解决了岗位职责不清、流程节点不明、制度执行不严等问题。

（二）实行采烤分一体化管理

流程管理的目标是实现资源的集约配置、高效管理。按照"专业分级＋收购线"的一体化运行模式，围绕收购流程管理配置资源，提高烟叶收购效能。充分发挥第三方服务组织平台资源优势，实现烟叶采烤分收有效衔接，实时掌握烘烤进度，做到采后烟叶不落地、烤后烟叶不入户，烤后烟叶直接回潮、分级，解决烟农多次转运储存带来的水分、非烟物质等问题。采用社会化组织开展专业化分级，转化烟站职能，烟站由专业分级的实施主体、管理主体转变为监督考核主体，将管理资源、技术力量由过去入户预检、轮流交售、专业分级等收购前端转移到收购线管理、质量管控和现场管理上来，提高收购管理水平。山东全省每条收购线日均收购量达到200担左右，收购时间控制在50 d左右，与"十三五"初相比缩短近15 d。

（三）完善制度措施

围绕标准落实、流程管理、精益渗透，聚焦工业企业关注的烟叶成熟度、纯度、非烟物质3个目标，完善措施、配套制度、堵塞漏洞。推广专业分级托管服务、按炉次收购、对样收购、成车即交、质量追溯"五项措施"，健全烟叶收购合同、收购过程监控、质量看板、廉洁风险防治、入库成包"五个规范"，完善收购线考核、责任追究、工作绩效考核"三项考核"，明确每一项工作"做什么、怎么做、谁来做、做到什么程度、谁来监督实施"。把精准收购管理渗透到烟叶全员、全流程、全方位，推动各项工作措施落实落地。烟叶收购管理由"等级合格率"向追求"客户满意度"转变，收购烟叶成熟度、纯度和非烟物质得到有效管控，在近年全国烟叶收购等级质量检查中，山东等级合格率均在80%以上，等级纯度在90%以上。

（四）强化廉洁风险防控

按照廉洁风险防治"进制度、讲岗位、进流程、进系统、进考核"的思路，强化全链条问题管理、全流程目标管理、全方位风险管控，实现风险防控体系与流程管理的有机融合。山东全省落实"一张清单"制度，每个烟站统一建立烟叶收购廉洁风险防治基础清单，配套岗位风险防控作业指导书、管理看板、致烟农公开信。将烟叶收购规范落实到每个烟站、每名员工，贯穿于烟叶收购的各个方面、各个环节，做到责任划分到岗、目标制定科学、节点标准明确、风险识别到位，确保了烟叶收购规范有序、公平公正，有效维护了广大烟农利益，树立了烟站窗口新形象。

二、创新"一刷三拍"收购管控模式

基层烟站分布点多面广，受地域、时间等限制，对烟叶合同、定级收购、过磅称重等管理和监督方面存在一定的滞后性。近年来，山东借助现代信息技术和科技手段，以"管理+科技""人控+智控"赋能驱动，创新推广全流程、全方位、全时段的"一刷三拍"收购管控模式，克服了收购工作监督的"死角""盲点"，进一步提升了基层烟站规范管理水平，提高了烟农、地方政府和工业企业的满意度，其中，"一刷"是指烟农交售时刷脸验证身份；"三拍"分别指定级过程拍、等级确认拍和交售称重拍。

（一）烟农刷脸验证

运用人脸识别技术，开发烟农身份信息快速验证系统，烟农到站后通过刷脸验证，确认身份后方可办理烟叶交售与结算业务（图10-1）。该项措施利用人脸信息的唯一性，取代自20世纪90年代以来广泛使用的售烟信息卡（IC卡），身份识别准确率达到100%，平均单次响应识别时间0.64 s，方便了广大烟农，克服了售烟信息卡使用的随意性带来的跨区交售、借卡交售和违反合同收购等问题，进一步规范了烟叶收购合同管理。

图10-1 烟农刷脸识别验证身份

（二）定级过程拍、等级确认拍和交售称重拍

1.定级过程拍

借鉴烟草专卖人员佩戴工作记录仪摄录执法过程的做法，为山东全省基层评级员统一配备5G便携式工作记录仪，制定工作标准和行为规范，将评级员定级过程中的言行举止等进行摄录，并记录每份烟叶的处置过程（图10-2）。定级过程拍形成了对评级员定级定价权的有效约束和有效监督，既规范了评级员的定级活动，也有助于提升评级员的定级水准，确保烟叶收购公平公正。

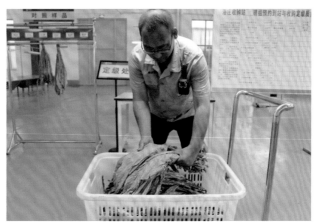

图10-2　评级员佩戴工作记录仪

2.等级确认拍

通过定级区安装的高清摄像头，对烟叶等级评定过程进行拍摄，烟农在观察区通过电子屏幕实时查看自己所交售烟叶的整个定级过程及定级结果，确认评定等级，决定是否交售（图10-3）。等级确认拍避免了烟农和评级员之间面对面的接触，最大限度地减少人为因素的干扰，同时让烟农能够对收购过程进行监督，防止"暗箱"操作，保护烟农的正当权益。

图10-3　烟农实时查看烟叶等级评定结果

3. 交售称重拍

研发烟叶逐筐拍照筛查系统，通过高像素相机对定级后的烟叶进行自动拍照，每张照片关联评级员、烟农、交售等级、重量、交售时间等信息，并实时上传至数据库，省、市、县三级可利用图像智能分析预警功能，对青杂、部位超限烟叶进行自动识别、超限预警，确保烟叶收购质量问题能够及时追溯、及时处理，倒逼收购质量提高，提高工业满意度（图10-4）。

单位：诸城分公司

烟站：权沟烟站

日期：2021-09-08

烟农：王咸高

定级员：张崇兵

等级：C3F

定级时间：16:11:03

重量：14.7kg

称重时间：16:11:08

图10-4 逐筐高清拍照照片

（三）配套措施

1. 无人值守称重

借鉴人工智能、大数据、物联网等技术，研发应用无人值守称重系统，烟叶计量称重由传统的人工操作改为无人操作，杜绝了称重环节外部干扰、营私舞弊等现象，同时加强了电子秤零点调整权限的管理，保证了称重精准度，保护了烟农利益（图10-5）。

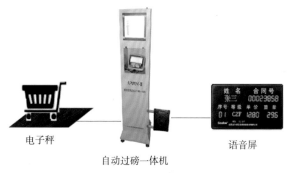

电子秤　　　　　自动过磅一体机　　　语音屏

图10-5 无人值守称重系统

2. 等级自动读取

研发内嵌电子芯片的等级牌，通过自动识别装置对烟叶等级进行识别并上传收购系统，改变过去需要人工输入等级的做法，防止了人为失误，减少了用工成本，提高了工作效率。

3. 全程视频监控

在烟站分级区、收购区、仓储区、打包区，全部安装高清监控设备，各层级管理人员可通过摄像头，实现对烟站无死角、无漏洞监管，从而与"一刷三拍"形成互为补充、全覆盖、全流程、全时段的监管体系（图10-6）。

图10-6　全程监控系统监控实景

三、变革烟叶收购质量管理方式

国家烟草专卖局提出要健全贯穿农商工全供应链的原烟产品质量管理体系，提高烟叶供给质量，推动烟叶高质量发展。近年来，山东烟区立足实现烟农和工业企业"两个满意"，依托烟叶全程托管专业化服务，全面推行"采烤分收一体化"管理，打通烟叶上下游流程衔接的壁垒，将收购质量控制的源头前移到采烤阶段，贯穿"采烤分收"的始终，全面抓好成熟采收、烘烤落实、专业分级、纯度管理、责任落实，提升原烟供给质量水平。

（一）采烤环节管控

烟叶"三分种、七分烤"，烤好是收好的关键。聚焦采烤环节制约烟叶成熟度、纯度和非烟物质的关键因素，完善服务流程，健全工作机制。推行以烘烤师为主导的烘烤网格化管理，由烘烤师统筹负责网格内烟叶采收、编烟、装炉、烘烤工作，做好烟叶成熟度判定、鲜烟素质评价，抓好对采编队员的作业培训和指导，落实烟叶成熟采烤、鲜烟分类、稀编密挂操作技术规范，为提高烘烤质量和烟叶纯度打好基础。落实烘烤以质定费，建立烘烤费用和烘烤质量的联结机制，拿出一定比例烘烤费用，与烤坏烟比例挂钩，根据烘烤质量支付烘烤费用，充分调动烘烤师抓好采烤质量的责任心和积极性、主动性。抓好回潮到分级环节责任落实，将烤后烟叶水分、分级纯度、非烟物质指标纳入托管服务组织对专业队长的考核，加强采编、下炉环节精细管理，确保采后烟叶不落地、烤后烟叶不入户，提前解决烟叶水分、非烟物质和烟叶纯度问题。

（二）专业分级环节管控

专业分级是解决纯度、非烟物质的"最后一公里"。转换分级服务模式，做实第三方集中定点分级，压实第三方分级管理和纯度控制主体责任。面向社会择优确定有组织规模、有管理经验的社会化服务组织，配足配齐分级人员，加强培训，让"专业人"做"专业事"，解决烟农分不纯的问题。规范操作流程，加强班组化管理，严格执行对样分级，做到"分清""分纯"。加强对第三方服务分级质量、分级效率、烟农服务满意度考核，提高分级质量在考核中的比例，用好专业分级投入政策，解决"分好分孬一个样"的问题。落实责任倒逼机制，分级收购过程中详细统计烟叶成熟度、烘烤质量、烟叶水分、非烟物质、烟叶纯度等情况，作为烟叶采收、烘烤、回潮环节服务质量的重要考评依据，倒逼采烤环节责任落实（图10-7）。

图10-7 专业分级

（三）收购环节管控

按照全面推行"站点组织、收购线管理"收购组织模式，健全过程控制机制，落实原烟产品质量责任，把好烟叶质量最后一关。健全"市公司总监—县公司总检—烟站主检—磅组主评"四级质量负责制，将各层级收购质量责任落实到具体岗位，压实工作责任。烟站站长和收购线主检、质管员、评级员、保管员"四员"实行同时考核、同时追责，发挥好自我监督、相互监督作用，解决责任落实不到位、相互推诿扯皮、相互包庇问题。实行"成车即交"，烟站成包烟叶达到成车标准要求，要转运至中心库，中心库上线检验，及时发现问题、倒逼烟站解决问题。通过上一环节对下一环节负责、下一环节对上一环节监督，解决责任不清的问题。

（四）全程质量追溯

完善质量追溯机制，对烟叶质量做到全程追溯，精准追责。建立烟叶初检、质量验收、定级收购、入库成包、移库验收、地市级公司移库监督和巡回检查七个节点"六级质量追溯"机制，地市级公司追溯县公司，县公司追溯到烟站，烟站追溯到收购线，解决质量追溯不彻底问题。开发烟叶质量追溯App，借助信息化手段，做到信息可查询、质量可追踪、责任可追究，提高追溯效能。规范烟包二维码使用，向工业公开二维码信息，调拨环节发现质量问题，根据工业反馈倒查烟站，并纳入对县公司、烟站考核内容，提高烟叶收购质量管控水平。

第二节　烟叶基地单元建设

烟叶基地单元是卷烟品牌原料保障的重要平台，是深化工商研合作的主要桥梁，是示范引领创新发展的有效载体。山东烟区立足于烟叶原料供应链全生命周期管理，坚持"共建基地、共创品牌、共同发展"的工商研合作机制，创新推动基地单元定制化生产、全收全调，开展高端原料先行示范区建设等，真正把基地单元打造成卷烟工业的"第一车间"。

一、推进烟叶定制化生产

近年来，山东立足产区生态优势，与卷烟工业密切协作，以基地单元为平台，积极开展以生产定点、技术定型、调拨定向为特点的烟叶定制化生产，从源头上提高烟叶资源配置效率，有效满足了卷烟工业对烟叶原料个性化、特色化、差异化需求，提高了烟叶原料保障水平。

（一）明确开发目标，完善定制方案

按照工业提需求、科研拿方案、产区抓落实的生产思路，突出品牌导向，精准匹配原料需求，协同抓好卷烟工业需求传导落实，切实做到"定目标、定区域、定品种、定技术、定规模、定结构"定向生产供应。卷烟工业根据烟叶质量评价和卷烟品牌配方使用等情况，对基地单元烟叶生产提出质量需求。科研单位针对卷烟工业提出的需求，找准制约烟叶质量特色的技术瓶颈，深入开展烟叶种植区划、品种筛选和关键技术的研究，破解生产难题。产区公司针对不同工业企业、不同卷烟品牌对烟叶成熟度、调拨等级结构、主要化学成分控制范围、烟气甜润感、浓度劲头均衡性的个性需求，制定差异化的生产技术，通过完善和落实生产品种、育苗、施肥、采烤等技术措施，提升烟叶生产水平和质量水平，满足卷烟工业提出的需求。例如山东烟区聚焦"泰山"品牌烟叶"黄、亮、软"的烟叶质量特色需求，与山东中烟、中国农业科学院烟草研究所密切协

作，按照品种适应生态策略，确定以"中烟特香301"等特色品种作为改善烟叶质量的突破口，通过集成组装"中棵烟"培育、提高烟叶香气的烘烤、复烤等配套技术，以品种"育繁推用"一体化推进特色烟叶定向生产，满足"泰山"品牌配方需求。

（二）密切三方协同，强化过程监管

坚持工业主导、商业主体、科研主力，工商研建立健全组织协调、沟通交流、督导诊断等工作机制，配置工作人员，明确责任分工，细化工作指标，强化措施落实。加强基地品种落实、区域优化、土壤保育、平衡施肥、绿色防控、大田长势、采烤环节等的监督，确保平衡施肥、按需供水、健康栽培、成熟采烤等关键生产技术措施落实。坚持工商共同制样、共同监督，全面落实对样分级、对样收购、对样备货、对样交接。卷烟工业深度介入收购全过程，对专业分级、定级收购、入库成包关键环节进行巡回监督指导，提升烟叶收购等级质量。完善质量管理体系，以烟包二维码电子标签为介质，实行二维码信息透明化管理，推动商业企业、卷烟工业间业务协同与数据共享，打通了工业、商业烟叶质量数据传输通道，实现购销有记录、信息可查询、质量可追踪、责任可追究，提高了质量追溯效能，提升烟叶有效供给质量。

（三）加强质量反馈，持续完善提升

工商双方按照RG-PDCA（Research，Goal，Plan，Do，Check，Action）循环管理要求，完善工商双方质量反馈与改进工作机制，推进卷烟工业质量反馈与传导、产区质量改进与逆向反馈，形成烟叶质量闭环管理，推进定制化生产持续改善提升。卷烟工业每年开展基地单元烟叶外观质量、化学成分、感官评吸及安全性等烟叶质量评价，形成年度质量评价报告，及时反馈结果。产区公司在烟叶生产开始前召开工商研参加的生产技术研讨会、各级培训会，并通过修订技术标准、优化生产方案、开展工作创新等有效手段，落实传导卷烟工业需求，改进烟叶质量，实现基地烟叶定制化生产从"工业反馈—产区改进—质量提升"的良性发展。例如针对浙江中烟"利群"基地单元烟叶配方使用反馈情况，通过工商持续开展技术攻关，不断筛选优化种植品种，调整种植区域布局和配套生产技术，形成了目前以NC102、NC55为主栽品种的种植品种及相配套的种植区域布局、田间生产结构等生产技术优化方案，通过烟叶生产、收购质量以及调拨等各关键环节抓落实，一环扣一环、环环不脱节，切实提升基地烟叶配方适配性和保障能力。

二、创新烟叶全收全调模式

按照优化供应链、提升价值链的思路，山东烟草工商两家以基地单元为载体，创新烟叶购销模式，实施以"整市+整县+整站"为特点的全收全调新模式，做到产、购、

销、用全流程贯通，实现了烟叶生产水平、质量水平和工业可用性同步提升，烟叶"定向开发、定向生产、定向供给"的独特优势日益显现。

（一）优化全收全调布局，稳步扩大购销规模

山东烟草工商双方在原收原调基础上，按照全等级调拨、全等级结算，2018年提出以"全收全调+厂站直调"为核心的烟叶购销模式，选定试点区域，优化购销模式，将试点区域收购的烟叶由烟站直接调到复烤加工厂，减少流通环节，做实原收原调，规范经营行为。工商双方按照"生态优先，择优选地定点；试点先行，推行全收全调；示范带动，实现高端原料开发"的工作思路，采取分类施策、循序渐进的方式，全收全调从最初的"整县+整站"模式发展到目前"整市+整县+整站"模式，基地布局不断得到优化，购销规模稳定扩大。2019年，山东烟草工商双方共同确定临朐、兰陵2个县为整县推进示范区，程戈庄、贾悦、于里、富官庄等13个烟站为整站推进引领区，开展"整县+整站"定向生产、全收全调；2020年，把淄博、青岛、莱芜3个产烟地市整体纳入山东中烟全收全调、定向生产、定向供应基地，实现"整市+整县+整站"推进。2021年，山东全省"整市+整县+整站"全收全调计划规模突破20万担，占山东中烟省内调拨计划总量的70%以上。"整市+整县+整站"全收全调新模式的实施，实现基地单元在定点生产、定点供应上的主渠道作用，保障原料有效供应。

（二）完善配套措施，提高优质原料保障能力

充分发挥工业主导、商业主体、科研主力作用，深化山东烟叶生态区域、栽培技术、烟叶开发使用等配套技术措施落实，提升优质原料有效供给水平。全面落实栽培关键技术和标准化生产，抓好轮作换茬、品种布局、土壤保育、水肥管理、绿色防控、成熟采烤和高可用性上部烟叶开发，提升烟叶生产水平和烟叶质量。卷烟工业派驻人员对烟站收购质量全程监督，实行对样分级、收购和调拨，落实单收、单储、单独标识、单独调拨，全面提升全收全调区烟叶收购等级合格率和包内纯度。优化烟叶复烤加工方案，实行分县（站）、分品种、分类加工，加大复烤环节原烟分选、模块化配方研究应用力度，完善配方打叶复烤工艺，进一步提高原料适配性。加大全收全调区烟叶质量评价力度，实行分户、分品种、定点取样，对全收全调区烟叶质量进行持续跟踪评价。全收全调区每年烟叶取样量都在300个以上，基本覆盖所有烟站及50亩以上连片烟田。根据烟叶质量评价结果，追溯到户，结合种植户施肥、田间管理及采烤情况，通过不断优化生产技术方案，完善管控措施，持续提升烟叶生产质量。从近年来烟叶质量评价情况看，全收全调区烟叶物理特性总体较好，烟叶化学成分总体较协调，感官评吸质量总体处于较好水平。

（三）密切分工协作，全面提升工商合作水平

山东工商研本着"共商、共建、共享、共赢"的原则，建立资源共享和工作落实机制，工商研密切分工、协同推进，初步形成了"合作紧密、机制健全、运行良好、供给稳定"的合作格局，为全收全调提供了有力保障。定期组织召开技术研讨会、工作推进会、现场观摩会，研究制定全收全调布局规划、安排部署工作落实。烟叶生产、收购、调拨关键节点，工商研联合成立工作调研组、督导组，深入到田间地头、烘烤工场、收购站点进行调研指导，开展督查和成效评估，及时协调和解决实施过程中的矛盾和问题。山东中烟进一步深入研究山东烟叶风格特色，充分挖掘山东烟叶配方使用潜力，真正将山东烟叶的资源优势转化为"泰山"品牌的产品优势；科研单位充分发挥科研、生产、人才等方面的优势，在科技创新、原料保障、成果转化、人才培养等方面扩大合作，把科研部门的技术优势转化为山东烟草高质量发展的产品优势；烟叶产区密切与山东中烟技术中心、原料部门的合作，充分发挥资源优势、区位优势、技术优势，切实把山东烟叶品牌特色彰显好，把"泰山"品牌的原料保障好，实现互惠、互赢，促进共同发展。

三、探索高端烟叶基地建设

近年来，山东烟区围绕破解高端烟叶原料供需矛盾，以基地单元为平台，整合工商研优势资源，深入开展高端原料示范区建设，积极探索烟叶定制生产、定向供给、定向使用，着力打造高端卷烟原料保障新平台，满足卷烟工业高端原料的需求。

（一）坚持需求导向，明确建设思路

立足山东特色优质烟叶产区生态优势，以提升高端卷烟原料供给水平作为努力目标和方向，坚持高起点、高标准、高要求谋划，明确高端卷烟原料示范区建设任务目标、主攻方向。聚焦卷烟工业共性需求及个性化需求，以优质特色品种为核心，以品种配套栽培技术研发和卷烟叶组配方技术升级为两翼，工商研一体推进从品种到卷烟、从技术到产品、从实验室到生产线的全链条创新。创新基地单元高端原料定向生产，打造特色优良品种、高端原料示范区和全收全调有机结合的基地烟叶生产新模式。积极开展山东中烟泰山品牌"三高"优质原料开发、高可用性上部烟叶开发、农机农艺融合、智慧烟叶和烟草多功能开发示范等，推动创新成果转化应用。

（二）融合创新资源，集中优势打造

工商研以高端原料示范区建设为纽带，融合工商研创新资源，集中开展高端原料示范区域优化、优良品种推广、良种良法配套、质量评价和配方使用等重点工作，推动高端原料示范区高质量建设。结合全国烟草种植区划研究成果，充分发挥沂蒙丘陵生态

区蜜甜焦香型风格特色，在潍南平原（诸城）、沭东丘陵（莒县）、蒙尼山地（费县、兰陵）、沂蒙山地（平邑、蒙阴）、泰鲁山地（临朐沂水西部）、安丘西部等区域建立6个高端原料示范区，覆盖烟田面积23.6万亩。建立工商研协同、特色品种"育繁推用"一体化推广新格局，加大烟草基因组计划与"揭榜挂帅"品种推广力度，构建以基因组计划品种和"揭榜挂帅"品种为主栽品种的种植结构，打造了以中川208、中烟特香301、云烟301等为主栽品种，以中烟300、特18等为后备品种的种植结构。2022年，山东全省试验示范和推广基因组计划与"揭榜挂帅"品种接近种植总面积的60%，预计"十四五"末达到80%左右。建立完善良种良法配套的技术研究和示范推广机制，与山东、湖北、江苏中烟等深化新品种良种良法配套技术研究，开展了土壤检测、烟叶质量评价、移栽期与种植密度互作、打顶与留叶数、氮肥用量梯度与肥料效应、上部烟充分成熟采收等试验示范，形成了工业导向、体现不同产区生态特征的良种良法配套技术标准，确保特色品种更好地推广到位，推动技术有效落实落地。发挥卷烟工业质量评价和配方技术优势，抓好示范区烟叶原料，特别是示范新品种原料跟踪质量评价及配方验证使用工作，与山东中烟、浙江中烟、江苏中烟、湖北中烟配合，开展山东烟叶在卷烟新产品开发中的配方使用，初步构建了从优良品种到优质原料，再到创新产品的科研传导模式和成果推广应用模式。

（三）健全协同机制，凝聚建设合力

按照"1+N"的组织架构和工商研"共同参与、深度合作、优势互补、互利共赢"的运作模式，有效整合工商研技术、管理、人员、资金等生产要素，建立工作推动机制，凝聚建设合力，保障高端原料示范区建设有序推进。工商研三方完善高端原料示范区建设、运行和管理组织保障，统筹推进高端原料示范区建设，研究解决建设过程中的重大问题。明确责任分工，细化工作任务目标，围绕示范区品种布局优化，良种良法配套技术，原料工业可用性评价和卷烟配方模块设计等，共同研究制订实施方案，完善配套政策措施，在烟叶生产收购关键环节，联合组织开展督导检查，集中会诊示范区建设过程中存在的问题短板，共同推进相关技术落实落地。加强工商研在科技项目研究、成果转化应用、科技人才队伍建设等方面的广泛合作。如在科技项目研究方面，与山东中烟、湖北中烟、江苏中烟和中国农业科学院烟草研究所等单位，先后联合开展了"基于工业需求的山东省烤烟品种筛选与优化布局研究""特征香韵烤烟新品种（系）农业推广与工业应用研究"及中川208、中烟特香301等"揭榜挂帅"品种"育繁推用"一体化研究等。通过一系列重大科技项目实施，攻关突破了一批影响烟叶高质量生产、高效率供给和高水平利用的技术难题与管理短板，有力推动了山东烟叶质量特色和工业可用性提升，为推进高端原料示范区建设提供了强有力的保障。

第十一章 产业融合发展

产业振兴是乡村振兴的重中之重，要坚持精准发力，立足特色资源，关注市场需求，发展优势产业，促进一二三产业融合发展，更多更好惠及农村农民。利用轮作烟田以及行业投入建设的育苗设施、烘烤设施、农用机械等烟基设施，发展多元产业，打造品牌和营销渠道，把烟叶生产主动融入大农业，推进烟叶与多元产业融合发展，稳固烟叶基础，增加烟农收入。

第一节 山东烟叶产业政府扶持

山东省坚持政府主导、烟农主体、村社带动、行业推动，在"三农"大局中找准烟叶发展方位，认真落实系列强农惠农富农政策，从产业发展层面着力，注重融合共生、共建共享，实现烟叶生产与大农业协同发展。

一、政府主导烟叶产业发展

2014年1月山东省政府办公厅印发《关于印发蜂业、烟叶、茶叶、桑蚕、中药材5个特色产业发展规划的通知》，要求加快推进烟叶产业发展，提高现代烟草农业建设水平，促进农业增效和农民增收。2021年10月山东省政府将烟叶产业纳入山东省"十四五"乡村产业发展规划，明确山东烟叶产业的种植布局，规划了鲁南丘陵区、鲁中丘陵山地区、鲁东丘陵区3个产业带，要求以潍坊、临沂、日照为重点区域，创建一批优质高效的市级、县级现代烟草产业示范区，形成梯次推进格局。

二、政企协同推进烟叶产业融合

2016年10月，山东省烟草专卖局（公司）按照山东省政府的批复印发《山东省烟叶产业提质增效转型升级实施方案（2016—2020年）》，以质量效益提升为中心，优化烟叶产业布局，加强科技创新，推进生产方式现代化，不断提高山东烟叶的竞争力。2021年3月，山东省农业农村厅与山东省烟草专卖局（公司）联合印发《山东加强烟叶生产规划推动烟叶产业高质量发展的通知》，要求结合生产基础和特色产业发展，科学规划布局烟叶生产，培育烟叶经济产业带，建立稳定的烟粮双优生产基地，并就加强高标准烟田建设、推进烟叶生产提质增效等工作作出安排。

三、联动共建烟区产业综合体

各级党委政府把烟叶产业作为富民增收、乡村振兴的特色优势产业项目来抓，将其纳入地方农业发展规划，将烟区产业综合体作为助力乡村振兴的重点。借助政府和行业扶持政策，形成工作合力，保障综合体建设顺利进行。2020—2021年，山东全省已建设诸城贾悦、沂水四十里、临朐弥河源等6处综合体，总面积1.83万亩，其中种植烤烟1.13万亩。2022年规划建设8处，2023年规划建设8处，2024年规划建设5处，2025年规划建设3处。

地方党委政府、烟草公司、植烟村党支部联动共建，将烟叶工作与大农业工作同谋划、同部署、同落实，扎实推动基本烟田的规划与保护，推动基本烟田共建共管共用，为烟区产业综合体建设提供组织保障。诸城市政府每年从烟叶税中拿出3%（综合体约11.2万元），专项用于烟叶基础设施管护；批复93万元，用于新建烤房补贴，助力产业综合体建设。沂水崔家峪综合体争取到县政府530万元用于水、电、路建设，从烟叶税收中争取125万元维修基金用于烤房维修建设。

第二节　打造烟区产业综合体

坚持"以烟为主、多业协同、产业融合、发展共赢"原则，发挥烟区资源优势、组织优势、市场优势，推进一二三产业融合发展，提高资源配置效率和全要素生产率，构建产业基地化、技术绿色化、经营集约化、服务现代化的生产模式，拓展产业链、提升价值链、增强竞争力。

一、烟区产业综合体建设目标

以"平台管理优、设施配套优、产业组合优、市场销售优、烟农收益优"为目标，打造集"订单生产、绿色生产、全程机械化、专业化服务、智慧农业"为一体、"烟叶+多元产业"协调发展的烟区产业综合体。

（一）以烟为主

保持烟叶产业的优势主导地位，把产业综合体布局在优质烟区，推进土地集中有序流转，集聚优质土地资源。到"十四五"末，建成综合体30处，规划覆盖烟田面积6万亩以上，占山东全省规划基本烟田面积的10%左右，进一步稳定山东全省优质烟田种植规模。

（二）降本提质

创新烟叶生产组织形式，推进规模连片经营，强化服务主体培育，提升专业化服务水平，实现烟叶生产减工降本、提质增效，综合体内烟叶种植面积达到50%及以上，重点环节平均机械作业率达到60%左右，亩均用工控制在15个以内，烟叶亩均收益达到4 000元以上。

（三）产业融合

利用基本烟田和基础设施等，推进"烟叶+非烟"双合同、双订单、双品牌、双标准、双托管、双循环管理，深入推动一二三产业融合，重构烟区产业链体系，提高土地整体产出率，不断提升烟农增收水平，"烟叶+非烟"亩均收入达到5 000～10 000元。

（四）持续发展

围绕烟区产业综合体，制定严格的农田保护措施。突出烟农参与"烟叶+非烟"种植的主体地位，在培育发展规模种植主体的同时，建立健全专业化服务体系，提升对小农户的服务水平，注重保护小农户等稳定的种植主体，体现综合体稳优质烟区、烟田和烟农的基本功能属性。

二、烟区产业综合体建设

按照"政府主导、烟农主体、村社带动、行业推动"的组织模式和"产业基地化、技术绿色化、经营集约化、服务现代化"的生产模式，与烟区发展相结合、与农业农村产业发展相结合、与当地资源相结合，推动烟叶和多元产业共同发展。

（一）选择优势区域，整合土地资源

产业综合体选择在自然条件最优、烟叶特色最明显、工业原料需求最旺盛、政府支持力度最大、便于机械化作业的区域。2020—2021年，已在潍坊临朐、诸城建设2处，面积13 361亩；在临沂沂水、费县建设3处，面积4 494亩；在淄博沂源建设1处，面积400亩。2022年，在潍坊安丘建设1处，面积3 132亩；在临沂沂水、费县、莒南建设3处，面积5 580亩；在日照莒县建设1处，面积1 000亩；在淄博沂源建设1处，面积600亩；在青岛黄岛建设1处，面积410亩；在莱芜建设1处，面积500亩。2023—2025年，计划在潍坊建设3处，面积7 000亩；在临沂建设9处，面积18 430亩；在日照建设2处，面积1 200亩；在青岛建设2处，面积528亩。

2020年弥河源综合体的19个先行试点村，依托植烟村党支部领办合作社流转土地，推进土地股份化、经营产业化、运作市场化，建立利益共享、风险共担的联结机制，发展新型烟叶生产主体19个，流转土地3 010亩，采取班组制、承包制的经营管理模式，发展带动周边烟农42户，推动了资源整合，最大化解决了因地块分散、平整度差及劳动力外流而导致的种植主体发展困难、核心烟区规模逐年萎缩等问题。

（二）以烟为主，建立高效种植制度

推行"以烟为主、多元种植、可控轮作"的种植制度，实行"双合同、双订单"生产。优化轮作模式、精选轮作作物，建立"烤烟+油菜、小米、香稻、蜜薯"等组合轮作模式，做到"土地、作物和技术"为我所控，烟田轮作比例达到95%以上，实现用养结合。

结合山东烟区耕作制度和种植习惯，开展"烤烟+苜蓿、豌豆、蒲公英、荞麦"等一年两季种植示范，提高复种指数和经济效益，增创烟叶产业发展新优势。

（三）整合资源，提升基础设施水平

抓好生产设施、延伸产业设施和二三产业设施综合配套，打造高标准基本农田，推进产业综合体一二三产业融合发展。

贾悦综合体累计投入783万元，建设各类水利设施153项，烘烤工场3处，普通密集烤房271座，新能源烤房32座，配套农机909台（套），购置一台大型秸秆粉碎机制造生物质燃料，在孟友、贾悦两家合作社实施"菜单托管式"专业化烘烤1 758亩。

沂水四十里综合体在原有设施基础上，新配套管网1.5 km、水池2个、提灌站1个，依托当地政府小农水工程，实现用水全覆盖。当地政府和行业投入73万元，新建8座生物质烤房和1座碳晶烤房。购置大型秸秆粉碎机1台、小型厢货车1辆，并配套真空包装机、封口机、烤箱、储藏室等农产品加工设施，基本形成服务整个综合体的以烟为主、二三产业融合发展的配套设施。

三、建立"烟叶+N"产业体系

坚持"基地化、绿色化、标准化、现代化、品牌化"五化协同，全面推行烟叶和多元产业"双标准"生产，打造"双品牌"，将综合体打造成烟叶高质量发展先行区，农民增收示范区，确保烟区、烟田、烟农稳定。

（一）组织方式现代化

依托合作社或社会化服务组织，统筹社会农机、农资、人力等各方资源，实行烟和多元产业全程或环节"双托管"服务模式。搭建劳动力资源信息平台，充分整合周边劳动力资源，加强培训，组建数量充足、专业高效的产业工人队伍。吸纳社会化农业公司参与，成立烟农服务中心，积极推进全过程托管、关键节点托管服务，提升生产整体水平、土地产出效率和农户经营效益。

建立县公司、烟站和合作社三级服务机制，确保专业化服务真正落地。按照"相邻就近、能人带动、自愿组合、互利共赢"的思路，创建烟农合作互助小组，实行用工、技术、设施设备等资源共享，提高组织化程度与资源配置效率，实现与现代农业有机衔接。

（二）特色产业基地化

立足土地资源、设施资源和特色生态资源，优先选择政府支持、与烟优势互补、烟农能够参与的成熟产业，推进烟叶与非烟产业融合协调发展，打造适应山东实际的特色产业基地。

贾悦综合体以突出产业升级、农旅融合、营销渠道拓展等为重点，种植丹参962亩、三色米446亩，打造"烤烟+油菜+中药材"农业观光带。油菜花开季节共吸引游客2万多人次参观游览。利用闲置大棚培育黑木耳66.9万棒，平菇7.5万棒，培育羊肚菌7.6亩，种植芸豆、芹菜、葡萄等蔬菜水果15.4亩，建立起休闲采摘体验活动示范园。四十里综合体轮作种植华大小米、旱稻、蜜薯、食用百合、万寿菊、蒲公英等作物106亩，利用闲置烤房烘干菊花、百合等，促进烟农增收。各综合体结合区域内特色作物种植基础，打造农业采摘、观光旅游、中药材种植、时令果蔬等一系列具有明显特色的产业基地。

（三）特色产品绿色化

聚焦高技术性、高安全性、高附加值、高回报率"四高"目标和"绿色、有机、无公害"发展方向，开发特色小米、双低菜籽油、丹参茶、羊肚菌、黑木耳、平菇、蜜薯等多种农副产品，培育了"孟友""密之绮""健蒙""崮乡韵"等非烟特色自主品牌，提高了产品市场竞争力和附加值。弥河源综合体借助临朐优质丹参生产基地的优势，与颐和生态农业开发有限公司、华润三九医药股份有限公司等中药材企业开展订单生产，在石家河生态经济区建设丹参生产基地，并对丹参进行深加工，生产丹参茶、丹参膏等产品，每亩可增值6 000元以上，借助龙头企业优势，带动周边特色中药材产业发展。

（四）生产作业标准化

各综合体制定烟田轮作管理程序和多项生产技术规范，推进非烟作物与烟叶"四化"同步、协同发展。弥河源综合体根据各乡镇产业特色，引进"常旺生态""华润999""颐和"等农业公司，通过建立生产基地、开展订单生产、委托农产品加工等方式，推动多元作物标准化、规范化生产，制定了《蜜薯种植技术方案》《丹参种植及深加工技术方案》《黄芩种植技术方案》等多元作物管理技术标准体系。泉头岭综合体建立了《烟农合作社设施利用作业指导书》，固化形成了《华大小米种植技术方案》《旱稻种植技术方案》等技术方案，规范了增收平台建设、产品品牌打造等方式方法，保证了促农增收工作有效开展。

积极开展农产品认证工作,丹参、小米被认定为农产品地理标志产品。马庄综合体开展有机香稻、有机小米和有机黑木耳生产栽培及配套加工技术研究,制定了《有机香稻生产加工技术规范》《有机小米生产加工技术规范》《有机花生生产加工技术规范》《有机黑木耳生产加工技术规范》等,并采用农残快检技术对农产品农药残留进行快速检测,确保绿色无公害。

（五）产品营销品牌化

拓展营销渠道。组建合作社多元化经营服务中心,通过订单生产、网络营销、商超对接、物流配送等方式,构建了线上线下相结合的立体营销渠道,促进多元产业与市场有效衔接。泉头岭综合体组建合作社多元化经营服务中心,使用临沂烟草"健蒙""崮乡韵"品牌,推出以"原生态、纯天然、无污染"为理念的农产品。与临沂烟草泰山1532物联商贸有限公司、沂水县马老五地瓜干加工厂、龙家圈星宇超市等联合开发,实现食品深精加工,2021年销售特色农产品544 t,实现销售收入322万元。

弥河源综合体依托双崮中药材专业合作社,注册"冕崮前""崮颐坊"品牌商标;线上依托双崮电商、寺头镇电商服务中心、微信平台等,线下利用红瑞乡村超市、综合服务中心服务展厅、烟草"和润"实体店等,搭建起生产、运输、销售、消费的产业链。2021年线下销售1 552万元,线上销售446万元。

通过产业综合体对资产、资源、资金的有效整合,建立起以烟为主、多业协同、产业融合、合作共赢的现代农业经营新模式,适应了农业农村发展形势,保障了烟叶生产稳定发展,实现了质量变革、效率变革、动力变革,为烟叶产业向高质量发展转型升级探索了新途径、创造了新优势、培育了新动能。

第三节 烟区产业综合体典型案例

一、"弥河源·金色河谷"产业综合体

（一）基本情况

"弥河源·金色河谷"产业综合体位于潍坊市临朐县弥河源头河谷两岸,涉及石家河生态经济开发区、寺头、柳山3个乡镇、41个村,总面积9 300亩,其中,种植烤烟4 868亩。

（二）主要做法

产业综合体推行"烟草+政府+合作社+农户+农业公司"运行管理模式，成立由乡镇、产业村、烟站和烟农代表共同参与的联合党支部，全面负责产业综合体的运行管理。在产业村成立由村党支部书记或班子成员领办的农民专业合作社，"村社合一"开展土地集中流转，确定承租主体、组织生产经营。推动多主体、多业态联合发展，打造1 312亩的"烤烟+中药材+一年两熟+烟薯间作+红色旅游+烟草文化"综合体核心区，激发各类要素活力，以烟为主融合中药材、油菜、白菜、蜜薯、花生、小米生产加工与销售，有机肥生产，生物质颗粒加工等循环农业，构建多功能、复合型、创新性的烟区产业综合体。

1. 政府主导推进综合体建设

2020年由临朐县委组织部牵头，联合财政、农业、水利、扶贫等七部门制定下发《关于扶持村集体经济组织发展黄烟生产增加集体收入的若干政策措施》文件；2021年县政府把烟叶生产纳入全县"十四五"发展规划，出台《关于加强烟叶生产规划推动烟叶产业高质量发展的通知》，建立基本烟田保护制度。各乡镇划定了基本烟田，落实区域、面积、种植制度、土地流转模式、保护措施和监管主体，为依法有序开展土地流转夯实了基础。2021年，产业综合体41个村流转土地9 300亩，种植烤4 868亩。

2. 创新经营管理模式

创新开展"村社一体"管理模式，村办合作社按照国家《农村土地经营权流转管理办法》与农户签订土地流转合同，约定面积、年限、轮作规划等，合同签订后由乡镇经管部门进行备案。该模式流转土地5 510亩，流转年限为5～10年，租金为500元/亩，流转土地用于烟叶种植、轮作、烟后作物种植，通过土地流转，产业综合体实现连片面积9 300亩。

3. 因地制宜开展多元经营

综合体在"以烟为主"的前提下，轮作种植丹参、黄芩等中药材以及蜜薯、花生、小米等粮经作物，项目区种植烟叶4 868亩，占总土地面积的52.3%，轮作种植丹参3 132亩、大青叶30亩、谷子400亩、红薯花生870亩，实现了以烟为主、有序轮作。

利用闲置的96个育苗棚种植蔬菜、谷物等，利用闲置期烘烤工场165座进行丹参、山楂、蜜薯深加工，提高基础设施利用率。

积极推行农产品深加工，将丹参加工为丹参茶，大青叶加工为板蓝根切片，谷子加工为神秀小米，红薯加工为红薯粉条等，并利用植烟村内扶贫冷库开展产品存储。注册"冕崮前""崮颐坊"品牌商标，引入临朐颐和生态农业开发有限公司、华润三九医药股份有限公司等中药材企业，借助龙头企业优势带动周边特色中药材产业发展，实现以烟为主、多元经营的百花齐放。

4.搭建平台开展均质化生产

搭建用工、农机两个平台，整合大农业设施、技术、劳动力资源，开展社会化托管服务。搭建用工信息平台，调查统计周边可利用的劳动力信息，组建600人以上的产业工人队伍，提高劳动力供需的信息化水平，缓解"用工难"问题。搭建农机服务平台，与沃土农机合作社、山东天沃智能科技有限公司等4家社会化服务组织合作，开展机耕、起垄施肥、飞防等环节托管服务，服务面积5 734亩，提高了资源配置效率、工作效率和作业质量。

（三）主要成效

1.土地稳定流转

创新"村社一体"土地集中流转模式，实现基层党组织的政治优势与合作社生产经营优势的有机结合，通过签订合同、协议等措施，规范有序流转土地实现规模化种植、有效管理。

2.拓宽农民增施渠道

通过开展订单农业，引导农户增加非烟产品收入，自愿出让土地到合作社务工，获得土地租金的同时增加工资性收入。生产经营型农户烟叶生产实现亩均收入4 625元，多元产业亩均产值4 378.6元，综合体内每亩农田实现综合产值6 063元；产业工人型农户通过出让土地经营权到合作社打工，经统计，产业工人人均年收入2.4万元。

3.推进乡村振兴

2020年，19个试点村实现盈利551.1万元，其中村集体公益事业资金收入264.52万元。积极将贫困群众纳入用工队伍，固定产业工人397人，支付用工工资505.98万元，人均1.3万元。另有14个省定贫困村，每个村均获得5万元的专项扶贫资金。烟草部门当年累计向19个村投入基础设施建设资金378.48万元，用于烤房、机井管网等基础设施建设，极大改善了产业村生产生活条件，推动了乡村振兴，树立了行业形象。

二、四十里产业综合体

（一）基本情况

四十里烟区产业综合体位于临沂市沂水县四十里堡镇，涉及吕家官庄、刘家沟、北王家岭、金场、严家官庄部分土地。地块类型以丘陵为主，具有典型的沂蒙丘陵地貌特征。辖区农户1 386户、0.49万人，以外出务工为主；2020年作为行业试点，建设面积1 016亩，植烟面积854亩，非烟作物162亩。2021年实施面积2 280亩，植烟面积1 260

亩，非烟作物面积1 020亩。2022年实施面积3 800亩，将中约疃、南王岭等区域纳入产业综合体建设范围，种植烤烟2 020亩，轮作花生、蜜薯、香芋等宜烟作物1 780亩。

（二）主要做法

四十里烟区产业综合体以烟农专业合作社为运行主体，打造"烟农合作社+社会化服务组织+农户+农业企业"深度融合的联产联利模式。实行"烟叶种植在户、服务在社""非烟种植在户、经营在社"，通过订单服务平台，为产业综合体内"烟叶+多元作物"提供人员、设施、技术、销售等全产业链服务，推行标准化生产，培育自主品牌；以订单生产、渠道建设为主布局市场，通过金旭烟农专业合作社多元化经营服务中心统一进行销售，将产业综合体建设成为稳定烟叶发展、促进农民增收、助力乡村振兴的重要实践平台。

1. 资源整合，推进综合体建设

综合体建设过程中，争取当地政府支持，出台并制定《现代烟草工作考核办法》，将土地流转、轮作换茬、面积落实等纳入当地干部考核，进一步压实责任。通过地方政府的协调、引导、监督，以金旭烟农专业合作社为主体，灵活运用承包、租赁、兑换等方式，共流转以吕家官庄为核心的集中连片土地1 016亩，并签订5年流转合同，流转价格700元/亩，涉及当地农户346户。

2. 全程托管，开展标准化生产

与山东丰信农业服务连锁有限公司开展合作，成立综合体托管服务中心，由农户根据种植作物、托管服务需求、机械基础、用工基础等内容，一键下单开展全程托管服务。过程中由烟农、烟站对托管服务进行监督验收，符合作业标准的予以费用兑现，有效解决综合体内用工贵、用工难、技术落实不到位的问题。产业综合体内现有1名线下服务站长，对接8个服务专业队、150名专业化服务人员，负责辖区内2 280亩大田的订单服务工作。

3. 品牌培育，拓宽多元生产渠道

根据综合体生态实际，统一规划多元作物，花生600亩、蜜薯280亩、香芋10亩、华大小米20亩、旱稻20亩。开发华大小米、蜜薯、菜籽油等多种农副产品，注册"金旭"特色品牌商标，通过严把过程管控，培育特色品牌，打造以"原生态、纯天然、无污染"为理念的农副产品，提升产品附加值。与临沂烟草泰山"1532"物联商贸有限公司、沂水县马老五地瓜干加工厂、沂水县龙家圈星宇超市等联合开发，实现食品深加工、精加工。

4. 融合共赢，规避生产风险、增加农户收益

构建"公司+订单服务中心+农户"的农企融合共赢模式，按照订单农业模式，金旭合作社多元化经营服务中心联合订单企业，统一提供种子和技术服务，统一回购销售农产品。金旭合作社实现利润，按合作社占70%、农户占30%进行分成；农户仅以土地入股，不承担经营风险。金旭合作社在获取的70%利润中，年底再提取20%，按照土地入股、超出固定利润等不同形式进行差异化分配，作为农户的分红资金。

（三）主要成效

1. 精品烟叶开发成效凸显

坚持"均质化、绿色化、特色化、现代化"发展方向，以专业化服务推动关键技术落实落地，提高标准化生产水平，实现烟叶高质高效。2020年，产业综合体内烟叶亩产量161.4 kg，均价29.25元/kg，亩产值4 720元，较周边烟区（沂城街道4 376元/亩）高7.9%。

2. 专业化服务效益进一步显现

通过开展育苗、机耕、植保、烘烤、分级等环节一系列专业化订单服务，综合体亩均用工15.5个，较全县亩用工低2.88个，节省成本280元，促进了服务方式转型、农户轻简生产。搭建劳动力资源信息平台，培育了一批让出土地经营权、在产业综合体内务工的产业型工人。目前四十里产业综合体内建档立册的产业工人150人，实现了每15亩培育1名产业型工人的预期，较好地解决了当前用工难和农村部分劳动力富余的矛盾，为巩固脱贫成果、助推乡村振兴贡献了烟草力量。

3. 非烟收入明显提升

通过筛选种植高效经济作物，完善了烟区产业体系，提高了土地利用率、产出率。生产经营型农户华大小米亩产值2 700元，蜜薯6 250元，旱稻3 100元，非烟产业主导产品实现亩均收入4 243元；一年两季中油菜亩均产值2 332元，"烤烟+油菜"实现亩均产值7 052元。

三、程庄产业综合体

（一）基本情况

程庄烟区产业综合体位于临沂市费县马庄镇，包括东程庄、中程庄、西程庄3个自然村，适宜植烟的土地3 090亩，综合体建设面积1 200亩，其中种烟面积840亩，"烟叶+"一年两季种植70亩，非烟作物290亩，烟农25户，非烟农户12户。

（二）主要做法

综合体成立"村委会+合作社+社企+农户"沂蒙农品联合社，实施"烟田+N、设施+N"两项产业组合，建立"土地、劳力、资金"3种入股分红方式，以烟农为种烟主体，以联合社为组织主力管理主体，实施"全链条管理"，将产业综合体打造成集烤烟种植、农产品生产加工、综合利用、品牌营销等为一体的实践平台，推动烟叶产业高质量发展和烟区乡村振兴。

1. 建立联合发展模式

按照"政府引导、烟草组织、企业支持、烟农主体"原则，充分发挥当地政府的主导作用，吸纳程庄村委、费县富农服务烟农专业合作社、社会企业党员及综合体辖区内的能人农户，以3种入股分红方式将政府、企业、农户各方面优势进行整合，成立沂蒙农品联合社，注册资金480万元；联合社设董事会、生产队、加工队、销售队等组织机构，全权负责综合体运行过程中的土地流转、生产加工、产品销售、利益分红等工作。

2. 开展"烟叶+N"标准化生产

根据综合体区域土壤类型、水源等条件，坚持"以烟为主、多元经营"功能定位，将综合体划分为4个网格，分别为集中植烟区、植烟配套试验区、一年两季种植区、非烟特色种植区，提高综合体管理水平和工作成效。开展"烟田+蜜薯、烟田+香稻、烟田+有机小米、烟田+花生、烟田+有机黑木耳"轮作种植，提高土地利用率。生产中依托费县富农合作社和佳瑞禾顺农业服务有限公司，在育苗、起垄、植保、采烤、专业化分级等环节进行了托管服务，提高产品质量。在烤房空闲期，利用烤房烘干金银花、木耳等产品，烟草育苗结束，利用育苗大棚种植有机黄姜、山豆角、富硒西瓜等作物，提高设施的利用率。

3. 延伸产业链

依托"沂蒙红色沃土"文化底蕴，注册"沂蒙农品"品牌，主打"有机+高钾富硒"经济高效的健康产品，根据多元经营产品特性，分为鲜果产品和二次加工产品。销售过程中对烟草行业、乡村振兴、"1532"公司、社会组织四类客户进行订单预定销售，对特色农产品超市进行定点直售，对接马庄镇委、镇政府及企事业单位餐厅以乡村振兴产品进行销售，主打"惠农、绿色"口碑在网络平台销售。

4. 建立入股、分红方式

推行按要素入股。村委会以流转的1 200亩土地、设施设备作为入股成本，占比10%；入社农户以劳动力作为入股成本，全程参与合作社专业化服务、托管服务的用工，占比20%；入社的社会企业以投入启动资金、设施设备、加工车间等为入股成本，占比19%。

土地分红，下年度进行轮作换茬的按照每亩100元对所有者分红，激发轮作换茬力度，最多占比20%。劳动力分红，在日常雇工工资的基础上，按剩余总额的10%作为分红奖金发放，具体个人比例根据出勤率、效率、工作效果由联合社考核确定。资金分红，按投资金额占全周期花费总额比例的20%进行分红。

（三）主要成效

1. 烟区稳定发展

2021年，产业综合体1 200亩土地集中流转，流转价格800元/年，流转期限5年，综合体内烟农25户，新增农户9户，潜在烟农4户，均连续种烟3年及以上或有种烟经验5年以上，其中职业烟农占比90%。

2. 烟农收入增加

综合体内生产经营型烟农25户，植烟面积840亩，全部种植"中烟特香301"品种，所产烟叶全部对接江苏中烟，收入502.4万元，平均亩产值5 981.21元，种植非烟作物360亩，非烟收入123.7万元，亩均产值3 436元。

3. 推进农民再就业

固化了一支40人左右服务队伍，有效解决了农村劳动力闲置的问题，人均年务工收入2.8万元，租金收入、劳务输出、销售分红等亩均收入1 000元左右。

第十二章 烟草多用途利用开发

烟草多用途利用途径包括生产生物肥料、生物燃料、生物炭、生物基材料及提取香精香料或高附加活性成分等。挖掘烟草潜在价值，丰富和拓展烟草的内涵和外延，有利于培育烟草新的经济增长点，有助于优化烟草产业结构，强化行业抗风险能力。

第一节 利用烟草秸秆养殖花金龟

烟秆、谷物及小麦秸秆等有机废弃物作为农业废弃物的主要组成部分，具有资源和污染的双重性，传统处理方式是焚烧处理、粉碎还田，不仅污染严重，而且有效利用率低。密集烤房用于烘烤烟叶周期为3个月左右，每年闲置9个月左右。针对以上问题，沂水分公司与山东农业大学合作，引入白星花金龟作为转化群体，依托金旭合作社，利用闲置烤房将有机废弃物过腹转化处理，转化为虫体和虫粪基人工土壤，变废为宝，切实提高设施利用效率，增加农民收入。

一、烟草秸秆饲喂白星花金龟繁殖工艺流程

白星花金龟是一种常见的鞘翅目昆虫，其幼虫为腐食性，俗称蛴螬，多在腐殖质丰富的疏松土壤或腐熟的粪堆中生活，不为害植物，对土壤有机质转化为易被作物吸收利用的小分子有机物有一定的作用。通过合理利用花金龟发生期、幼虫料体生态位的不同，可进一步提高有机废弃物的转化效率和周年转化能力。为做好该项工作，沂水分公司安排专人负责，并多次派人去山东农业大学、山东御真青农业发展有限公司白星花金龟饲养基地交流学习，从饲料的准备、规模化饲养等不同环节精准把握，摸索了一套适合烤房饲养的工艺流程，并形成了《白星花金龟规模化饲养与应用技术手册》。

二、烟草秸秆养殖花金龟产业运行模式

为推进白星花金龟饲养规模化繁殖，沂水分公司经过反复摸索，确定采取"合作社+农户"的产业化经营机制，实现供、产、销一条龙服务。

（一）合作社搭建平台

合作社作为育种、扩繁基地，完成从蛹期（蚕）、成虫产卵、卵孵化、1龄幼虫繁殖。待养殖到2龄幼虫时，免费发放给烟农养殖。合作社负责回收老熟幼虫和粪沙。回收的幼虫烘干后，按照3万元/t左右的价格销往泰安鹏飞宠物食品有限公司作为宠物饲料和安徽亳州中药材市场作为中药材；回收的粪沙，打造"绿龟宝"有机肥品牌。一种是加工成"绿龟宝"虫粪基人工土壤，制成小包装（每盒0.5 kg），按5元/盒左右的价格销往花卉高端市场；另一种是加工成"绿龟宝"虫粪基有机肥（每袋40 kg），按60元/袋左右的价格销售到烟农手中用于改良烟田土壤。

（二）烟农参与繁殖

烟农自己进行烟秆等大田废弃物的沤制，沤制完成后，在闲置烤房内，引进合作社白星花金龟2龄幼虫进行投放，利用白星花金龟幼虫的腐食性过腹转化腐熟的大田废弃物。为不误烟叶烘烤使用，繁殖时间节点控制在5月中旬。在烤房内完成白星花金龟2龄幼虫到3龄幼虫的养殖，养殖时间大约45 d，每年可繁殖三茬（图12-1）。饲养方式有3种，第一种为烤房内直接平铺饲料进行单层繁殖。第二种为烤房内修砌饲养池，在饲养池内平铺饲料进行单层繁殖，这两种方式均是按照每平方米2 500只左右的标准投放；第三种为利用饲养架和饲养盒进行立体三层养殖，每个饲养盒按照500头左右的标准进行投放。

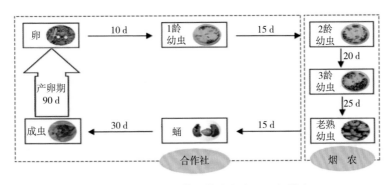

图12-1　烟草秸秆养殖花金龟产业运行模式

三、推广应用及效益分析

养殖一茬一座烤房投放800 kg烟秸，每座烤房可产出4万只幼虫，按平均个体2 g计

算，每座烤房可产幼虫80 kg、可转换出粪沙560 kg。合作社按照1万元/t回收鲜虫、0.1万元/t回收粪沙，每座烤房可产生经济效益1 360元。按照全年可养殖三茬计算，每座烤房可处理废弃物2.4 t，产出效益4 080元。

每亩地烟田废弃物（包括烟秸、不适用烟叶、烟根）按照200 kg计算，烟农每亩地可额外增收340元。通过本项目的开展，难以处理的农业废弃物腐熟后，经白星花金龟幼虫过腹处理，转变为无菌清洁的有机肥，再应用到大田作物种植，实现了农业废弃物的高效循环利用，构建了农业生态循环系统，有效提升了经济效益、社会效益和生态效益。

第二节　烟草花序致香及活性成分鉴定提取与利用

烟草为无限花序，除了开花期，烟叶采烤后侧芽也会发育形成花序。大田生产中，烟草花序几乎全部被掩埋处理，不仅造成资源的浪费，还可能引起环境污染。烟草花序富含腺毛分泌成分，烟草腺毛分泌成分主要包括西柏烷二萜类、赖百当二萜类、糖酯类化合物，以上成分不仅是卷烟优雅香气的重要前体物质，也是烟草在长期进化过程中形成的具有抵御外界生物及非生物胁迫作用的物质，具有抑菌、抗虫、抗肿瘤及提高抗性等多种生物活性。美国肯塔基大学的学者研究发现，烟花含有丰富的挥发性萜烯、芳香和脂肪族化合物，是烟叶的30～100倍。另外，烟花中还含有丰富的还原糖、氨基酸等烟草致香成分前体物质。因此，烟草腺毛分泌成分在卷烟本香香料、生物农药、医药等方向具有较好开发价值。

一、烟草资源花序腺毛分泌成分鉴定及优异资源筛选

2014年以来，中国农业科学院烟草研究所系统分析了800多份不同类型、品种烟花腺毛分泌成分。研究发现，几乎所有的栽培烟草（除没有腺毛或腺毛没有分泌能力种质外）均含有西柏烷二萜（西柏三烯二醇）、蔗糖酯，其含量范围分别为0.1%～3.5%、0.1%～0.8%，烟草赖百当二萜（冷杉醇）含量范围为ND（未检出）至1%，主要存在于香料烟、雪茄烟、白肋烟中，但并不是以上类型烟草种质均含有冷杉醇，少数烤烟品种如大白筋599、豫烟11等特香型品种也含有冷杉醇。不同类型、不同品种烟草西柏烷二萜、蔗糖酯、赖百当二萜含量及组成均存在较大差异，以上差异也是形成不同类型、不同品种烟草香吃味品质差异的主要化学成分基础。

分别以种植在山东费县、山东诸城与云南大理的突变体特征香韵烤烟品系为材料，研究了其代表品系烟花腺毛分泌致香成分特征（表12-1）。研究发现，相对于对照品种（中烟100、K326、红花大金元），特征香韵烤烟品系烟花均含有较高的蔗糖酯；特11蔗糖酯组成与其他品系不同，而与香料烟相似；特7、特10烟花在不同产地均表现出较高的西柏三烯二醇含量，不仅高于对照品种，也高于其他特征香韵品系。综合评价，突变体特征香韵烤烟品种（系）可作为烟花致香及活性成分提取的优异材料。

表12-1　突变体特征香韵烤烟品系烟花腺毛分泌成分　　　　　　单位：µg/g鲜重

处理		蔗糖酯		西柏三烯二醇	
品系	香韵特征	费县	诸城	费县	诸城
特2	青香	108 ± 10b	157 ± 13c	2 946 ± 410abc	3 453 ± 138c
特3	辛香	127 ± 22ab	188 ± 16a	2 921 ± 89abc	3 721 ± 148bc
特7	玫瑰香	148 ± 26a	183 ± 18ab	3 201 ± 386a	3 795 ± 272ab
特9	青凉香	129 ± 18ab	169 ± 7bc	3 021 ± 110ab	4 054 ± 275a
特10	青香抗TMV	157 ± 21a	188 ± 15a	2 670 ± 213c	3 999 ± 225ab
特13	青香	123 ± 9ab	163 ± 8c	3 086 ± 126ab	3 985 ± 153ab
中烟100	/	95.7 ± 2.9b	108 ± 14d	1 855 ± 91d	2 985 ± 74d
K326	/	129 ± 4ab	91 ± 10e	2 728 ± 103bc	2 382 ± 142e

注：不同字母间表示差异显著，后同。

二、大田烟花干燥技术研究及成本核算

2021年，分别在沂水县道托烟站、崔家峪烟站开展了大田烟花产量评估及收集、干燥模式及烤房配置、干燥工艺探索。系统研究了冷冻干燥、程序升温干燥（35～57℃）、恒温干燥、晒干、晾干5种干燥方式，对腺毛致香成分及其降解产物的影响。结果表明，程序升温干燥可以显著提高烟草西柏烷二萜含量，晾干可以显著提高烟草蔗糖酯及西柏烷二萜降解产物茄酮、降茄二酮含量，综合考虑不同干燥条件对致香成分的影响及山东烟区干燥条件，程序升温干燥是山东烟区适宜的干燥模式（表12-2）。

表12-2　不同干燥方式对烟草腺毛致香/活性成分影响

干燥方式	西柏三烯二醇（%）	蔗糖酯（%）	茄酮（µg/g）	降茄二酮（µg/g）
冷冻干燥	2.14 ± 0.07a	0.55 ± 0.07b	38.3 ± 1.5d	87.0 ± 5.8d
晾干	1.66 ± 0.09bc	0.72 ± 0.01a	168 ± 15a	232 ± 1.3a

（续表）

干燥方式	西柏三烯二醇（%）	蔗糖酯（%）	茄酮（μg/g）	降茄二酮（μg/g）
晒干	0.463 ± 0.01d	0.45 ± 0.01c	122 ± 15b	171 ± 8.0b
程序升温干燥	2.41 ± 0.01a	0.54 ± 0.01b	56.6 ± 3.1c	81.7 ± 1.4d
57 ℃恒温干燥	1.41 ± 0.05c	0.52 ± 0.01b	54.1 ± 2.0c	110 ± 3.0c

在以上研究基础上，采用普通烤房托盘烘烤模式，以大田种植的中烟特香301品种的花序为研究对象，分别在打顶期及烟叶采烤后侧芽发育烟花开花期，进行烟草花序程序升温干燥及采收、干燥成本核算。根据试验结果，在山东烟区，打顶期及采烤后侧芽开花期干燥烟花（去除主茎和叶片）的收集量分别为1.6 kg、3.95 kg，共5.55 kg，烟花采集、干燥的人工、煤电综合成本为273元/亩，折合成烟花收集成本为49.2元/kg。该研究为大田烟花收储运模式构建及综合利用提供了基础（表12-3）。

表12-3　烟花采烤综合成本（2021年）

时期	费用类型	实时单价	亩计		千克计	
			用工量（个）	成本（元）	用工量（个）	成本（元）
打顶期	采花工	120元/（d×人）	0.373	44.7	0.23	27.14
	烘烤师	200元/（d×人）	0.20	40.00	0.12	24.29
	用车	150元/d	0.03	4.50	0.02	2.68
	煤炭	1.40元/kg	13.24	18.53	8.04	11.25
	用电	0.58元/（kW·h）	8.53	4.95	5.18	3.00
	小计			112.68		68.36
采烤后期	采花工	120/（d×人）	0.625	75.50	0.16	19.11
	烘烤师	200/（d×人）	0.20	40.00	0.05	10.13
	用车	150元/d	0.03	4.50	0.01	1.27
	煤炭	1.40元/kg	22.50	31.50	5.70	7.97
	用电	0.58元/（kW·h）	14.50	8.41	3.67	2.13
	小计			159.91		40.61

三、烟花致香成分提取及工业应用评价

建立了烟花致香成分的快速提取及精制技术，研制了涡旋流动小试提取设备。获得的烟花致香成分提取物主要由腺毛分泌致香成分、挥发性致香成分及还原糖、有机酸、氨基酸等组成，经配方专家评价，烟花提取物对丰富烟草本香，提高烟香层次感、协调性及舒适性具有显著效果。中烟特香301烟花提取物使烟香协调自然、烟气柔和细腻，余味干净舒适；特3辛甜香烟花提取物香气质较好，香气表现令人愉悦、回甜明显；高蔗糖酯K326烟花提取物可增加优美的蜜甜与干草香韵、使香气绵软细腻，余味回甜。以不同类型、品种烟花提取物为原料，研制了增甜、提香、改善口感等烟草功能性本香香料。

四、烟草赖百当二萜青枯病诱抗剂研制与应用

为开发烟草赖百当二萜在生物农药方向的利用价值，研制了赖百当二萜微乳剂。赖百当二萜微乳剂以烟草花序赖百当二萜提取物为原料，系统考虑形成配方的外观状态、透明温度范围、稳定性等，通过单因素试验，选择了适宜的溶剂、阴/阳离子乳化剂、助溶剂，进一步通过正交试验法，形成了赖百当二萜微乳剂配方：原药5%，正丙醇6.25%，环己酮25%，吐温60 18.75%，500#（十二烷基苯磺酸钙）6.25%，水补足至100%。制备方法为：称取一定质量原药，加入正丙醇，置于50 ℃恒温中搅拌混匀；然后加入环己酮，混匀；再分别缓慢加入吐温60、500#；搅拌均匀后，最后逐滴滴加处方量的蒸馏水，并继续在50 ℃水浴中搅拌30 min即可，制备技术简单，不需要专用设备。获得配方符合微乳剂的质量要求（表12-4）。

表12-4　烟草赖百当二萜微乳剂质量技术指标

质量技术指标	测定值	检测方法
透明温度范围（℃）	0 ~ 65	液氮及水浴方法
有效成分含量（%）	5.04 ± 0.05	气相色谱测定
乳液稳定性 （稀释100倍液，30 min）	合格	《农药乳液稳定性测定方法》 （GB/T 1603—2001）
pH值	7.0 ± 0.1	《农药pH值测定方法》 （GB/T 1601—1993）
低温稳定性 ［（0±1）℃下贮存7 d］	合格	《农药低温稳定性测定》 （GB/T 19137—2003）
热贮稳定性 ［（54±2）℃下贮存14 d］	合格。（54±2）℃的条件下贮存 14 d，原药分解率小于3%	《农药热储稳定性测定方法》 （GB/T 19136—2021）

以番茄为试验对象，挑选7～8片叶龄长势一致的供试植株，以烟草赖百当二萜微乳剂为试验药剂，开展了雷尔青枯劳尔氏菌（*Ralstonia solanacearum*）引起的番茄青枯病的盆栽接种防效试验。试验结果表明，随浓度升高，烟草赖百当二萜对番茄防效呈显著升高趋势，施用浓度120 μg/g时效果最好，防效达71.1%，与对照药剂中生菌素相当。实验室离体试验表明，烟草赖百当二萜对雷尔青枯劳尔氏菌（*Ralstonia solanacearum*）并没有抑制活性。因此，赖百当二萜可以诱导番茄对青枯病的抗性，烟草赖百当二萜在作物青枯病防治中具有较好开发前景（表12-5）。

表12-5　烟草赖百当二萜不同施用浓度对番茄青枯病的防效

处理		接种后10 d		接种后17 d	
	浓度（μg/g）	病情指数	防效（%）	病情指数	防效（%）
赖百当二萜	20	37.78b	17.1c	57.5b	18.9c
	40	23.21c	47.09b	32.8c	53.7b
	80	22.72c	48.11b	31.6c	55.5b
	120	11.11d	72a	20.5d	71.1a
中生菌素	50	14.32d	65.4a	29.6d	58.2ab
清水		47.41a		63.3a	

第三节　基于植物工厂的烟草盐碱地种植适应性研究

烟草适应性强，生物产量高，次生代谢产物含有丰富，蛋白质含量高且其营养品质在植物蛋白质排序中居于首位。20世纪90年代初，美国建立了第一座烟草蛋白质提炼厂，美国北卡罗来纳州有一家农场专门种植提取蛋白质的食用烟草；烟草是良好的植物生物反应器模式作物，2020年，Medicago公司与全球最大的疫苗制造商葛兰素史克（GSK）合作，开发了利用烟草生产重组冠状病毒样颗粒（CoVLPs）技术，目前正在进行临床试验；烟草含有丰富的西柏烷二萜、赖百当二萜、蔗糖酯、茄尼醇、绿原酸等成分，以上成分在医药、植物源农药、烟草本香香料等方向具有较好开发价值；烟草种子含有丰富的蛋白质，种子油含有丰富的亚油酸、植物甾醇、角鲨烯等活性成分，具有较好的降血糖、降脂、抗氧化等活性；烟草具有强大的油脂合成系统，产生生物燃料的效率高于其他作物，烟草的种子和叶片都可用于生物燃料的原料。烟草作为植物工厂在食用或饲用蛋白、医药、生物农药、能源、香料等领域具有较好开发前景。

　　盐碱地是重要的潜在耕地资源，开展盐碱地综合利用对保障国家粮食安全、端牢中国饭碗具有重要战略意义。研究烟草作为植物工厂在盐碱地的种植适应性，建立目标烟草资源盐碱地种植模式，对发挥烟草在支撑大食品、大健康及能源战略中的利用价值，具有重要意义。

一、饲用烟草的盐碱地种植适应性研究

　　进行了具有饲用潜力的超低烟碱烟草选育。最近培育的一个稳定低烟碱烟草材料在不打顶处理条件下的烟碱含量低于0.05%，打顶处理后的烟碱含量低于0.1%。该低烟碱烟草蛋白含量15%，绿原酸、西柏烷二萜含量均在1.5%左右。利用该低烟碱材料进行的动物饲喂试验结果表明，该材料的烟叶具有很好的动物饲用特性，长时间饲喂未产生不良反应，具有极大的饲用开发价值。2022年，在以上研究基础上，以2～3份低烟碱饲用烟草品系为试验材料，并以高烟碱烟草为对照，在东营盐碱地进行不同种植密度、不同施肥条件的种植试验，测定饲用烟草在盐碱地种植后的生物产量，并进行营养成分、有益活性成分及烟碱含量等品质评价，进行饲用烟草在盐碱地种植后的动物饲喂适口性评价，为低烟碱饲用烟草的盐碱地种植和饲用开发利用奠定基础。

二、野大豆—饲用烟草混合栽培体系研究

　　野大豆是栽培大豆的近缘种，一年生草本攀援植物，在我国各地均有分布。种子富含丰富的蛋白质、异黄酮、皂苷等生物活性成分，并且其茎叶营养成分均衡，粗纤维含量低，适口性好且食用转化率高，具有饲用潜力。但因其攀援生长的特性，只有在与杂草混生攀援的情况下才能有较高的生物量，因此生产利用受到限制。2022年，在东营盐碱地开展野大豆—饲用烟草混合栽培可行性研究。设置不同的栽培密度、施肥量和野大豆播期，研究混合播种生物产量和品质变化。饲用烟草以宽窄行种植作为基本模式，尝试以饲用烟草作为野大豆的攀援支架，通过设置不同的宽行、窄行和株距等密度条件和施肥量处理，测定野大豆的生物产量，并进行全株蛋白质、异黄酮、皂苷等生物活性成分以及茎叶粗纤维含量的测定，对饲用烟草和野大豆混合物的饲用品质做出评价，为盐碱地合理利用奠定理论和技术基础。

三、油用烟草盐碱地种植适应性研究

　　烟草种子蛋白质、氨基酸模式与国际FAO（联合国粮食及农业组织）/WHO（世界卫生组织）推荐值接近，烟草种子油亚油酸含量达76%，总不饱和脂肪酸含量达89%，

可与核桃、葡萄籽、亚麻籽油媲美，植物甾醇含量达1.0%，高于玉米油，烟草种子油还含有丰富的角鲨烯等活性成分；大鼠毒理学及功能学试验研究表明，烟草种子油不仅没有毒性，还具有降血脂、降血糖、保护肝脏等作用，其效果与优质鱼油相当；利用烟籽油制备的护肤霜，润肤性好，易吸收，且具有防晒及皮肤修复的功能。为开发烟草的油用价值，在前期高产种子筛选基础上进一步通过实验室耐盐碱试验，2022年筛选3个耐盐高产烟草种子品种，在山东东营进行油用烟草盐碱地种植适应性研究。通过设置不同的氮用量水平、种植密度水平和留杈数量，测定不同处理方式的种子产量和质量，初步形成适合盐碱地的栽培方式。同时对盐碱地烟草种子油脂肪酸及主要活性成分检测，明确脂肪酸和活性成分组成和含量，为下一步利用盐碱地开发生产烟草种子油提供研究基础。

四、富含高附加活性成分的烟草盐碱地种植适应性研究

2013年以来，以挖掘烟草在医药、植物源农药、烟草本香香料等领域的利用价值为目标，开展了800多份烟草种质主要活性/致香成分鉴定及高效资源筛选研究，筛选了富含西柏烷二萜（3.98%）、赖百当二萜（1%）、蔗糖酯（1%）、绿原酸（4.6%）、茄尼醇（5%）、芸香苷（2.5%）的烟草种质。以前期筛选的20份优异种质为试验材料，在实验室条件下进行耐盐碱鉴定，筛选出11份优异种质在东营盐碱地进行种植，研究不同种植密度对活性成分产量的影响。通过设置1 000株/亩、2 000株/亩以及3 000株/亩等密度处理，测定不同密度条件下烟花、烟叶以及总生物量的产能，并对烟花、烟叶以及茎秆的乙醇提取物进行主要活性成分检测，明确不同部位提取物的抑菌、抗病毒等生物活性，为进一步利用盐碱地开发烟草多功能利用奠定基础。

第三篇

基层管理与创新

第十三章 标准化烟站建设

烟站是组织烟叶生产、实施烟叶收购的基层单位，担负着服务烟农、烟农增收、乡村振兴等社会职能，是烟草行业面向社会的窗口、连接烟农的桥梁，是政策落实、技术落地、信息反馈的神经末梢。按照"抓基层、打基础、强管理、重创新"的工作思路，深入推进基层党支部标准化规范化建设，完善烟叶标准化体系，持续改善烟站生产经营条件，推进标准化烟站达标验收和复评，推动烟站对标先进、消除短板、改进工作，提高基层烟站烟叶生产组织、管理、落实能力和服务烟农水平。

第一节 标准化烟站建设

标准化是创新、生产和使用三者的桥梁，通过标准化可使创新技术、措施、设备得以有效推广应用，从而促进企业的发展。随着时代的发展，标准的基础性、引领性、规范性、保障性地位日益凸显，标准化水平已成为企业核心竞争力的基本要素。国家烟草专卖局一直把标准作为推动改革发展的重要助力，构建了由国家标准、行业标准和企业标准组成的行业标准体系。山东于1997年开展烟叶标准化试点，2018年启动新一轮烟叶标准化工作，2019—2020年把基层党建、综合管理标准纳入烟叶标准化范畴，切实提升各项工作规范化、标准化管理水平。

一、标准制定与宣贯

通过全员参与、集中决策，"自下而上"起草编写标准，"自上而下"研讨论证标准，统一思想、凝聚共识。通过坚持问题导向，推动技术创新，及时完善修订管理标准，确保标准与创新同步推进、同步推广。

（一）顶层设计

按照"烟叶管理标准化、标准管理流程化、流程管理问题化、问题管理精益化"的工作思路，聚焦高质量发展新目标、新要求，对标准化体系进行整体规划和系统设计，对标准体系架构和要素进行优化或重构，形成了一套系统化、规范化、实用高效的运行管理体系，把内容复杂的基本工作简化为管根本、可考量的指标体系。

（二）全员参与

在标准体系的修订完善过程中，按照"自下而上起草制定、自上而下研讨论证"的标准编制要求，省、市、县公司、烟站多层级参与，财务、党建、人事等多部门联动。在标准制定初期，采取"自下而上"的方式，各级、各部门按照分工对涉及烟站的所有工作进行梳理思考、提炼优化，起草制定标准，特别是发挥基层烟站在标准起草、制定和执行方面的主体作用，"写"我所"做"，"做"我所"写"，不追求"高大上"，只要求"实细真"，把标准制定过程同时作为统一思想、凝聚共识的过程。在标准制定后期，采用"自上而下"的方式，省、市级公司召开座谈会、研讨会，组织有关专家进行评审，广泛征求各方面的意见建议，确保标准更加实用、更易宣贯、更好落实，真正做到"写"与"做"一致、"知"与"行"合一。

（三）标准宣贯

切实抓好标准宣贯与落实，建立完善"标准体系、作业指导书、烟农操作书、考核办法"四位一体标准化管理运行机制，充分发挥指标体系的引导、激励、考核、监督作用，落实"统一思想、问题导向、全面创新、狠抓落实"工作推进机制，全过程、立体化推动标准落实落地。

1. 创新标准宣贯机制

针对烟站技术员，将"中棵烟"培育技术标准转化为15项《烟叶标准化生产作业指导书》，明确每一项工作"做什么、怎么做、谁来做、做到什么程度、谁来监督实施"。面向烟农编制《烟农提质增收操作手册》，把烟叶生产经营标准转化为15幅漫画、22首歌谣，直观形象展示作业标准，让烟农看得懂、学得会、能落实。在标准培训的过程中，通过现场会、微视频等形式宣传标准，保证宣贯效果，提高实操能力，形成了人人学标准、用标准、守标准的良好氛围。

2. 建立督导落实机制

推行"提前一步"工作法，在烟叶生产收购关键环节，提前1个月召开工作推动会议，为产区留出足够时间完善工作思路，破解工作短板，把握工作主动权。建立"比学赶超"和"奖促罚"工作机制，打破产区地市区划概念，将山东全省27个县级烟区分为两个片区，统一技术方案，片区内、片区之间在干中学、干中比、干中进，促进平衡发展、整体提升。完善考核机制，把标准落地作为重点考核内容，实行"四不两直"问题督导和烟叶生产收购关键环节重点检查考核，全面开展问题管理，抓实问题整改，确保落实标准不走样。

3. 夯实基层队伍基础

加强基层队伍配套，落实烟站岗位人员定岗、定编、定人管理，实行持证上岗，配齐配优烟站管理人员。制定专项人才培养规划，着力培养烟叶基层管理、技术指导、职业技能、质量管控和科技创新5支队伍，开展省二类竞赛、省内烟草栽培、烟叶烘烤、烟叶评级比武等活动，促进烟叶基层高技能人才成长。深化人事用工分配制度改革，完善公平公正、严格规范的绩效考核体系，健全激励有效、约束有力的薪酬分配机制，促进收入分配向基层一线员工倾斜，落实专业技术职务聘任制度，畅通人才成长晋升通道，提升基层人员扎根一线、服务烟农的积极性，推动技术标准有效落实。

二、烟站功能提升

按照《中国烟草总公司关于改善基层生产经营设施的意见》和《烟叶收购站设计规范》（YC/T 336—2020）要求，按照收购、办公、生活三区规划，合理配置专业分级场地，完善收购定级、烟农休息、烟叶周转、农资储存等区域功能，配套管理用房和生活设施，改善烟站职工的工作生活条件，充分满足烟站生产经营与生活办公需求。

（一）收购仓储区建设

（1）收购区设烟农休息室、候烟区、初检区、分级区、人脸识别验证区、退烟区、过磅结算区、散叶堆放区；仓储区设打包区、烟包暂存区及物资仓库，各功能区域分区合理，面积符合行业标准要求，不同收购规模的烟站各功能区域面积如表13-1所示。

表13-1 收购仓储主要功能区域参考面积表

年收购规模（万担）	分级区（m²）	候烟区（m²）	烟农休息室（m²）	定级区（m²）	打包区（m²）	烟包暂存区（m²）	物资库（m²）
1	150	100	60		150	300	100
2	300	150	90	每条收购线40 m²	300	500	150
3	450	200	120		450	700	200
4	600	250	150		600	900	250
5	750	300	180		750	1 100	300

（2）分级、收购、仓储及烟农服务等配套设施齐全，与收购规模相匹配。各功能区域配备的设施如下。

烟农休息室配备电子显示设备、休息座椅、饮水设备、便民箱等，放置烟叶生产技术相关图书、杂志、手册及政策宣传材料。

专业化分级区配备分级台、标准光源等设施设备，每万担配备30台（套）。

等级评定区配备对照样品展示设施、定级台、标准光源、视频监控等。

过磅结算区配备电子秤、微机（POS机）、票据打印机、电子显示屏等设备。

散叶堆放区配备等级标识牌、隔离栏。

打包仓储区配备打包机、赋码机以及烟包装卸转运、扫码等设备。

收购仓储区配备视频监控设备，实现分级、定级、打包关键区域视频监控全覆盖。

（二）办公生活区建设

（1）办公生活区配备办公室、党建活动室、创新工作室、会议培训室、咨询接待室、资料室、职工宿舍、职工食堂、文体活动室、值班室（含消防安防控制室）、公共卫生设施等，面积符合行业标准要求，不同收购规模的烟站各功能区面积如下（表13-2）。

表13-2 办公生活用房参考面积表

年收购规模（万担）	办公室（m²）	会议培训室（m²）	咨询接待室（m²）	资料室（m²）	职工食堂（m²）	职工宿舍（m²）	值班室、消防安防控制室（m²）	公共卫生设施（m²）
1		50						60
2		50						60
3	每人6~12	100	20	30	就餐人数的80%×4	每间30	60	90
4		100						90
5		130						120

（2）办公区、生活区的设施配置满足烟站实际办公生活基本需要。主要配备的设施设备如下。

办公室配备办公电脑、工作桌椅、打印机、档案柜等。

创新工作室配备桌椅、书橱、档案柜、展示架等设施设备。

会议培训室配备桌椅、投影仪器等设备。

文体活动室配备与场地相适应的文体活动器材、器械收纳柜等设备。

值班室（含消防安防控制室）配备值班电话、视频监控设备。

资料室配备档案柜、电脑等设备。

食堂餐厅与操作间分离，配有餐桌椅、操作台、厨具、餐具及冷藏柜、消毒柜等设备，改善烟站就餐条件。

职工宿舍配备桌椅、衣柜、床、空调等生活电器，改善职工住宿条件。

三、标准化烟站创建

在2020年和2021年组织开展了两批达标烟站验收。标准化烟站验收采取县公司申报、市公司验收、省公司复验的程序进行。按照三年全部达标的任务目标，以党建为统领、以规范为重点、以标准化为抓手，完善标准体系、完善评价机制，推动对标先进、消除短板、改进工作，着力打造"党建引领有力、标准体系健全、制度流程规范、创新活力迸发、服务烟农到位、运行管理高效"的基层烟站。在两次达标验收中，山东全省共有63个烟站被授予"规范管理标准化烟站"。

（一）标准化烟站建设

按照三年山东全省所有烟站全部达标的目标任务，制定完成规划的路线图、时间表。各市公司按照"党建引领有力、标准体系健全、制度流程规范、创新活力迸发、服务烟农到位、运行管理高效"的标准化烟站建设要求，对标对表基层党建、生产经营和综合管理标准体系，以烟站党建、烟叶生产、规范管理、设施配套和基层队伍建设管理等为主要内容，全力推进标准化烟站建设工作。

1.基层党建标准化

以《中国共产党章程》和《中国共产党支部工作条例（试行）》为基本遵循，按照"四强四化"党支部建设要求，以建设"政治功能强、支部班子强、党员队伍强、作用发挥强"党支部为目标，把新时代党的建设总要求细化为各项工作标准和具体流程。各烟站落实组织建设、组织生活、党员队伍管理、党建工作运行机制、党建活动阵地建设、党建工作评价"六个标准化"，全面提升了烟站党建水平。截至2021年底，山东全省共创建58个烟叶基层党建品牌，9个烟站党支部党建案例被地方党委、组织部门表彰和肯定。2020年，沂南双堠烟站党支部相关做法入选烟草行业《党支部标准化建设工作30例》。

2.生产经营标准化

完善以"提前集中移栽、减氮增密、水肥一体"三项技术为核心的技术体系，总结提炼包含生产、收购、调拨环节标准，对其中涉及基层烟叶工作的关键环节、关键技术和关键措施纳入烟站标准化建设范畴。各烟站深入落实标准化生产体系，工作落实从抓技术向"管理+技术"转变，全省"中棵烟"培育达到了"坡上坡下一个样，大方小方一个样，土地肥瘦一个样"，烟叶经营从单纯"卖好"向"卖好+用好"转变，进一步提升了烟叶均质化、特色化、绿色化水平。全省上等烟比例由2016年的29.1%提高到2021年的69.4%，烟农户均收入由15.1万元增加到19.6万元，真正实现了烟农和工业企业"两个满意"。

3. 烟站管理标准化

结合烟站专项巡察、专项审计过程中发现的烟叶合同、生产投入、财务、物资及季节工等管理规范问题，修订包含基础设施、生产组织、物资管理、基层烟站管理等方面标准，完善了烟叶种植收购合同、生产投入政策、烟用物资、季节性用工及烟站安全生产、培训、考勤考核、站务公开、档案资料、物资仓储管理等相关制度措施，把内容复杂的基层烟站管理工作简化为管根本、可考量的指标体系，建立规范管理长效机制。基层烟站人员"按标准落实、按规范工作、按流程做事"，进一步堵塞了烟站管理漏洞，提升了基层规范管理水平。

（二）标准化烟站验收评价

按照三年全部达标的任务目标，各产烟市公司结合各单位工作推进实际，本着优中选优的原则，从市公司在验收合格的烟站中每年按不低于本单位烟站数量的30%比例择优推荐，省公司烟叶处牵头，内管、财务、审计、科技、人事、党建、规范等处室共同参与，采取抽查的方式进行抽查复验，通过验收的烟站统一授予"全省规范管理标准化烟站"，以验收促标准化烟站建设，以标准化烟站创建推进标准落实。

1. 完善达标烟站验收评价体系

对应标准化烟站党建、烟叶生产经营、综合管理和配套设施建设、基层队伍建设等内容，本着能量化的量化、不能量化的指标进行定性设置的原则，山东全省统一制定烟站规范化标准化建设考核评价指标体系。该体系包括基层党建、生产收购、基层管理、设施建设和队伍管理5个基本项目、1个加分项目和4个否决项目，共涉及32项考核内容，127个具体指标，总分为110分，其中基本项目100分，加分项目10分。验收评价成绩90分及以上，无否决项的，统一认定为标准化烟站，有效发挥验收评价体系的引导、激励、考核、监督作用，提高了标准化的工作成效。

2. 优化验收评价方式

立足为基层减负、给烟站赋能，改进验收评价机制，将标准化烟站评价验收与日常工作调研督导相结合，避免层层填表报数，花费大量精力做档案等增加基层负担的行为，提升标准化烟站创建工作实效。及时解决标准化推进过程中遇到的各种矛盾、困难和问题，推广先进经验和办法，充分发挥指标体系的引导作用，调动基层烟站职工积极性、主动性和创造性。各烟站建立先进示范田、示范炉、示范岗，打造标准化生产、规范化收购、产业融合发展样板，营造了"比学赶帮超"的良好氛围，推动烟站管理效能和烟叶生产整体水平的提升。

（三）标准化烟站动态管理机制

对达标烟站实行动态评价，不搞终身制，解决达标后烟站工作落实不到位的问题，形成标准化烟站建设管理长效机制。每年对达标烟站组织复评，复评不合格的将取消资格，重新建设、重新验收。在巡视巡察、专项审计工作中，发现有问题或有重大质量事故、重大安全事故的达标烟站，进行重新建设。通过动态管理，充分发挥达标烟站示范带动作用，营造了比学赶超的达标创优氛围，形成了"事事有标准、处处讲标准、人人用标准"的良好局面，促进了各项工作全面落实。

四、烟站廉洁风险防控

聚焦烟叶种植收购合同管理、物资发放、生产投入政策执行、烟叶收购管理、烟基项目建设等廉洁风险易发环节，以加强制度流程建设为重点，以严格监督执纪、严肃追责问题为保障，构建权责清晰、风险明确、制度完备、流程规范，措施有力、预警及时，防范到位、处置有力的廉洁风险防治机制，提高廉洁风险防治能力。

（一）廉洁制度和流程建设

针对巡视、巡察、审计、督查发现的问题，突出关键人、关键事、关键岗位，健全烟叶工作管理制度。做好"制度转化"，把制度转化为管根本、可视化、易操作、可考量的工作流程，推动风险防控进制度、进流程、进系统、进岗位、进考核，构建运行流畅、便于监督、持续改进提升的烟站规范管理体系，实现与业务工作的相互促进、相互提升。

（二）廉洁风险教育

建立健全廉政教育长效机制，将廉洁风险教育纳入日常业务工作，每年结合烟叶生产经营不同阶段易发的廉洁风险，制订系统的廉洁教育计划，创新教育方式，加强重点岗位、重点人员的理想信念、职业道德、服务宗旨、法律法规和警示教育等，进一步强化廉洁自律意识、增强底线思维，逐步形成对腐败的警惕、对制度的尊崇、对权力的敬畏。

（三）廉洁风险防控

按照廉洁风险防控"全覆盖"要求，落实山东全省烟站廉洁风险防控"一张清单"管理。通过建立"省、市、县、站"四级烟叶生产经营权力清单、风险清单、防治清单、制度流程清单，围绕关键人、关键事、关键岗位深入查找廉洁风险点，细化清单内容，抓好防控责任落实。全面加强重点环节的廉洁风险防治，确保措施落实落地。

（四）廉洁监督管理

坚持内外并举、立体监督，建立烟站常态化巡察审计监督机制，加强指导检查和审计监督，定期开展对烟站和合作社监督审计。强化社会监督，做实站务公开和回避制度，大力宣传行业政策、法律法规，在烟叶种植收购合同签订、物资发放、专业化服务组织、投入资金兑付、烟叶收购等方面，维护和保障烟农的合理合法权益。

通过聘请行业外监督员、设置举报电话等方式，监督烟叶生产收购工作，提升烟站公信力和烟农满意度。强化监督预警，探索运用信息化手段提升廉洁风险预警能力，定期开展分析、研判和评估，对苗头性、倾向性问题进行风险预警，做到早发现、早提醒、早纠正，及时化解廉洁风险。强化监督执纪，密切关注职工群众通过巡察、信访等渠道反映的突出问题，凡出现违规、违纪、违法行为，按照管理权限和相关规定，区分责任和情形进行追责问责，做到见人见事、严肃处置。

第二节　烟叶基层党建

坚持党的领导、加强党的建设，是我国国有企业的光荣传统，是国有企业的"根"和"魂"，是我国国有企业的独特优势。党的基层组织是党的肌体的"神经末梢"，要把基层党组织建设成为坚强战斗堡垒，充分发挥党支部战斗堡垒作用和党员先锋模范作用，深入推进党建与烟叶业务融合，着力打造政治过硬、工作规范、深度融合、服务到位、力量凝聚、保障有力的基层党支部。

一、规范基层组织标准化建设

党组织标准化建设，把庞杂的基层党建工作，简化为管根本、可考量的指标体系，顺应党建工作规律，是提升党建质量的有效方式。因此，必须坚持辩证思维，科学施策，久久为功，以标准化引领规范化，以规范化提升基层党建工作质量。要紧扣基层党建基本制度、基本任务的规范落实，把班子建强、队伍建强、群众带动好、作用发挥好作为出发点和落脚点，促进基层党组织政治功能、服务功能有效发挥。要跳出党建抓党建，在紧贴中心、服务发展中找准定位，用工作成效检验创建成果，切实以标准化建设促进中心工作上台阶。

（一）抓好基层党建是推动山东烟叶发展的根本举措

近年来，山东省公司始终坚持把标准化规范化作为重要抓手，一以贯之推进烟叶基层党建工作。2017年，制定《全省系统党建工作抓基层打基础实施意见》，以烟叶基层党建提升为突破口，开展烟叶基层党建工作试点，在诸城、沂南、莒县3个产烟分公司先行先试，探索烟叶基层党组织标准化规范化建设的路径和措施。

2018年，把3个试点单位加强基层党建工作经验推广到山东全省烟站。党组织标准化建设过程中始终把握基本方法，规范实施流程，把标准化融入日常、融进经常，持续用力、久久为功，通过创建达标形成规范高效的工作体系。2019年，省公司统一制定涵盖组织建设、阵地建设、载体建设、培养发展党员、支部组织生活、党员教育、联系服务群众、党务公开等8项标准的烟叶基层党支部建设标准体系，推进烟站党建"工作标准规范化、工作平台实效化、工作机制体系化、工作保障常态化"，实现了基层党建工作看得见、摸得着、有抓手、见实效。

2020年，山东烟草专卖局（公司）党组印发了《关于全系统党支部标准化规范化建设的意见》，按照要求，对烟叶基层党建标准进一步规范。当年5月，在临朐召开山东全省烟叶基层党建工作推进会议，部署提升烟叶基层党支部标准化规范化水平、推进烟叶基层党建与业务深度融合等任务，2020年实现烟站标准化党支部全覆盖。2021年12月召开山东全省烟叶基层党建工作会议，落实《关于在全系统开展党支部标准化规范化建设提升工程的指导意见》，部署以高质量的烟叶基层党建引领推动山东全省烟叶高质量发展。

（二）健全完善烟叶基层组织

通过持续开展烟叶基层党支部标准化规范化建设，完善基本组织建设，健全基本工作制度，基层党支部更加健全、更有战斗力。各地市产区结合实际，制定了党支部工作流程，扎实推进党支部标准化规范化建设。各基层烟站党支部严格基本制度，认真落实"三会一课"、组织生活会、谈心谈话、民主评议党员等党内基本组织生活制度，积极开展"主题党日"，突出政治学习和教育。

推行基层党建"网格"制管理，依托烟叶工作网格划分党建网格，每个网格至少配备1名党员，依托网格将标准化规范化要求落实到烟叶各个环节。目前，山东全省共建立烟叶党员活动室92个，做到了应建尽建、设置规范、调整及时，实现了全部烟站、重点线路、重要工作党员全覆盖，为落实全面从严治党要求、推动烟叶高质量发展提供了坚强的组织保证。

（三）提升基层党建工作质量

始终做到"面子规范达标，里子殷实丰厚"，既重视基础设施、活动场所等硬件设施的规范统一，又重视领导班子、党员队伍、运行机制等软件建设的高效有力，实现形式和内容互相印证、高度统一，推动基层党建全面进步、全面过硬。

潍坊市公司编印《党建工作责任清单及党支部建设标准体系》《党支部简明党务工作手册》《基层党建工作案例》等工具书，开发"鸢都金叶"线上党建管理信息化系统，整体提升了烟叶基层党建工作质量和水平，有效促进了"标准规范实起来、堡垒作用强起来、先锋形象树起来、融合载体活起来、党建氛围红起来、管党治党严起来"。

2020—2022年，分批次实施烟站改造提升工程，确立"五室两服务"的建设标准，对党员活动室等进行硬件和功能提升，做到"有场所、有设施、有品牌、有党旗、有书报、有制度"，有力保障了烟叶基层党建工作开展。临沂市公司紧密结合烟叶工作实际，落实"一意见、两清单、一规范、一手册、一平台"党支部标准化规范化建设工作体系，相关做法入选《党支部标准化规范化建设工作30例》。

（四）推动基层党建标准化

以建设"政治功能强、支部班子强、党员队伍强、作用发挥强"党支部为目标，把新时代党的建设总要求细化为各项工作标准和具体流程，推进基层党支部组织建设、组织生活、党员管理、工作运行、阵地建设、考核评价标准化管理，推动烟叶基层党支部建设标准化。以党支部建设标准化引领烟叶综合管理标准体系落实落地，实现规范发展、持续发展。

2019年，组织对山东全省烟站进行了专项巡察。山东全省烟叶工作以巡察整改为契机，制定了以党建标准、技术标准、管理标准为框架的基层烟站综合管理标准体系。通过党支部建设标准化提高基层烟站队伍的凝聚力、向心力、战斗力；通过技术标准化提高烟叶质量、满足工业需求，通过管理标准化解决烟站巡察过程中存在的问题，以标准规范有力引导了工作规范、发展规范。

在标准化实施过程中，产区各级党组织坚持把党支部建设标准化作为引领技术和管理标准化落实落地的重要抓手，分别制定基层党建工作方案，明确工作目标和工作思路。诸城分公司构建了"四有四强"党支部建设标准，实现了基层党建工作有抓手、见实效。

二、强化基层组织政治堡垒作用

党的基层组织担负着直接教育党员、管理党员、监督党员和组织群众、宣传群众、凝聚群众、服务群众等重要职责，是教育和管理党员的阵地，是把党员组织起来的最直接的形式。提升党组织的组织力，最根本的就是要把广大党员和人民群众团结凝聚在党的旗帜之下，永远跟党走。为此，着力突出烟叶基层党组织的政治功能，以提升组织力为重点，打造政治过硬、凝聚力强的支部战斗堡垒。

（一）加强党的政治建设

坚持把政治建设摆在首位，深入开展"两学一做"学习教育、"不忘初心、牢记使命"主题教育和党史学习教育，持续增强"四个意识"，坚定"四个自信"，把做到"两个维护"、捍卫"两个确立"体现在坚决贯彻党中央决策部署和行业要求的行动上，体现在履职尽责、做好本职的实效上，体现在广大烟叶基层党员的日常言行上。

针对新冠肺炎疫情防控，深入开展疫情防控党员先行主题活动，烟叶各级党组织主动站在讲政治、讲大局、讲纪律的高度，闻令而动、快速行动，一手抓牢疫情防控，组建党员突击队，冲在疫情防控一线，服务烟区群众；一手抓牢烟叶生产经营，努力克服疫情影响，确保各项工作有序开展。

积极派出党员担任义工，协助社区做好防疫工作，齐心协力打赢了"抗疫情、保生产"攻坚战，让党旗在烟叶基层一线高高飘扬。

积极组织基层烟叶党员到省内外党性教育基地培训学习，通过常态化、制度化教育引导，烟叶战线党员队伍的理想信念更加坚定，党性修养不断提升，政治站位显著提高，有效确保上级决策部署在烟叶基层落实落地。其中，潍坊市公司开展"追溯红色印记"活动，挖掘潍烟百年红色历史，建设"寻根铸魂"主题展馆，立足潍坊党史规划"红色教育路线"，组织全体党员就近开展党史教育，坚定理想信念。

（二）建强基层支部班子

头雁带对方向，群雁才能振翅高飞；头雁迎风奋力，群雁才会协力向前。党员干部手中的权利是人民赋予的，而权力与责任是对等的两个方面，拥有权力也即意味着需要更大的责任担当。基层烟站就如一支雁队，"关键少数"就是顶风开路的"头雁"，烟站党支部班子的作风和能力，对党风、政风和士气有着决定性作用。

坚持对烟站党支部书记、支部班子成员开展定期集训和经常性的教育培训，持续增强烟叶基层党支部书记的组织观念、纪律观念、群众观念、法治观念，推动基层党支部书记掌握党建基本知识、基本政策、基本规矩、基本要求，烟叶基层支部班子的履职能力和服务群众能力显著增强。

选优配强党支部书记，从市、县两级公司选派62名优秀干部到烟站党支部帮扶指导、挂职锻炼，规范基层党支部政治生活，示范引领烟站党支部开展方式创新、载体创新、机制创新，实现"点"上先行探索、"面"上梯次跟进。抓实烟站党支部书记年度党建述职评议考核，考核结果作为党支部书记政治素质考察和综合考核评价的重要依据。临朐分公司对烟站党支部班子实行"黄牌督办、橙牌扣分、红牌问责"考评，倒逼党支部担当管党治党主体责任，促进支部班子"头雁"作用充分发挥。

（三）做实基层党建品牌

党支部作为党的基础组织，担负着教育党员、管理党员、监督党员和组织群众、宣传群众、凝聚群众、服务群众的职责。打造和创建高质量的党建品牌，彰显基层党组织的凝聚力、号召力、战斗力和组织力，扩大党组织的认知度、知名度、美誉度和忠诚度，对于支部加强党的领导，提升基层党组织服务能力和组织形象、增强党的执政能力具有重要意义。在烟叶基层党组织中组织开展特色支部创建活动，落实"一支部一特色一品牌"要求，积极创新工作方式，丰富活动载体，彰显亮点特色，烟叶基层党组织战斗堡垒作用更加凸显。

2019年8月，超强台风"利奇马"突袭山东，在急难险重时刻，山东全省烟叶基层党支部带领党员冲锋在前，第一时间赶赴受灾烟田，全力以赴帮助烟农抢修道路、挖渠排水、扶烟培土、喷药防病，尽最大努力为广大烟农挽回经济损失，以实际行动践行共产党员初心，巩固烟草良好社会形象，在烟区群众心中擦亮了烟叶基层党建品牌。

莒县分公司在"兴农增辉"党建品牌创建过程中，创新构建《为农技术服务快速反应机制》，由烟农互助小组负责收集技术困难，党员服务队快速反应、第一时间解决问题，在技术难点攻关中形成了"育苗131过程控制法""12345移栽法"等岗位创新成果。

沂南分公司双堠烟站传承发扬沂蒙精神、红嫂精神，创建"红色雁阵"党建品牌，围绕服务沂蒙老区烟农致富增收，开展"五个一"致富活动，通过"记好一本民情台账、种好一批示范田、用好一支服务队、发展好一批非烟经济作物、输出一批精益管理创新成果"，构建起基层党支部密切联系群众的实践载体，巩固和增强了党支部的战斗堡垒作用。

截至2021年底，山东全省形成了58个烟叶基层党建品牌构成的"党建品牌矩阵"，涌现出沂南"红色雁阵"、莒县"兴农增辉"、诸城"尽美系列"、临朐"尽心系列"等一批叫得响、立得住的党建品牌，烟叶基层党组织的凝聚力、战斗力显著增强。

三、树立基层组织先锋形象

善于抓典型，让典型引路和发挥示范作用，历来是中国共产党重要的工作方法。山东烟区坚持以示范为引领，以标杆为带动，激励广大党员立足本职岗位争先锋、做表率，增强烟叶基层党员队伍的服务力、示范力、凝聚力。

（一）以深化教育培训提高服务力

加强党员教育是提高党员素质的根本措施，是加强党的建设的重要内容和途径。山东全省各级党组织以提升素质能力为着力点，认真贯彻《中国共产党党员教育管理工作条例》，把不忘初心、牢记使命作为终身课题，推动党员加强理论学习，增强党员意识。

淄川分公司探索构建"学习+汇报+点评"的党小组会议机制，每月一次的党小组会，学习内容由支委会根据近期工作部署和上级学习任务作出安排，学习完毕后，党员逐个汇报思想、工作、作风情况，由党小组组长以正面激励为主，严肃认真进行点评，并提出下一步学习提升要求。

临朐分公司建立集"党味、烟味、趣味"于一体的"三味课堂"，课堂外延到田间地头和育苗、烘烤工场，并邀请烟农参与其中，做好关键技术讲解与示范，既做到在学中干、在干中学，实现理论、技能双提升，又帮助烟农树立和落实发展新理念，实现党员与烟农共成长。

（二）以做实历练平台提高带动力

深入推进"党员示范岗""党员责任区"创建，开展党员"亮身份、亮承诺、亮形象"活动，激励党员创先争优，在广大职工身边树起爱岗敬业的榜样、奉献服务的表率、清正廉洁的标杆，营造起"党员就要干得比群众好"的氛围，引导党员走在前、作表率。

潍坊市公司开展"一亮二树三带动"示范活动，亮明党员身份，选树行业人员和烟农两类典型，有效带动了技术措施落实、管理模式创新、烟农增收致富。莱芜市公司建立"党员+技术员+新增烟农"结对机制，党员心贴心、手把手教新增烟农技术、送服务、强信心，做好工作示范，迅速提升新增烟农种烟技术能力。

至2021年，山东全省共建立党员示范田3.1万亩，示范炉、示范岗1 983个，组建党员突击队、党员服务队、党员先锋队、攻关专班170支，在问题品种清理、育苗、移栽、按需供水、成熟采烤、分级和收购等重点任务落实中，有效发挥了党员的先锋模范作用，广大干部职工责任意识、担当意识明显增强，烟叶队伍的活力状态显著提高、精气神更加饱满，凝心聚力谋发展的氛围日益浓厚。

（三）以真心办好实事提高凝聚力

深入贯彻党史学习教育部署要求，在烟叶战线全面开展"我为烟农办实事"实践活动，通过实施党员包靠等方式，紧盯烟农"急难愁盼"问题，深入烟区、深入烟田、深入农户，切实解决了烟农的生产生活难题。

实施以党员干部为切入点的"包户、挂村、联系乡镇"三级包靠机制，省、市、县、站全体烟叶干部职工每人包靠5户烟农，完成建好一张档案卡、留下一条联系线、开展一次培训班、办好一批实在事、当好一个督导员的"五个一"包户任务，股级以上党员干部每人挂靠5个村，驻村抓好宣传培训、信息调查、烟叶发展规划和重点问题破解，与植烟村两委形成工作合力；副科级以上党员干部每人联系2~3个乡镇，争取乡镇党委政府对烟叶产业发展的领导及对有关政策和重点难点工作的支持，促进烟叶发展与烟区农业农村发展深度融合，稳固烟叶发展基础。

活动开展以来，党员干部在"包户、挂村、联系乡镇"中服务能力大幅提高、宗旨意识显著增强，帮助解决烟田设施、机械设备、供水浇水、托管服务等一系列制约烟农生产、影响烟农利益的瓶颈问题1 834件，解决了群众烦心事，推动了烟农增收致富，得到了地方党委政府和广大烟农的一致认可，汇聚起了服务烟农、发展烟区的工作合力。

为推动烟叶生产高质量发展，联合山东中烟，组织全省1 473名烟农代表，分16个批次，先后到济南、青岛、青州、滕州4个烟厂进行观摩学习，把技术培训课堂搬到现代化卷烟车间现场，工商合力密切党群关系和企农联系，为烟叶高质量发展创造了良好环境。

临朐分公司沂山烟站党支部在"挂村"中依托西蒋峪村党支部，为烟农协调流转土地840亩，推动烟叶与药材产业"双合同、双订单"生产，为烟农做好土地流转、协调用工、生产物资采购等服务，烟叶和中药材产业平均亩产值达到6 000余元，有效带动了烟农增收。沂源分公司与南鲁山镇党委政府成立"鲁山金叶红色联合体"，构建领导成员包村、联合体党员包户的帮带工作模式，重点突破南鲁山镇文坦片区8个村100户贫困人口脱贫攻坚任务，其中文泉村种植烤烟110亩，实现村集体收入49.5万元，从经济落后的贫困村成为脱贫攻坚的先进村。

四、实践基层组织党业融合载体

党建和业务工作相辅相成、缺一不可。只有把党建工作放到中心工作中思考谋划，围绕生产经营主要业务持续发力，党建工作才能从形式和内容上得到深化，从深度和广度上得到拓展，始终保持生机与活力。山东全省确立"围绕中心抓党建、抓好党建促业务"思路，搭建"党建+业务"实践平台，推动党建业务相互促进、融合发展，以高质量党建有力保障高质量发展。

（一）树牢"四同"理念，保障党业融合紧密到位

坚持党建与业务工作"同谋划、同部署、同推进、同考核"，把党建工作贯穿于烟叶生产经营全过程，推行重大事项党委研究、重点工作支部攻关、任务落实党员带头，始终把生产经营工作的难点作为基层党建工作的重点，进一步丰富党建与业务工作的结合点，有针对性地开展党建工作，使各项举措在部署上相互配合，在实施中相互促进。2017年起，省公司对机关党支部设置作出调整，把支部建在处室，部门主要负责人兼任

支部书记，带动山东全省从机关到烟站逐级实行负责人党建与业务工作"一肩挑"，党业融合"四同"要求得到有效落实。

（二）完善争创平台，保障基层状态持续提升

在基层党组织和全体党员干部中开展创先争优活动，鼓励先进，提高中间，鞭策后进，激发基层党组织领导班子成员和党员的进取精神，形成比、学、赶、帮的浓厚氛围，使基层党组织在竞争中充满生机和活力，成为基层坚强战斗堡垒。潍坊市公司搭建"大学习、大比武、大提升""比担当、比创新、比发展""树典型、树标杆、树形象"三大平台，营造比学赶帮超的浓厚氛围，带动烟叶队伍素质能力水平的全面提升。沂南分公司建立月度点评机制和年度党员"先锋指数"综合考评机制，按照政治素质优、作风品行优、模范作用优、工作业绩优、群众反映优的"五优"标准，细分为5个指数，分别赋予分值，开展党员星级评定，考评结果纳入综合绩效考核，有效激励了党员在业务工作中充分发挥先锋模范作用。

（三）创新实践载体，保障转型升级动力充沛

有效的载体是实现目标的重要手段。在推进基层党建工作中创新载体，把基层党建的内容方式、目标任务，融合于具体的载体之中，化无形为有形，变抽象为具体，使党建工作看得见、摸得着、感受到，有力保障基层工作水平提升。

潍坊市公司与工业企业、科研院所、烟农合作社、植烟村党支部开展联建共建，结成联建共建对子63个，实现了"组织建设互融、基地建设互助、质量提升互促、烟农增收互推"，凝聚了发展合力。通过开展烟站与植烟村党支部共建活动，打造了村党支部领办合作社烟叶生产组织模式，盘活农村土地、人力、机械等资源，破解"谁来种烟、在哪种烟、怎么种烟"难题。截至2022年5月，已发展植烟村领办合作社187个，盘活土地3.4万亩，形成党委政府牵头、烟叶生产融入乡村振兴一体化发展的良好态势，为稳定核心烟区、稳定烟农队伍探索了一条新路子。

淄博市公司成立由地方党委政府、山东中烟工业有限责任公司、中国农业科学院烟草研究所、山东农业大学、市县站三级烟叶人员及烟农党员代表组成的"红色联盟"，构建"1334"工作机制（围绕"党建+业务+创新+管理"同谋划、同部署、同推进1个主题，建立"学习、调研、会议"3项制度，开展红色联盟"共建解难题、领题抓创新、帮扶促提升"3项活动，打造党员"示范田、示范炉、示范户、示范岗"4个示范），实现了信息共享、技术互通、成果共创，集聚强大发展力量。

黄岛分公司构建由镇政府、植烟村两委、烟叶种植户、烟站党员组成的"金叶筑梦"烟叶联合党支部，凝聚多方力量保驾护航烟区高质量发展。坚持支部牵头、书记挂帅，开展以党员为骨干的攻关专班，在托管服务、雪茄烟生产、全程机械化等方面取得

突破性进展。五莲分公司成立"春晖党员创新工作室"，围绕烟叶生产提质增效，广泛开展"小、实、活、新"的创新活动，积聚发展动能，1名党员被评为"滕王阁"杯第二届全国烟草行业精益改善达人。

沂水分公司烟叶党支部带领党员成功研发水造法井窖移栽器，降低了打孔环节劳动强度，提高了移栽效率和质量。潍坊市公司开展"揭榜挂帅"活动，机关党支部积极发动党员领题攻关，借鉴平台已有的研究思路，成功研发自走式井窖移栽机，提高了移栽效率，规范了移栽标准，为落实中棵烟"三项技术"提供了设备支撑。

山东全省烟叶创新成果共享平台累计发布204期，村党支部领办合作社生产组织模式、新主体培育模式、托管服务模式、雪茄烟标准体系、烟用机械等成果在全省推广，烟叶生产现代化专业化水平显著提升，高质量发展的创新驱动力明显增强。2021年，国家烟草专卖局《行业工作动态》第1期、《烟草行业党史学习教育情况简报》（第9期）、《农民日报》《经济日报》等多家媒体刊登了山东烟叶基层党建做法与经验。

第十四章　烟叶工作推进与落实

新技术、新设备、新模式要推广应用、落地见效，关键是抓好落实。有效的机制既是抓落实的方法途径，也是工作落实的根本保障。山东省烟草专卖局（公司）提出了"统一思想、问题导向、全面创新、狠抓落实"的"四位一体"工作推进机制，以机制的创新强管理，用管理的方法促落实，实现了烟叶由单一抓技术向"管理+技术"转型升级。

第一节　"四位一体"工作推进机制

"十三五"以来，山东全省全面推进烟叶管理机制创新，通过统一各方面的思想，增强解决问题、抓好技术落实的信心和决心，凝聚共识合力；通过调查研究、分析现状，查找存在的短板和瓶颈问题；通过创新的思维、创新的办法、创新的技术，拿出解决问题的办法；通过狠抓落实，统一标准、统一步调，把各项工作落实落地，推动山东全省烟叶整体工作水平提升。

一、统一思想凝合力

思想是行动的先导，思想统一是各项工作得以有效落实的重要基础，有正确的思想，才有正确的行动，有积极的思想，才有积极的行动，统一了思想认识，才有统一的行动。在计划总量持续调减、结构矛盾日益突出、生产基础亟须加强的严峻形势下，烟叶工作的困难和问题较多，干部职工的思想状态和工作状态受到一定程度的影响。为此，山东全省系统梳理烟叶发展的方向定位、基本思路、阶段任务和关键措施，统一了各级烟叶干部职工的思想认识，形成了聚精会神抓管理、凝心聚力谋发展的共识与合力。

（一）统一"中棵烟"发展理念

质量特色是烟叶产业稳定发展的生命线，山东烟区深入实施"烟叶抓特色与定位"战略，确立了"中棵烟"发展方向和培育标准，夯实品种和轮作两个基础，落实提前集中移栽、减氮增密、水肥一体"三项技术"，把烟叶成熟期调整到光温水条件最适宜的时期，最大限度地彰显烟叶风格特色。

始终围绕卷烟工业企业满意和广大烟农满意"两个满意"，坚定"中棵烟"发展方向不动摇，每年解决几项制约瓶颈，实现一年一步，年年有进步。陆续解决了渠道外品种、烟田轮作、大垄高垄、全生育期按需供水、平衡施肥、成熟采烤、专业分级、精准收购等长期制约山东烟叶质量的突出问题，烟叶质量特色和工业适配性显著提升，实现了工业满意。

坚持烟农增收目标不放松，加强指导服务，帮助烟农优化种植规模，实现最佳投入产出效益比；推进全程托管服务、全程机械化作业，优化烟叶等级结构、做实优质优价，2021年烟农亩均收入较2016年提高1 540元，实现了烟农满意。烟叶工作人员和烟农对"中棵烟"发展思路和关键技术从不太理解到逐步理解，再到主动接受，技术观念实现了根本转变，为山东全省烟叶高质量发展奠定了坚实的基础。

（二）统一烟叶标准化管理理念

树立标准化思维，提出了"烟叶管理标准化、标准管理流程化、流程管理问题化、问题管理精益化"的工作思路，要求推广的每一个生产环节、每一项创新技术、开展的每项管理工作，做到先用标准固化，再去推动落实，养成标准化思维和习惯。

在标准制定初期坚持"自下而上"，烟站、县公司、市公司烟叶人员全员参与，分别结合烟叶生产和巡视巡察中发现的问题，对烟叶所有工作进行梳理思考、提炼优化，查找问题点，研究突破点，以此为依据起草制定标准体系。在标准制定后期，坚持"自上而下"，对各产区的标准进行系统梳理，各产区意见一致的，上升为山东全省统一标准；产区意见不一致的，召开座谈会、研讨会充分沟通，找准结合点，达成一致。使标准研究制定的过程成为统一思想、凝聚共识的过程，让基层深刻认识标准、熟悉掌握标准，为标准有效落地筑牢思想基础。

（三）统一烟农思想认识

烟农是烟叶生产技术落实的主体。烟叶生产各项关键技术、重点任务落实，都离不开烟农的密切配合，始终把烟农需不需要、愿不愿意、满不满意作为研究烟叶生产技术措施的首要标准，把统一烟农的思想认识作为抓好烟叶工作落实的重要基础。

加强烟农宣传培训。统一组织、制作山东全省烟叶生产技术宣传培训视频和培训教材，每年年底开展全体烟农大培训、烟农合作互助小组组长轮训、组织烟农到卷烟厂观摩学习等活动。通过科研院所专家讲、烟农代表讲、技术员讲等方式，讲透烟叶生产政策要求、关键技术、重点措施，算清成本收益账，让烟农明白这些技术措施为什么推广、以什么标准要求、怎么去落实。

典型烟农带动。选择一批在烟叶生产关键技术落实、经营管理等方面的优秀烟农代表，开展市、县、站巡回演讲，讲技术、讲经验、讲打算，通过身边人现身说"法"，激发烟农共鸣，提高烟农积极性、主动性。2021年，潍坊市公司从烟农中选取懂管理、懂技术、会经营的"烟农专家"39名，利用现身说法、现场培训等方式对烟农开展培训，累计开展培训390余次，通过烟农之间互相传授烟叶生产与经营管理技术，激发了烟农学习动力，促进烟叶生产技术与管理措施落实落地。

发挥烟农合作互助小组作用。以互助小组为单位统一开展烟农培训、技术指导、专业服务，实现小组烟农统一思想、统一标准、统一步调抓好技术措施落实，提高烟叶生产组织化程度和标准化生产水平。在及时准确宣传烟叶政策、落实关键技术、推行标准化生产、提升种烟效益方面发挥了重要作用。

二、狠抓落实保成效

抓好落实，是政策执行的"最后一公里"，是一切目标、思路、技术、措施落地见效的关键和保证。在烟叶工作和标准落实过程中，普遍存在产区之间、烟站之间、烟农之间工作进度、落实程度、质量效果不平衡的问题，同样的工作安排、同样的工作方法，有的单位工作有条不紊，基层队伍干劲十足，工作思路和工作方法层出不穷，工作成效非常明显；有的产区还在用传统思维去工作，出现问题没有主动解决，而是找借口。调研发现，出现这种现象的根本原因主要是落实到不到位。2020年，在山东全省烟叶采收烘烤分级工作推进会议上，对如何抓好烟叶工作落实进行专题研讨部署，形成了烟叶狠抓落实的工作方法和机制。

（一）树牢落实意识

实践证明，一些工作安排部署后总是推动不了、落实不下去，关键是思想认识不到位，特别是一些负责同志的思想认识不到位。因此，把能不能抓落实、会不会抓落实、有没有抓好落实作为检验干部党性、评价政治水平、工作作风、综合素质、精神状态和能力水平的重要标尺，引导每一名工作人员牢固树立"抓好落实是本职，不抓落实是失职，抓不好落实不称职"的意识。

烟叶工作人员首先要当好落实的专家，只有当好落实专家才能当好其他专家。在工作研究过程中，可以提不同意见，便于统一思想；工作进入落实环节，必须统一思想，一个声音，不能再讨论干还是不干，而是要讨论怎样干好。还提出对工作任务理解的，要在理解中抓好落实；暂时不理解的，要在落实中去加深理解，提高抓落实的动力和自觉，做到主动抓落实、自觉抓落实、带头抓落实，千方百计抓好落实。

（二）用好落实方法

针对工作安排中落实主体、落实责任不够明确，影响落实效果问题，坚持"实、真、细、精"工作标准，把上级部署分解为具体目标、具体措施、具体任务，把工作任务落细落准，落实责任到岗到人，层层抓细化、抓具体。

1. 注重统筹规划，长期任务分段抓

将长期任务项目化、阶段化，明确每个阶段的具体任务和目标，分时段抓推进、分节点搞总结，积少成多，久久为功。在解决山东烟区十年九旱、旱涝不均、前旱后涝根本性的气候制约问题过程中，先用2018—2019年两年时间，开展烟田打井行动，创新储水灌溉设备，解决水源问题；2020—2021年提出"全生育期按需供水"理念，重点健全供水政策、专业服务、浇水标准流程，完善供水机制，突破山东烟叶种植"水的制约"。

2. 做好压力传导，重点任务分工抓

把目标任务分解到产区单位层级，细化到部门、具体到岗位，分工协作，形成合力，及时准确沟通汇报，上下联动、左右协调，整合各方优质资源和骨干力量，精锐出战，攻坚克难。每年把全国烟草行业工作会议、烟叶工作会议、烟叶高质量发展现场会议精神，以及国家烟草专卖局印发的各项文件，逐项分解为重点任务，召开专题会议，明确牵头单位、部门和具体负责人、参与人员，通过分工合作、攻关推进，推动上级安排的各项工作任务落实到位。

3. "弹好钢琴"，常规工作分类抓

用好"弹钢琴工作法"，分清主次，分清轻重缓急，抓本质、抓重点、抓关键，统筹处理好工作点、线、面之间的关系，把握关键少数，掌控关键环节，认准关键时机，集中精力，扭住不放，精准发力，牢牢把握工作主动权。聚焦非推荐烟草品种问题，建立了系统内外协调、全省上下联动、毗邻烟区联合的工作机制，创新了职工包靠、无人机搜查、有奖举报等多种方式，逐级落实承诺制、责任制，打赢了育苗、移栽、收购环节清除非推荐烟草品种的三大攻坚战，为彰显山东烟叶质量特色、提高工业适配性提供了有力支撑。

4. 明确标准，具体任务标准抓

坚持把标准化、流程化作为抓好工作落实的重要法宝。山东全省统一建立《中国烟草总公司山东省公司烟草农业综合标准体系》，按照重点生产环节，把标准转化为工作流程和作业指导书，明确每一个作业环节的作业任务、具体工序、质量指标、责任主体、完成时限和考核关键，要求山东全省都要按照统一的技术指标、流程工序落实生产工作。近年来，产区和烟农按照统一的标准流程，到了什么环节该做什么工作，怎样组织、怎样准备、怎样推进、怎样督导、怎样考核，烟叶生产各项工作一环扣一环有序推进，省、市、县级公司不需要再对常规烟叶生产工作进行专门研究推动和督导检查。

5. 强化督导，关键环节倒逼抓

对于烟叶生产关键环节、重点任务，落实过程中进行重点督导、诊断，确保方向不偏、力度不减、落实到位。要求领导要当好"施工队长"，多采用"四不两直"的方式到基层调研指导，看看工作责任分解了没有，过程监管到位了没有，考核奖惩兑现了没有，做到工作在一线推进、情况在一线掌握、问题在一线解决、成效在一线检验。优化考核机制，把能抓落实、会抓落实、抓好落实的干部重用起来，充分调动干部职工抓落实的积极性，营造人人有担当、凝心聚力抓落实的良好精神状态和工作氛围。

6. 改进方法，难点问题创新抓

针对工作中存在的问题有时不能及时发现、原因分析不透不细、措施缺乏针对性，造成老问题反复发生、新问题不能有效解决等问题，打破思维定势，用新方法解决老问题。诸城分公司从"人、机、料、法、环"5个方面分析末端因素，把"是什么、为什么、怎么做"运用到每项工作、每件事情当中，理清了谋划工作、拟定措施、推动落地的思路和方法，形成了一套完善的烟叶5M（Manpower，Machines，Materials，Methods，Measurements）管理模式，建立了《烟叶生产收购5M管理工作法》实用手册，形成了一套完整的查找问题、分析原因、拟定措施的指导模板。目前5M管理法已在烟叶工作中广泛应用，促进了工作落实落地。

（三）健全落实机制

1. "提前一步"工作法

坚持把"抓早字、争主动"贯穿到烟叶工作全过程，落实"提前一步"工作法。即在烟叶生产每个关键环节工作开始之前一个多月的时间，通过深入调研、研讨，分析提出工作中存在的问题，研究部署解决问题的方法措施，给产区各级抓好落实留出足够的时间。产区各级公司围绕结合自身实际，从政策、标准、设备、人员、机制等各个方面，聚焦任务目标，深入查找问题，创新工作思路，细化工作措施，做到人员早组织、物资早准备、设备早配套、技术早培训，形成了思想统一、措施一致、上下联动、齐抓共管的良好氛围，牢牢把握工作主动权，保证各项工作顺利开展、落实到位。

2. "四不两直"问题督导

烟叶工作点多、线长、面广,如何抓好检查督导,最大程度提高调研、检查、督导、考核的效能和效果,促进山东全省烟叶工作整体提高水平,是烟叶工作管理的重要任务之一。把"四不两直"工作法与问题管理机制有机结合,构建"四不两直"问题督导机制,由省、市级公司对所有烟田、育苗工场、密集烤房等进行定位,建立烟叶生产工作地图、台账和数据库。在烟叶生产关键环节,通过定位和导航,不发通知、不打招呼、不听汇报、不用陪同接待,直奔基层、直进现场,摸实情、察真情,督导检查产区在工作落实过程中存在的问题和不足。

3. 问题整改督导单制度

上级在检查中发现的问题,向下一级单位开具问题整改通知单,明确问题出现的位置、问题内容、整改要求和时限等。健全问题整改跟踪问效机制,把问题整改督导单纳入调研必查事项,开具问题整改督导单后,本部门其他人员调研、检查工作时,对问题整改情况进行核查,确保工作落实到位。

4. "比学赶超"工作机制

打破产区地市区划概念,将山东全省27个县级烟区分为两个片区,搭建烟叶工作"比学赶超"舞台,在片区内和两个片区之间推行"比、学、赶、帮、奖、促、罚"赛马制度,组织片区与片区、县与县、站与站、技术员与技术员、线路与线路、户与户开展观摩、比武等活动,逐层级比烟田长势、比工作落实到位率,打分排名,实行奖惩,片区内、片区之间在干中学、干中比、干中进,形成了你追我赶、互帮互促的良好氛围,促进烟叶平衡发展、整体提升。

(四)强化工作考核

考核是抓好工作的"风向标""指挥棒",是调动工作人员积极性、促进工作落实落地的重要举措。坚持把考核作为抓工作落实的关键,把日常调研与专项检查相结合、业绩考核与问题督导相结合、重点任务落实与年度任务指标相结合,全面考核与差异化考核相结合,充分运用考核杠杆,科学设立考核目标,给部门压责任,给员工压担子,形成你追我赶、比学赶超的良好氛围。

1. 实行生产经营关键指标考核

把烟叶经营管理的关键指标纳入对直属单位业绩考核体系。聚焦烟叶高质量发展、提高企业核心竞争力的关键指标,重点对计划完成情况、重点技术推广情况、烟叶收购质量情况、收购调拨等级符合率等指标进行考核。

2. 实行烟叶管理与创新专项考核

对烟叶高质量发展的重点指标实行烟叶管理与创新专项考核。强化高质量发展鲜明导向，突出基础管理考核重点，制定烟叶生产经营管理与创新专项考核奖励办法，结合年度烟叶生产重点工作任务，以"党建、经济指标和管理创新"为重点考核内容，对烟叶管理创新实施专项考核，引导各单位夯实基层基础，破解瓶颈问题，提升管理水平。

3. 实施重点工作差异化考核

对阶段性重点工作实施差异化考核。根据单位之间工作水平差异，针对同一项工作、对不同单位设立不同任务目标，根据其完成情况进行考核。如沂南分公司构建烟叶工作短板提升考核机制，各烟站根据实际，提报短板提升考核项，县公司进行审核，确定各烟站短板提升考核的内容及目标值。考核组根据上报的"短板提升明细表"，进行考核和短板提升奖励。通过有提升就有奖励，引导工作人员主动发现问题、研究问题，补短板、强弱项，形成人人想干事、干成事的氛围，减小因基础条件存在差异造成考核奖励不平衡的差距，解决制约烟叶发展的短板、瓶颈问题。

4. 落实双线双层考核

莒南县分公司针对烟叶考核中存在的考核检查不全面，不能覆盖所有线路、全体包线人员，一定程度上影响工作推进和落实的问题，创新实行"考人"与"考事"结合、"自己考"与"烟农评"结合的双线双层考核。

"双线"考核，是指对技术员的考核由分公司单线变为分公司与烟农双线考核，考核部门在每名技术员的服务线路中随机抽取部分烟农，结合亮诺服务内容、烟农满意度等对技术员月度绩效进行考核。

"双层"考核是指从分公司、烟站两个层面对技术员进行考核。分公司考核把握大的方向，制定目标性、重点、关键的考核内容，如提前集中移栽、减氮增密、水肥一体、科学采烤等关键时间节点和技术标准落实情况，烟农对政策知晓情况、技术掌握落实情况以及技术员"四个一学习"能力提升等内容；烟站考核注重小的细节，内容更加全面细化，除生产关键技术、指导服务情况外，还涵盖劳动纪律、7S（Seiri，Seiton，Seiso，Seikeetsu，Shitsuke，Safety，Speed）现场管理、临时性工作等。通过县公司和烟站两个层面的考核，使技术员考核评价维度更多、评价内容更加详细，考核过程更加全面。

三、问题管理破瓶颈

山东烟叶工作把正视问题、发现问题、解决问题作为基本方法和管理手段，引导工作人员牢固树立"有问题不可怕，可怕的是看不到问题"的意识，深化问题导向，促进全体烟叶工作人员树牢问题管理理念，养成挖掘问题、钻研问题、解决问题的思维习惯和工作方法，营造了问题管理的良好氛围。

（一）建立问题管理机制

明确每个岗位上问题管理的具体要求，规范发现问题、分析问题和解决问题的流程，经常性分析面对的主要问题、产生原因、制约因素、解决思路与方案等。省、市、县公司和烟站分别建立问题管理微信群，对日常工作、调研、研讨中发现的问题、整改情况，随时在群内公布。坚持分层分类解决问题。按照省、市、县公司和烟站进行分层，按照技术、设备、管理等进行分类，把问题落实到具体单位、部门、岗位、人员，普通问题常规解决，重大问题集体研究解决，长期未能解决的变问题为课题，研究解决问题的具体办法和措施，形成发现问题、分析问题、解决问题、改进提升的良性循环。通过主动发现问题、科学分析问题、深入研究问题、弄清问题性质、找到症结，不断破解前进中的各种难题，推动工作向前发展，开创新局面。省、市、县级公司和烟站各级人员立足岗位，每个单位、每名职工每年都要至少发现和解决一项问题，通过不断解决问题，提升水平，推动高质量发展。

（二）问题看板管理

把精益看板管理引入烟叶问题管理机制，把烟叶关键环节突出问题做成看板，针对看板问题，建立台账、逐项销号，发挥看板在传递信息、营造氛围、形成共识、推进工作、树立形象方面的重要作用，推动问题解决和措施落地。从2019年开始，把山东全省施肥存在问题的烟田做成看板，标注具体位置、面积、烟农等信息，在办公室上墙，时刻提醒、逐项销号，促进施肥水平提升，夯实"中棵烟"培育基础。在收购环节，针对收购过程中风险较大的十个方面问题，制定烟叶收购"十不准"纪律，在烟站收购场所显要位置公示，时刻提醒烟叶收购人员，守纪守诺、真情服务，让烟农舒心、满意。

（三）"4C"问题管理模式

费县分公司将问题管理与流程管理、精益管理有机结合，以"流程最优、反应最快、浪费最少、效果最好"为目标，以问题收集、分类、纠正、共享为主要内容，优化问题管理工作流程，构建"全员参与、闭环管控、精益融合、信息支撑"四位一体的"4C"问题管理模式。

1. 收集（Collect）

做好宣贯培训，引导烟叶工作人员树立"找问题就是找出路"工作理念，卸下思想包袱，正视当前烟叶生产过程中存在的问题、浪费点和薄弱环节，鼓励积极提报问题点。强化对精益工具方法的培训和应用，提高发现问题的质量。发动全面对照上级政策和部署要求、对标先进单位、先进指标、对照自己工作中存在的短板瓶颈，通过各级调研、检查、考核、巡察、审计以及"问题随手拍"等渠道和方式，在制度标准的制定与执行、目标管理、措施执行过程等关键节点上挖掘、收集问题。

2. 分类（Classify）

问题提报部门首先从岗位级、部门级、公司级3个层次，按照重要且紧急、重要不紧急、不重要且紧急、不重要不紧急4种类型，细分问题，完善问题描述和原因分析，提出初步整改措施。县公司相关部门组织，按照问题的针对性、准确性对问题进行识别筛选，结合问题的普遍性、代表性、迫切性，将内容相同或相似的问题进行合并归类。围绕管理架构、流程运行、标准执行3个方面深入分析问题背后的深层次原因。针对各单位（部门）提出的初步整改措施，集中讨论措施的有效性和可操作性，完善整改方案，明确责任部门、责任人、整改措施及整改期限，形成"问题汇总清单"，纳入"问题库"，对问题整改单位（部门）下发"问题整改通知单"。

3. 纠正（Cure）

问题整改部门按照"问题整改通知单"建立问题整改台账，细化整改方案，抓好问题整改。县公司搭建问题管理数据平台，围绕发现、分析、整改、考核4个环节开展工作，按环节上传工作记录，对问题进行线上流程追踪，实时查看问题整改数量、进度、负责人等情况。对于问题复杂且短时间内不能得到彻底解决的，及时转化为精益课题、QC（质量控制）活动等形式开展课题攻关，自动对接课题攻关对应流程。问题整改部门在规定期限内完成整改后，提出验收申请，管理部门围绕整改措施是否科学有效、是否落实到位、整改效果是否持续有效3个方面，进行验收评价。未通过验收的进行二次整改，直至验收合格。

4. 共享（Common）

建立问题管理成果库，将好的做法和先进经验转化成优秀课题成果、工作法、金点子，通过制度、标准、流程进行固化，形成问题改善经典案例，供公司范围交流学习和推广应用，实现成果共享。及时将问题点转化为风险点，制定有效的防控措施，最终形成一套全面、科学、高效的企业风险管理库，提高风险防控水平。每季度召开问题管理分析会，实时通报问题管理工作情况，总结推广阶段性优秀成果；年底召开问题管理成果发布会，评选问题管理优秀成果，不断激发全员参与问题管理的活力，形成"在问题管理中找出路，在管理创新中谋发展"的长效机制。

第二节　全员全面创新

近年来，充分发挥创新对推动烟叶高质量发展的引领和支撑作用，着力优化创新氛围，完善创新机制，强化平台建设，加强人才培养，聚焦烟叶生产全产业链条，统筹整合工商研学等各方资源，紧扣烟叶发展中存在的突出问题、关键环节和战略任务，推动以技术创新、设备创新、管理创新等为重点的烟叶全面创新，在补足烟叶发展短板、突破制约瓶颈、增强战略储备、提高核心竞争力方面发挥了重要作用。

一、营造全员创新浓厚氛围

倡导创新文化，积极营造鼓励大胆创新、勇于创新、包容创新的良好氛围，既要重视成功，更要宽容失败，真正让创新在全社会蔚然成风。良好的创新氛围，是培育创新理念、培养创新人才、催生创新成果的沃土，是一个团队、一个企业发展软实力的重要内容。省公司坚持将营造创新氛围作为推动烟叶全面创新的重要基础，多措并举营造创新浓厚氛围。

（一）牢固树立创新驱动发展理念

通过烟叶工作经验教训开展大讨论、大学习、大调研、大改进、大提升等活动，烟叶工作人员深刻认识到，要解决山东全省烟叶生产工作中存在的短板问题，实现烟叶高质量发展，必须从旧的窄视野、老观念中摆脱出来，更加突出创新作为第一生产力的地位和作用，以时不我待、壮士断腕的勇气和决心，推动烟叶全面创新。

必须进一步解放思想、转变观念、更新理念，加大创新成果的推广应用，用创新的理念、思维统筹谋划，用新技术、新手段、新方法破瓶颈、补短板、强弱项，用创新的流程、制度推动工作，用创新的方法、措施狠抓落实，才能抓住新机遇、实现新突破、再上新水平，才能激活发展新动能，增强核心竞争力。

2018年，召开全面推进烟叶创新工作座谈会，从明确创新概念、营造创新氛围、找准创新思路、抓住创新重点等对推进烟叶全面创新进行系统部署，倡导推进烟叶全面创新，着力营造人人创新、时时创新、事事创新的浓厚氛围。

（二）健全创新体系

制定实施《加快创新型企业建设三年规划（2018—2020年）》，确定研发经费和创新奖励投入强度，明确强化人才培养、深化机制改革、完善创新体系、推动项目研发、促进成果转化等方面的重点工作。发布实施科技项目管理、科技成果奖励等一系列企业标准，强化创新型企业建设工作考核，逐步形成企业创新发展的长效机制，为深入实施创新驱动发展战略提供了政策保障。

全系统以各直属单位为创新主体，以高等院校、科研院所和烟草研究院为依托，以烟叶生产技术中心、试验站、科技示范园、技术推广站及产学研协作平台为创新主阵地，搭建起了较为完善的科技创新体系，为激发全员创新活力奠定了坚实基础。

（三）加大对创新的政策支持

加大对创新的奖励力度，省公司不断扩大奖励范围，优化评审标准，形成了以科技进步奖和技术发明奖为主，标准创新贡献奖、专利奖、计算机软件著作权奖和创新争先奖为补充的多维度、多层级科技创新奖励体系。同时，对评审优秀的精益课题、QC小组发布成果、创新工作室以及小改革、小创意、金点子、合理化建议等群众性创新成果给予支持和奖励。各直属单位也逐年加大创新激励力度，充分激发员工创新活力和动力，营造创新浓厚氛围。

二、搭建烟叶创新工作平台

（一）山东烟草工商研融合创新园

深入贯彻落实国家烟草专卖局部署要求，发挥山东烟草农业创新资源优势，成立"山东烟草工商研融合创新园"，整合山东省烟草专卖局（公司）、山东中烟工业有限责任公司、中国农业科学院烟草研究所、山东农业大学、山东省农业科学院、山东农业机械科学研究院等12家科研院所和工业企业创新资源，以产学研用融合发展为目标，按照"工业命题、科研破题、商业答题"的思路，促进产业链与创新链深度融合、优势互补、互利共赢，承接国家烟草专卖局重大科技项目，打造工商研技术研发、管理创新、成果孵化、品牌贡献、技术培训和人才培养基地。

山东烟草工商研融合创新园按照"一园区六中心"模式运行。"一园区"是指融合创新园，位于诸城分公司洛庄烟草试验站，作为融合创新园组织管理、技术研发基地、成果孵化基地、品牌共建基地、技术培训基地和人才培养主要基地。"六中心"是指烟叶应用研究中心、烟草品种推广中心、绿色生产研发中心、智慧农业示范中心、雪茄烟叶开发中心和烟草综合利用中心。

山东烟草工商研融合创新园成立以来，已经成为山东烟草工商研深度合作的重要纽带、烟叶科技创新的重要基地、优质原料开发的示范园区、推进烟草农业现代化的重要平台，通过创新资源整合和高效利用，统筹全产业链和各方创新机构，从纵横两个方向协同攻关，提升全产业链创新发展能力，为全省烟叶高质量发展提供创新支撑。

（二）搭建全产业链创新平台

为进一步提高烟叶科技创新质量和效率，突出地市级公司和复烤企业创新主体作用，围绕烟叶质量提升、特色彰显、配方使用，积极推进地市级公司烟叶生产技术中心、县级公司烟草实验站和复烤公司技术试验中心建设，搭建"技术中心+区域复烤加工技术中心"全产业链创新平台。

潍坊、临沂两个市公司，成立烟叶生产技术中心，与工业技术中心和科研单位有效对接，形成全产业链创新体系，为烟叶供应基地化、烟叶品质特色化、生产方式现代化提供强有力的科技支撑。2011年，潍坊、临沂烟叶生产技术中心挂牌成立，并分别于2014年、2015年通过国家烟草专卖局行业级烟叶生产技术中心认证。

积极推进区域加工中心建设，分别与山东中烟工业有限责任公司、河北中烟工业有限责任公司、内蒙古昆明卷烟有限责任公司3家卷烟工业公司签订战略合作框架协议，成立山东中烟"泰山"、河北中烟"钻石（荷花）"和蒙昆公司"苁蓉"原料区域加工中心、技术试验中心。

以区域加工中心、技术试验中心为载体，聚焦行业前沿、客户需求、关键技术和薄片结构，联合工业公司扎实开展烟叶原料特性、高可用性上部烟叶开发、片烟混配等方面研究，掌握关键核心技术，培育独特竞争优势，全面塑造企业核心竞争力。

（三）成立山东省现代农业产业技术体系烟草创新团队

2016年，山东省现代农业产业技术体系烟草创新团队经山东省人民政府批复成立。山东省财政设立创新团队建设专项资金，用于创新团队建设的基本建设支出、人员基本经费、基本研发费、仪器设备购置费等支出。"十四五"期间，山东省政府专门拿出专项资金，用于支持烟草产业体系创新工作。

山东省烟草产业体系创新团队由山东农业大学、山东省农业科学院、山东省农业机械科学研究院、青岛农业大学、山东财经大学等高校院所的相关专家组成，下设育种、栽培与调制、病虫害防控、机械与智能化、土壤肥料、产业经济6个岗位，设立泰安、潍坊、临沂、日照、济南5个综合试验站。

山东省烟草产业体系坚持"创新、协调、绿色、开放、共享"的发展理念，结合山东省烟草产业发展规划和供给侧改革要求，紧紧围绕山东省烟草产业发展的瓶颈问题，以产业发展的技术需求为导向，聚焦农业现代化发展方向和烟叶产业发展的短板瓶颈，重点开展特色品种选育、雪茄烟栽培调制、智能烟草机械、烟草产业经济等研究。

三、推进全员全面创新

坚持把创新作为解决问题的突破口，围绕解决重点难点问题，不断创新思维、开拓视野、优化思路，不断创新方法、完善手段、改进措施，逐步形成通过问题管理查找问题、通过全面创新解决问题的良性循环机制，营造了人人求变思变，主动发现问题、思考问题、研究问题、解决问题，时时想创新、事事能创新、处处有创新的浓厚氛围，推动实现问题有效解决、措施高效落实、任务高效完成。

（一）项目"揭榜挂帅"

山东省公司拟定主要业务领域的研究项目，形成项目立项目录，实行竞争领题。围绕全系统重点工作和制约烟叶发展的共性问题、瓶颈问题，明确年度烟叶科技项目研究重点，由下级单位申报，上级单位评比，开展重点工作"揭榜挂帅""赛马攻关"，集中科研力量，推进关键问题研发和关键技术应用，提高科技创新质量和效率。"十三五"以来全系统实施"揭榜挂帅""赛马攻关"，立项重大专项8项、重点项目158项。

（二）处级干部领题

山东省烟草专卖局（公司）统一组织，直属单位领导班子成员、处级干部，立足岗位职责和专业特点，选题上坚持"突出创新、突出应用、突出解决实际问题"，方向上坚持服务基层，实施上坚持运用先进方法，推广上坚持可复制性，研究上坚持以我为主、激发职工创新热情，每人至少开展1项创新课题研究，当好"专家型"处级干部；发挥好干部模范带动作用，带动广大职工推进管理创新、工作创新和技术创新，着力在破解难题、完善制度、优化流程、提高效率、弥补短板上取得一批新成果，闯出一些新路子，打造一批"活典型""硬标杆"，以点带面、推动全盘，真正形成全员参与、万众创新的良好局面。"十三五"以来，全系统累计开展烟叶类省级精益课题100项、市级精益课题748项、QC课题275项，开展岗位创新及金点子566项，提出合理化建议1 264条。破解了一大批全省烟叶共性短板问题，2项QC小组成果获得烟草行业发布会一等奖，31项课题成果获得山东省烟草专卖局（公司）表彰奖励。

（三）专班技术攻关

针对烟叶生产关键技术短板瓶颈和问题，按照"专业人办专业事"原则，依托相关科研院所、高校的技术支持，组织省、市、县级公司和烟站专家、骨干人才，成立专班开展创新攻关，通过集中定点研究、集思广益讨论、统筹调动资源、协调联动推进，提高烟叶创新质量和创新效率，为集中解决烟叶制约瓶颈问题提供新模式。

"十三五"以来，产区各级针对烟叶生产中存在的突出问题和重点任务，累计成立专班600多个，参加人员达到2 000余人次，在解决烟叶品种问题、大垄高垄、水造井窖移栽、平衡施肥、绿色烘烤、精准收购等工作中发挥了重要作用。其中水造法井窖移栽、箱式密集烘烤、碳晶加热烘烤等专班攻关技术成果及配套设备、标准在山东全省进行全面推广。

（四）百站全员创新

为充分激发基层烟站、烟叶工作人员创新创造的积极性、能动性，充分借鉴大农业生产和发展先进技术措施，充分挖掘基层烟叶工作人员和广大烟农的好做法、好经验，在山东全省开展"挖掘百年精华、百站全员创新，推动烟叶质量特色再提升"行动。每个烟站每年开展一项质量特色提升的创新试验，推动全员创新，努力产生一批有推广价值的创新成果。将烟站创新成果在山东全省烟叶创新成果共享平台上进行共享，促进互相学习借鉴、成果推广应用；每年年底开展基层烟站创新评比，对表现突出的烟站加大奖励力度，充分调动基层创新的积极性。

（五）全员岗位创新

为充分调动全员创新的积极性，推动立足岗位实际，聚焦短板问题和提升潜力，打破思维定式和传统观念，破除忙于事务不思创新、安于现状不愿创新、怕担风险不敢创新的保守封闭思想，积极思变求变，主动研究问题、思考问题、解决问题，通过QC小组、小改革、小创意、金点子、合理化建议等各种方式，全面开展岗位创新。把各产区岗位创新情况列入山东全省烟叶管理创新专项考核，并设立烟叶创新成果共享平台，优选改善效果好、推广价值高的成果在山东全省进行公示，促进各产区学习借鉴和成果推广应用。

四、推进成果转化落地

（一）完善创新成果转化机制

修订并正式印发《科技成果转化应用管理办法》，明确转化工作主体责任，建立转化工作流程，完善转化激励机制，将成果转化情况纳入创新能力考核范畴，初步形成成果转化长效机制。印发《科技成果转化管理办法》，在深度梳理全系统科技创新成果基础上，开展优秀转化应用成果评选，印发《科学技术成果公报》，印发并执行年度转化应用成果目录，推动全系统成果转化工作集约化发展。通过开展精益课题、QC小组成果发布和项目推介、技术服务等多种形式，加强重大科技成果的推广应用，推动全系统创新成果转化工作向集约化发展，提升转化水平和转化率，推动创新成果转化落地。

（二）建立创新成果共享平台

随着烟叶创新工作深入推进，产区针对存在的问题、短板，掀起了烟叶创新的工作热潮，涌现出了一大批具有借鉴和推广价值的好做法、好经验、好成果。为实现创新成果充分共享，促进创新成果落地转化，在内网网站设立山东全省烟叶创新成果共享平台，持续梳理优化全系统烟叶创新成果，在平台上进行集中展示，促进全系统烟叶职工交流学习、相互借鉴、完善提升。自2018年成立至2021年底，先后发布基层技术创新类成果59项、管理创新类成果62项、设备创新类成果181项，创新成果全部为县级公司和基层烟站创新。基层创新活力的不断迸发，为烟叶高质量发展奠定了坚实的基础。

（三）注重创新成果固化

通过标准固化创新成果。每年年底组织开展烟叶生产标准修订工作，系统梳理当年烟叶创新成果，把能够在山东全省进行推广和应用的技术、设备、管理创新成果，融入相关标准中去，通过标准对创新成果进行固化和推广，通过创新推动标准持续完善提升。"十三五"以来，山东全省及时将创新成果纳入《中国烟草总公司山东省公司烟草农业综合标准体系》，对80余项标准进行了修订完善。

通过设备固化生产技术。对烟叶生产技术创新成果，配套研发、改进相关设备、机械，方便推广和应用。2018年以来，改进、研发、升级烟叶生产设备、机械达到200余种机型，全面覆盖烟草育苗、起垄、施肥、覆膜、移栽、中耕、植保、采收、烘烤、收购全过程，为烟叶创新成果转化、推广和应用提供有力支撑。

参考文献

References

蔡莉莉，谢复炜，谢剑平，等，2006. 烟草中蔗糖酯的研究进展[J]. 烟草科技（6）：39-44.

蔡刘体，郑少清，胡重怡，等，2008. 烟草突变体库及其在功能基因组研究中的应用[J]. 中国烟草科学，29（6）：27-31.

常爱霞，贾兴华，冯全福，等，2013. 我国主要烤烟品种的亲源系谱分析及育种工作建议[J]. 中国烟草科学，34（1）：1-6.

董建新，苏建东，王刚，等，2015. 我国烟草育苗技术现状分析[J]. 中国烟草学报，21（1）：119-124.

董旭光，邱粲，刘焕彬，等，2013. 山东省日照时数的气候变化特征及其影响因素[J]. 中国农业气象，34（2）：138-145.

董昭皆，肖忠义，2009. 荣成市土壤酸化现状及改良措施[J]. 山东农业科学（2）：67-68.

凡路，王雪艳，赵创，等，2021. 关于构建新型农业经营体系的思考[J]. 郑州工商学院，41（10）：144-146.

付秋娟，杜咏梅，刘新民，等，2017. 超高效液相色谱法测定烟草西柏三烯二醇[J]. 中国烟草科学，38（3）：67-73.

付秋娟，刘艳华，杜咏梅，等，2019. 我国烟草资源西柏三烯二醇含量分析[J]. 中国烟草学报，25（5）：10-14.

付忠杰，张富军，谭青涛，等，2022. 可移动烟草秸秆催化燃烧设备研发应用[J]. 现代农业科技（2）：142-143.

高峰，尤垂淮，刘朝科，等，2014. 施用微生物菌剂对烤烟经济性状及其根际微生态变化的影响[J]. 福建农业学报，29（12）：1230-1235.

高海有，刘秀明，高莉，等，2019. 烟用香精香料研究现状与发展趋势[J]. 香料香精化妆品（2）：70-73.

高升，2016. 施氮量与种植密度对烤烟品种K326烟株生长和烟叶品质的影响[D]. 重庆：西南大学.

顾国，高强，2022. 毕节市党支部领办村集体合作社的实践与探索[J]. 上海农村经济（1）：39-41.

郭春燕，代晓燕，刘国顺，等，2012. 施氮量和留叶数对豫西地区云烟87产量和品质的影响[J]. 河南农业科学，41（9）：53-58.

郭飞燕，毕玮，郭飞龙，等，2017. 山东气候年际变化特征及其与ENSO 的关系[J]. 海洋与湖沼，48（3）：465-454.

韩锦峰，张志勇，刘华山，等，2013. 烟草腺毛及其分泌物西柏三烯醇类物质的研究进展[J]. 中国烟草学报，19（5）：118-124.

韩振浩，颜华，陈科，等，2018. 移栽机械栽植深度仿形技术应用现状及展望[J]. 农业工程，8（4）：1-7.

黄枫，孙世龙，2015. 让市场配置农地资源：劳动力转移与农地使用权市场发育[J]. 管理世界（7）：74-81.

姜慧娟，2014. 浓香型产区烟叶品质评价与区域分布研究[D]. 郑州：河南农业大学.

蒋彩虹，罗成刚，任民，等，2012. 一个与净叶黄抗赤星病基因紧密连锁的SSR标记[J]. 中国烟草科学，33（1）：19-22.

景海春，田志喜，种康，等，2021. 分子设计育种的科技问题及其展望概论[J]. 中国科学：生命科学，51（10）：1356-1365.

鞠馥竹，张洪博，闫宁，等，2021. 烟草西柏三烯二醇含量的遗传分析[J]. 中国烟草科学，42（1）：1-6.

康绍忠，刘晓明，熊运章，等，1994. 土壤—植物—大气连续体理论[M]. 北京：水利电力出版社.

李毅，罗建平，林宇静，等，2016. 农村土地流转风险：表现、成因及其形成机理——基于浙江省A乡的分析[J]. 中国农业资源与区划（1）：120-130.

李志怡，2021. 党支部领办合作社：乡村振兴的烟台路径[J]. 小康（24）：68-69.

刘碧荣，祖朝龙，马均，等，2017. 施氮量与留叶数调控对高海拔烟区烤烟烟叶结构、产量及品质的影响[J]. 烟草科技，50（4）：25-30.

刘贯山，孙玉合，2016. 烟草突变体 [M]. 上海：上海科学技术出版社.

刘好宝，2012. 清甜香烤烟质量特色成因及其关键栽培技术研究[D]. 北京：中国农业科学院.

刘笑肜，蔡运龙，2010. 基于耕地压力指数的山东省粮食安全状况研究[J]. 中国人口资源与环境，20（S1）：334-337.

刘燕，孙焕良，李辉，等，2012. 烟草腺毛密度和分泌物与烟叶品质的关系[J]. 作物研究，26（6）：737-739.

刘勇，宋中邦，童治军，等，2014. 烟草PVY隐性抗病基因的分子标记及其适用性[J]. 中国烟草学报，21（1）：76-81.

刘祖陆，2014. 山东地理[M]. 北京：北京师范大学出版社.

穆青，刘洋，展彬华，等，2018. 我国植烟土壤主要问题及其防控措施研究进展[J]. 江苏农业科学，46（21）：16-20.

沈杰，王昌全，何玉亭，等，2019. 合理密植对不同株型烤烟冠层结构及光合生产特性的影响[J]. 植物营养与肥料学报，25（2）：284-295.

史宏志，刘国顺，刘建利，等，2008. 烟田灌溉现代化创新模式的探索与实践[J]. 中国烟草学报（2）：47-52.

史宏志，刘国顺，杨惠娟，等，2011. 烟草香味学[M]. 北京：中国农业出版社.

孙海森，2011. 诸城土地流转问题研究[D]. 北京：中国农业科学院.

孙学永，祖朝龙，高正良，等，2011. 高密度栽培对烟草青枯病抗性鉴定及株型性状的影响[J]. 中国烟草学报，17（1）：77-82.

孙延国，马兴华，黄择祥，等，2020. 烟草温光特性研究与利用：Ⅰ. 气象因素对山东烟区主栽品种生育期的影响[J]. 中国烟草科学，41（1）：8.

佟道儒，1997. 烟草育种学[M]. 北京：中国农业出版社.

童志军，焦芳婵，方敦煌，等，2016. 烟草染色体片段代换系的构建与遗传评价[J]. 作物学报，42（11）：1609-1619.

王暖春，2009. 山东省烤烟烟叶质量分析与评价[D]. 北京：中国农业科学院.

王瑞，邓建强，谭军，等，2016. 连作条件下植烟土壤保育与修复[J]. 中国烟草科学，37（2）：83-88.

王玉华，刘洋，王刚，等，2021. 提苗肥对井窖移栽烤烟生长的影响[J]. 现代农业科技（23）：4.

王正旭，陈明辉，申国明，等，2011. 施氮量和留叶数对烤烟红花大金元产质量的影响[J]. 中国烟草科学，32（3）：76-79.

吴开成，蔡金娟，裴军，等，2004. 鲁中（费县）烟区土壤养分特征及其调节措施[J]. 中国烟草科学（3）：15-17.

吴卿仪，白清田，2015. 新中国成立以来我国农村生产方式的变迁及启示[J]. 学理论（31）：101-103.

肖勇，张建会，余佳敏，等，2022. 不同类型与品种烟草烟籽油的产量与成分对比研究[J]. 中国烟草学报，28（1）：44-49.

谢湛，邵孝侯，段卫东，等，2019. 烤烟水肥一体化技术研究与应用进展[J]. 土壤，51（2）：235-242.

熊航，李道亮，吴文斌，等，2021. 智慧农业概论[M]. 北京：中国农业出版社.

徐兴阳，2014. 优质烤烟田间采收成熟度研究现状与展望[J]. 昆明学院学报，36（6）：1-4.

许春平，俞金伟，冉盼盼，等，2018. 烟草花蕾的酶解条件优化及其烟用香料制备研究[J]. 轻工学报，33（5）：37-43.

闫慧峰，梁洪波，许家来，等，2015. 山东烟叶生产典型样区土壤质量评价[J]. 中国土壤与肥料（6）：41-47.

杨柳，张广杰，徐韬，等，2020. 不同农业有机废弃物对白星花金龟生物学特性影响研究[J]. 应用昆虫学报，57（4）：946-954.

杨隆飞，占朝琳，郑聪，等，2011. 施氮量与种植密度互作对烤烟生长发育的影响[J]. 江西农业学报，23（6）：46-48.

杨琼，侯小东，刘艳华，等，2019. 不同类型烟草种子蛋白质、脂肪及其主要活性成分分析[J]. 中国烟草科学，40（6）：95-102.

杨铁钊，2011. 烟草育种学[M]. 2版. 北京：中国农业出版社.

杨云高，王树林，刘国，等，2012. 生物有机肥对烤烟产质量及土壤改良的影响[J]. 中国烟草科学，33（4）：70-74.

叶协锋，2010. 浅析基本烟田建设[J]. 中国烟草学报，16（4）：71-76.

于福波，张应良，2021. 基层党组织领办型合作社运行机理与治理效应[J]. 西北农林科技大学学报（社会科学版），21（5）：54-64.

余泳昌，魏富德，秦伟桦，等，2016. 烟叶收获机技术发展概述[J]. 农机化研究，38（2）：255-262.

袁青川，2022. 劳动力市场与劳动关系中的政府规制研究[J]. 中国劳动关系学院学报（2）：60-66.

张东，扈强，杜咏梅，等，2013. 植烟土壤酸化及改良技术研究进展[J]. 中国烟草科学，34（5）：113-118.

张心亮，2021. 党支部领办合作社：运行机理与发展进路[J]. 河南社会科学，29（1）：49-56.

张振平，2004. 中国优质烤烟生态地质背景区划研究[D]. 杨凌：西北农林科技大学.

中国农业科学院烟草研究所，2005. 中国烟草栽培学[M]. 上海：上海科学技术出版社.

中国烟草总公司，2019. 全国烤烟烟叶香型风格区划[J]. 中国烟草学报（4）：1-9.

周义和，尹启生，宋纪真，等，2021. 中国烟叶质量[M]. 北京：化学工业出版社.

宗明慧，2020. 烟台市党支部领办合作社问题及对策研究[D]. 青岛：山东科技大学.

BERNARDO R，YU J M，2007. Prospects for genomewide selection for quantitative traits in maize[J]. Crop Science，47（3）：1082-1090.

CHEN R Y，FAN M R，YU S M，et al.，2007. A rice phenomics study-phenotype scoring and seed propagation of a T-DNA insertion-induced rice mutant population[J]. Plant Molecular Biology，65（4）：427-438.

CHENG L R，CHEN X C，JIANG C H，et al.，2019. High-density SNP genetic linkage map construction and quantitative trait locus mapping for resistance to cucumber mosaic virus in tobacco（*Nicotiana tabacum* L.）[J]. Crop Journal，7（4）：539-547.

DOEBLEY J F，GAUT B S，SMITH B D，2006. The molecular genetics of crop domestication[J]. Cell，127（7）：1309-1321.

DUAN S Z，DU Y M，HOU X D，et al.，2016. Chemical basis of the fungicidal activity of tobacco extracts against valsa mali [J]. Molecules（Basel，Switzerland），21（12）：1743.

GAO J P，WANG G H，MA S Y，et al.，2015. CRISPR/Cas9-mediated targeted mutagenesis in Nicotiana tabacum [J]. Plant Molecular Biology，87：99-110.

JACKSON D M，1998. Potential of nicotiana species for production of sugar esters [J]. Tobacco Science，42：1-9.

LI M，TANG D，WANG K J，et al.，2011. Mutations in the F-box gene LARGER PANICLE improve the panicle architecture and enhance the grain yield in rice [J]. Plant Biotechnology Journal，9：1002-1013.

NIELSEN M T，SEVERSON R F，1990. Variation of flavor components on leaf surfaces of tobacco genotypes differing in trichome density[J]. Journal of Agricultural and Food Chemistry，38（2）：467-471.

NIELSEN M T，SEVERSON R F，1992. Inheritance of a diterpene constituent in tobacco trichome exudate [J]. Crop Science，32（5）：1148-1150.

PHILIP J R，1966. Plant water relations：some physical aspects[J]. Annual Review of Plant Physiology，17（1）：245-268.

TONG Z J，YANG Z M，CHEN X J，et al.，2012. Large-scale development of microsatellite markers in Nicotiana tabacum and construction of a genetic map of flue-cured tobacco [J]. Plant Breeding，131（5）：674-680.

YAN N，DU Y M，LIU X M，et al.，2017. Analyses of effects of α -cembratrien-diols on cell morphology and transcriptome of Valsa mali var. mali [J]. Food Chemistry，214：110-118.

YAN X，DU Y M，LIU X M，et al.，2016. Chemical structures，biosynthesis，bioactivities，biocatalysis and semisynthesis of tobacco cembranoids：An overview [J]. Industrial Crops and Products，83：66-80.

YANG Q，WANG J，ZHANG P，et al.，2020. In vitro and in vivo antifungal activity and preliminary mechanism of cembratrien-diols against Botrytis cinerea [J]. Industrial Crops and Products，154：112745.

ZHANG Y，WEN L Y，YANG A G，et al.，2017. Development and application of a molecular marker for TMV resistance based on N gene in tobacco（*Nicotiana tabacum*）[J]. Euphytica，213：259.